새로 쓰는
식생활과 건강

새로 쓰는
식생활과 건강

김혜영(B), 김주현, 최일숙, 이영민, 오윤신, 두미애 지음

교문사

수렵 채취에 의존하여 생존이 유일한 목적이던 인류의 식생활은 사회·경제 및 과학기술의 발전과 함께 엄청난 변화를 이루었습니다. 풍요로운 먹거리를 손쉽게 구할 수 있게 되고, 인류의 평균 수명이 늘어나면서 현대인의 식생활은 건강을 유지하고 삶에 대한 만족감을 주며, 자아실현을 이루는 형태로까지 발전하고 있습니다. 최근에는 혼밥, 혼술 등의 신조어가 생기고, 여성의 사회 진출이 늘어나면서 집밥보다 더 집밥 같은 외식 산업에 대한 관심이 높아지고 있습니다.

그러나 식생활이 다양하게 발전하면서 함께 나타나는 건강 문제는 식생활의 풍요로움만으로는 모든 문제가 해결되지 않는다는 역설적인 사실을 말해 줍니다. 서구화된 식단과 영양 과잉, 그에 따른 만성질환의 증가가 새로운 사회적 문제로 대두되고 있으며, 소비자에게는 웰빙 식생활과 건강에 대한 지식이 필요해지고 있습니다. 전 세계적으로는 식량 부족과 식품안전 등의 이슈로 식량안보의 중요성도 대두되고 있습니다. 이제 올바른 식생활에 대한 이해가 그 어느 때보다도 필요한 실정입니다. 특히 건강한 식생활에 필요한 영양소와 그에 따른 식사 구성 등 빠르게 변화하는 한국인의 식생활에 대해 더 높은 수준의 관심과 지식이 요구됩니다.

이 책은 대학에서 식생활과 건강 관련 강의를 다년간 진행하셨던 교수님들께서 급변하는 식생활 환경의 변화를 반영한 다양한 자료를 모아 집필하였습니다. 식생활과 건강에 대한 기초지식과 한국인의 식생활 현주소를 이해하고 건강한 식생활 실천에 필요한 영양소, 식품안전을 위한 위생 환경과 식생활, 제철 농식품, 저염, 저당, 저지방 관리, 식품의 색과 건강, 건강 체중과 대사증후군, 바람직한 비만 관리, 기호식품과 건강 등에 관한 주제로 기초 지식부터 건강하게 100세 시대를 맞을 수 있게 해주는 절제되고 안전한 식생활까지의 내용을 담았습니다.

원고를 완성하고 다시 읽어 보니 아쉽고 부족하여 더 채우고 싶은 부분들이 자꾸 보입니다. 향후 더 보완하여 나갈 것을 다짐해 봅니다. 이 책을 접한 모든 분들의 깊은 관심과 아낌없는 조언을 부탁드립니다. 식품과 영양에 관심 있는 전공 교수님 및 학생들뿐만 아니라 건강한 식생활로 100세 시대를 살아가야 하는 모든 분들에게 유용한 책이 되길 바랍니다. 이 책이 세상에 나올 수 있도록 시간과 정성을 아끼지 않으신 교문사의 류제동 회장님을 비롯한 직원 여러분께도 깊이 감사드립니다.

2020년 3월

저자 일동

차례

CHAPTER 04 환경과 식생활

CHAPTER 05 제철 농식품

CHAPTER 06 저염, 저당, 저지방의 식사 관리

CHAPTER **10** 기호식품과 건강

CHAPTER **11** 식생활과 질병

CHAPTER 1

식생활과 건강의 이해

건강한 식생활의 이해를 위해 식생활과 건강과의 관계를 알아보고 한국인의 식생활 현주소를 살펴보기로 한다. 식생활은 식문화, 식습관, 식품의 선택 및 소비 등 식품의 섭취와 관련된 모든 양식화된 행위이다. 건강이란 단지 질병이 없거나 허약하지 않은 것만 뜻하는 것이 아니라 신체적, 정신적, 사회적으로 완전하게 양호한 상태를 말한다. 한국인의 식품 섭취 실태와 이와 관련된 질환을 알아보고 국민 공통 식생활 지침의 소개를 통해 건강한 식생활을 제안하고자 한다.

1. 식생활과 건강의 관계

1) 식생활이란

식생활은 인간생활의 가장 기본적인 요소로서 생명의 유지 및 성장에 필요한 영양소를 섭취하기 위해서 여러 가지 음식을 먹는 일이다. 보건복지부에서는 2018년 국민의 식생활에 대한 과학적인 조사·연구를 바탕으로 체계적인 국가영양정책을 수립·시행함으로써 국민의 영양 및 건강 증진을 도모하고 삶의 질 향상에 이바지하는 것을 목적으로 국민영양관리법을 시행하였다.

이 법에서 식생활이란 식문화, 식습관, 식품의 선택 및 소비 등 식품의 섭취와 관련된 모든 양식화된 행위로 정의하고 있으며, 적절한 영양의 공급과 올바른 식생활 개선을 통하여 국민이 질병을 예방하고 건강한 상태를 유지하기 위한 영양관리의 필요성을 설명하였다. 국가 및 지방자치단체는 올바른 식생활 및 영양관리에 관한 정보를 국민에게 제공하여야 하며 국가 및 지방자치단체는 국민의 영양관리를 위하여 필요한 대책을 수립하고 시행하도록 하였다. 이를 위해 영양사는 지속적으로 영양지식과 기술의 습득으로 전문능력을 향상시켜 국민영양 개선 및 건강 증진을 위하여 노력하여야 하고 식품·영양 및 식생활 관련 단체와 그 종사자, 영양관리사업 참여자들도 자발적 참여와 연대를 통하여 국민의 건강 증진을 위하여 노력하도록 하였다. 누구든지 국가에서 제공하는 영양관리사업을 통하여 건강을 증진할 권리를 가지며 성별, 연령, 종교, 사회적 신분 또는 경제적 사정 등을 이유로 이에 대한 권리를 침해받지 않으며, 모든 국민은 올바른 영양 관리를 통하여 자신과 가족의 건강을 보호·증진하기 위하여 노력하여야 한다.

2) 건강이란

건강이란 1943년 세계보건기구(World Health Organization)의 헌장에 의하면 단지 질병이 없거나 허약하지 않은 것만 뜻하는 것이 아니라 신체적, 정신적, 사회적으로 완전하게 양호한 상태라고 정의하였다. 이러한 건강에 대한 정의는 개인의 영양 상태나 평균 수명과 같이 양적으로 채워지는 생활양식과 관련된 건강 관리와 함께 개인이 속한 사회의 보건과 건강을 위한 복지정책, 의료시설, 경제적 여건 등 삶의 질을 결정하는 본질적인 요소가 잘 관리되어야 양호한 건강 상태가 유지될 수 있음을 나타낸다.

3) 건강의 결정요소

건강의 결정요소(The main determinants of health)란 어떤 특정한 인구집단이나 개인의 건강 수준을 높이거나 낮추는 요소들을 총칭한다. 이 요소들은 개인과 지역 사회의 건강은 여러 가지 요소들이 조합되어 동시에 영향을 받는다. 건강의 결정요소는 건강 증진을 위한 사업의 목표 설정과 우선순위를 결정하는 데 중요하며 제한된 자원을 최대한 효율적으로 사용하여 건강 목표를 달성할 수 있도록 한다.

(1) 건강의 결정요소의 의미와 특성

건강 결정요소는 다음과 같은 의미와 특성들로 설명할 수 있다. 대부분의 건강 결정요소들은 그 효과가 전적으로 있거나 전혀 없는 것이 아니라 시간이 지남에 따라

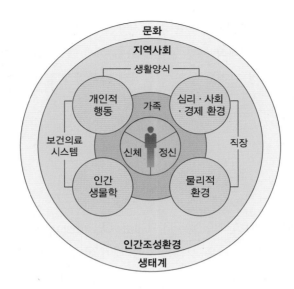

그림 1-1   건강과 환경관계 모델

자료: Hancock and Perkins, 1985

그 효과가 점진적으로 증가 혹은 감소한다는 것이다. 건강의 결정요소는 질병을 발현시키는 상대적 위험과 절대적 위험을 나타내는 정도에 따라 다르게 설명되기도 한다. 즉 상대적 위험을 대표하는 요소들은 질병에 걸릴 위험요인에 노출된 사람들의 비율로서 상대적으로 적을 수 있고, 비율적으로 나타낼 수 있는 환자 수도 적을 수 있다. 반면에 절대적 위험을 대표하는 요소들은 위험요인에 이미 노출된 사람들의 비율로서 결정요소들의 변화의 수준이 낮을지라도 질병을 발생시키는 사람들의 절대 수의 변화가 크게 나타나기도 한다. 건강의 결정요소들은 만성 퇴행성 질병과 그 합병증의 지속과 예후에도 영향을 미칠 수 있으며, 이들 요소는 개인의 사회활동 여부와 사회활동에 참여하는 방법에 따라서도 달라질 수 있다는 특성이 있다.

(2) 세계보건기구의 건강 결정요소

세계보건기구는 건강의 결정요소를 크게 사회·경제적 환경, 물리적 환경, 사람의 개인적 특성과 행동의 세 가지로 제시했다. 이 큰 요소들을 세분화한 구체적인 건강 결정요소들은 다음과 같다.

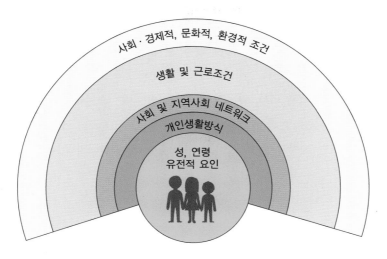

그림 1-2 세계보건기구의 주요 건강 결정요소
자료: Dahlgren and Whitchead, 1991

① **사회·경제적 환경**
- 수입과 사회적 신분: 높은 수입의 수준과 높은 사회적 신분은 좋은 건강과 연계되어 있다. 부유층과 빈곤층 간에 격차가 클수록 건강의 차이가 그만큼 크다.
- 교육: 낮은 교육 수준은 나쁜 건강상태, 더 많은 스트레스, 자신감의 부족과 연계되어 있다.

② **물리적 환경**
- 물리적 환경: 안전한 물, 깨끗한 공기, 건강에 이로운 작업장, 안전한 가옥, 안전한 지역사회, 그리고 안전한 도로 등은 모두 좋은 건강에 기여한다.
- 고용과 작업조건: 작업이 있는 사람은 없는 사람에 비하여 더 건강하고, 자신의 작업조건을 보다 더 많이 통제할 수 있는 사람들은 특히 더 건강하다.
- 사회적 지지망: 가족, 친구, 및 지역사회 등으로부터 지지를 더 많이 받으면 더 건강하다.
- 문화: 가족들과 지역사회의 관습과 전통, 신념들은 건강에 영향을 미친다.

③ 사람의 개인적 특성과 행동

- 유전적 특성: 유전형질은 수명, 건강 상태, 특정 질환의 발현 가능성을 결정할 수 있다.
- 개인의 행동: 균형 잡힌 식사, 지속적 활동, 흡연, 음주, 스트레스와 도전에 대한 개인적 대처 방법 등도 건강에 영향을 미친다.
- 건강 서비스: 질병 예방과 치료 서비스 시스템에 대한 접근과 이용은 건강에 영향을 미친다.
- 성(性): 성별에 따라서 각각 다른 질병으로 고통을 당한다.

개인과 지역사회의 건강은 이와 같이 여러 가지 요인들이 조합되어 영향을 받으며, 어떤 인구집단이 건강한가 혹은 건강하지 않은가는 그 인구집단이 처해 있는 주위의 사정과 환경에 의해 상당히 결정되는 것을 알 수 있다. 거주하는 장소, 환경의 객관적 상태, 유전적 특성, 수입의 수준과 교육의 수준, 그리고 이웃이나 가족과의 관계 등 여러 요인들이 각 개인에 대하여 복합적으로 건강에 큰 영향을 미친다고 볼 수 있다. 보건의료 서비스에 대한 접근이나 서비스의 이용 등과 같은 요인들은 일반적으로 생각해온 정도보다는 그 영향이 의외로 낮다고 한다.

4) 식생활 문제와 건강

식사를 통해 섭취하게 되는 다양한 영양성분은 생명 유지에 필요한 에너지를 공급하고 우리 몸을 구성하며, 체내의 여러 기능을 조절하여 정상적인 생활을 영위하도록 하는 중요한 기능을 한다.

불규칙하거나 영양적으로 불균형한 식사는 각종 질환 발병의 원인이 되거나 건강에 심각한 문제를 유발할 수 있다. 바람직하지 않은 식생활에서 음식 부족이나 채소를 싫어하는 편식 등에 의한 영양 결핍의 문제는 식이섬유·비타민·무기질 섭취 부족으로 영양 불균형과 영양 결핍을 초래할 수 있고, 면역력을 떨어뜨려 결핵이나 감염성 질환 등의 질병을 유발하고 사망률을 높일 수 있다. 열량·당류·지질·나트륨은 과

다하게 섭취하여 생기는 영양 과잉 문제는 비만, 암, 심장 질환, 뇌혈관 질환, 당뇨병 등의 만성질환 질병을 유발하기도 한다. 뿐만 아니라 성, 연령, 인종, 건강 등의 생물학적 요인과 생활환경, 문화 등의 환경적 요인, 식생활, 신체활동, 음주, 흡연 등 생활습관 요인 및 건강 진단, 치료, 예방 등 건강진료 요인들이 건강 위험 요인이 된다. 이중 생활습관 요인은 현대인의 주요 질환을 '생활습관 질환'이라고 부를 만큼 현대인의 건강 위험 요인 1순위로 꼽히며, 많은 경우 생활습관 하나만 고쳐도 건강을 챙길 수 있다.

건강을 해치는 다양한 요인 중에서 생활양식이 적어도 50%를 차지하며 생활양식 중에서도 식생활이 질병을 예방하고 건강을 증진시키기 위한 가장 중요한 요소라는 미국의 보고서도 있다. 미국 하버드 대학의 간호사 건강 연구(Nurses' Health Study)에서 관상심장 질환의 발생을 일으킨 원인 중에서 식습관, 운동, 흡연, 음주 등 생활습관이 82%로 나타나기도 하였다.

2. 한국인의 식생활 현황과 건강

1) 한국인의 식생활 현황

보건복지부와 질병관리본부에 의한 2017 국민건강영양조사 결과 한국인의 식습관은 10여 년 전보다 곡류는 적게 먹고 육류를 많이 먹어 탄수화물에 의한 에너지 섭취 비율은 점차 감소하고 지질에 의한 에너지 섭취 비율은 점차 증가한다는 것을 알 수 있다.

한국인의 식습관 변화
- 곡류 섭취 감소, 육류 섭취 증가 → 고콜레스테롤혈증 환자 증가
- 금연에 대한 인식 증가 → 담배를 피우는 국민 꾸준히 감소, 음주 비율은 증가

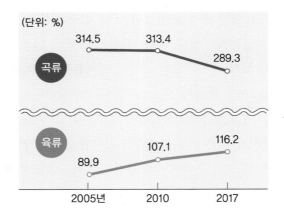

그림 1-3 한국인의 하루 평균 곡류와 육류 섭취량
자료: 국민건강영양조사

식단 구성을 살펴보면 곡류는 2005년 1인당 하루 315g 섭취했지만 2019년 162g(즉 석밥 1공기 = 210g)으로 감소하였다. 육류는 2005년 90g 정도 섭취하였으나 2017년 116g으로 섭취가 증가하였다. 음료류는 2005년 62g 섭취하였던 것이 2017년 207g 섭취한 것으로 나타나 조사기간 동안 3배 넘게 크게 증가한 것으로 나타났다.

외식도 증가하여 전체 에너지 중 외식으로 섭취한 에너지 비중은 2005년 20.9%에서 2017년 29.5%로 증가했으며 나트륨은 기준보다 1.8배 증가하였다. 편의식품 이용 비율은 동일한 기간 동안 10.2%에서 24.8%로 급등하였다. 아침식사를 결식하는 비율은 2005년 19.9%에서 2017년 27.6%로 꾸준히 증가하는 추세로 높았다. 걷기 운동을 하는 사람은 2005년 60.7%에서 2017년 39%로 현저한 감소를 보였다. 습관 변화 등으로 고콜레스테롤혈증 환자는 꾸준히 늘어나 2005년 8%에서 2017년 21.5%로 증가했으며, 성인 3명 중 1명은 비만, 4명 중 1명은 고혈압 환자로 나타났다.

국민건강영양조사에 의한 2017년 19세 이상 성인의 월간음주율은 62.1%로, 음주율을 처음 조사한 2005년 이후 가장 높게 나타났다.

월간음주율이란 최근 1년 동안 한 달에 한 번 이상 음주한 비율을 의미한다. 남성의 경우 폭음은 월 1회 넘게 한자리에서 소주 7잔이나 맥주 5캔 이상 마시는 것이고, 여자의 경우 소주 5잔이나 맥주 3캔을 마시면 폭음이라 하는데 폭음한 비율도 39%로 비교적 높았다. 남성은 2명 중 1명, 여성은 4명 중 1명이 폭음을 한 것으로 조사되

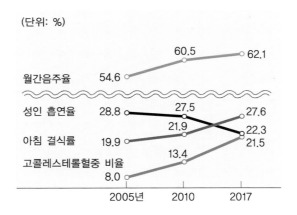

(단위: %)

그림 1-4 한국인의 하루 평균 성인 음주율과 흡연율
자료: 국민건강영양조사

었다. 남성은 40대(59.1%), 30대(57.9%), 20대(54.8%) 순으로 폭음했으며, 여성은 20대 폭음률이 45.9%로 가장 높았다. 사회활동을 하는 여성이 증가하고 술을 기호식품으로 여기는 문화가 퍼지면서 폭음하는 비율이 증가한 것으로 분석되었다.

19세 이상 흡연율은 22.3%로, 조사가 시작된 1998년 이후 가장 낮게 나타났다. 그러나 청소년 흡연율은 2018년 기준 6.7%로 2017년(6.4%)보다 높게 조사되었다. 청소년 중 남자는 지난해보다 0.1%가 낮은 9.4%이었지만 여자는 0.6%가 높은 3.7%이었다.

한국인의 사망원인통계를 살펴보면 2018년 한국인의 3대 사망원인은 암, 심장 질환,

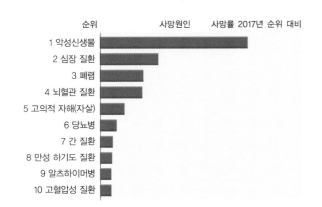

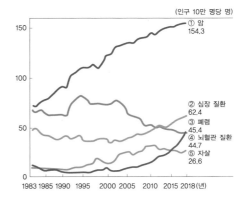

그림 1-5 사망원인 순위 추이 2018

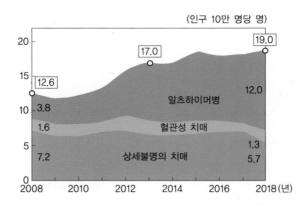

그림 1-6 치매 사망률 추이, 2008~2018년

자료: 통계청

표 1-1 사망원인 순위 추이, 2008~2018　　　　　　　　　　　　　　　　　　(단위: 인구 10만 명당 명)

순위	2008년		2017년		2018년					
	사망원인	사망률	사망원인	사망률	사망원인	사망자수	구성비	사망률	'08 순위 대비	'17 순위 대비
1	악성신생물	139.5	악성신생물	153.9	악성신생물	79,153	26.5	154.3	–	–
2	뇌혈관 질환	56.5	심장 질환	60.2	심장 질환	32,004	10.7	62.4	↑+1	–
3	심장 질환	43.4	뇌혈관 질환	44.4	폐렴	23,280	7.8	45.4	↑+6	↑+1
4	고의적 자해 (자살)	26.0	폐렴	37.8	뇌혈관 질환	22,940	7.7	44.7	↓−2	↓−1
5	당뇨병	20.7	고의적 자해 (자살)	24.3	고의적 자해 (자살)	13,670	4.6	26.6	↓−1	–
6	만성 하기도 질환	14.9	당뇨병	17.9	당뇨병	8,789	2.9	17.1	↓−1	–
7	운수 사고	14.7	간 질환	13.3	간 질환	6,858	2.3	13.4	↑+1	–
8	간 질환	14.5	만성 하기도 질환	13.2	만성 하기도 질환	6,608	2.2	12.9	↓−2	–
9	폐렴	11.1	고혈압성 질환	11.3	알츠하이머병	6,157	2.1	12.0	↑+4	↑+2
10	고혈압성 질환	9.6	운수 사고	9.8	고혈압성 질환	6,065	2.0	11.8	–	↓−1

자료: 통계청

표 1-2 연령별 사망률이 높은 암 (단위: 인구 10만 명당 명)

10대	백혈병(0.8명), 뇌암(0.5명)	50대	간암(24.1명), 폐암(16.9명), 위암(13.3명)
20대	백혈병(0.9명), 뇌암(0.5명), 위암(0.2명)	60대	폐암(67.4명), 간암(44.4명), 대장암(27.9명)
30대	위암(1.9명), 유방암(1.7명), 간암(1.7명)	70대	폐암(196.6명), 간암(88.7명), 대장암(71.5명)
40대	간암(7.6명), 유방암(5.1명), 위암(5.0명)	80세 이상	폐암(334.4명), 대장암(198.4명), 위암(157.4명)

자료: 통계청

폐렴으로 전체 사망의 45%를 차지했으며, 10대 사망원인은 암, 심장 질환, 폐렴, 뇌혈관 질환, 자살, 당뇨, 간 질환, 만성 하기도 질환, 알츠하이머병, 고혈압성 질환 순으로 전체 사망의 68.8%를 차지했다. 남녀 모두 암 사망률의 순위가 가장 높았고, 남자의 암 사망률은 여자보다 1.6배 높았다. 10대 사망원인 중 암, 심장 질환, 폐렴, 알츠하이머병은 증가 추세이며, 뇌혈관 질환, 당뇨병은 감소 추세이었다. 혈관성 치매 및 알츠하이머병 등 치매에 의한 사망률은 인구 10만 명당 19.0명이었으며, 여자가 남자보다 2.3배 높게 나타났다. 10대 사인 중 악성신생물, 심장 질환, 폐렴, 알츠하이머병은 증가 추세이며 알츠하이머병은 통계 작성 이래 2018년 조사에서 10대 사인에 처음 포함되었다.

또한 10년 전에 비해 폐암, 대장암, 췌장암 사망률은 증가하였으며 위암, 간암 사망

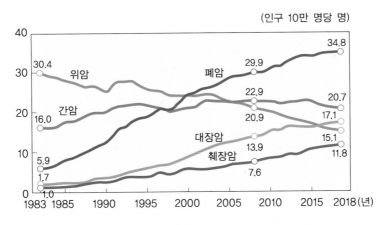

그림 1-7 악성신생물(암) 사망률 추이, 1983~2018
자료: 통계청

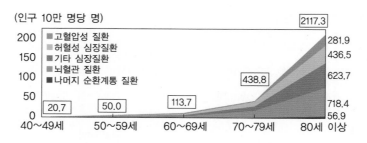

그림 1-8 순환계통 질환의 연령별 사망률, 2018

률은 감소하였으며 30대는 위암, 40대 및 50대는 간암, 60세 이상은 폐암으로 인한 사
망률이 가장 높게 나타났다.

순환계통 질환은 연령이 높을수록 증가하였으며 연령별로 보면 특히 70세 이후부
터 순환계통 질환으로 사망하는 비율이 급증하였다.

2) 한국인의 식생활 문제와 질환

사망률 증가에 관련된 질환에 대한 식생활 위험 요인은 열량, 당류, 지질, 나트륨의
과다 섭취와 식이섬유, 비타민, 무기질의 부족 섭취 등을 들 수 있다.

과거에는 영양결핍이 문제가 되었으나 최근에는 에너지 과잉 섭취와 고위험 음주
등의 식생활 변화에 의한 암, 심혈관계 질환, 당뇨병, 비만 등의 높은 발병률을 보이는
등 영양소 섭취간에 균형이 맞지 않아 발생하는 영양 불균형이 더 큰 문제가 되고 있
다. 세계적으로도 의학 저널 〈랜싯(The Lancet)〉의 심장에 악영향을 미치며 암을 발
생시키는 나쁜 음식에 대한 글에 의하면 우리가 매일 먹는 음식이 흡연보다 더 큰 사
망 원인이고 전 세계에서 발생하는 사망의 5분의 1이 음식과 연관이 있으며 빵이나
간장이나 가공육에 들어 있는 소금이 인간의 수명을 가장 많이 단축시켰다고 하였다.

매년 사람들이 어떻게 사망하는지에 대해 권위 있는 연구를 발표하는 세계질병부
담연구에서는 최근 음식이 얼마나 수명을 단축하는지 여러 나라 식습관 특성을 다음
과 같이 요약하기도 하였다. 과도한 소금과 부족한 통곡물은 각각 300만 명의 사망의

표 1-3 한국인 주요 사망 원인 질환과 식생활

순위	주요 사망 원인 질환		식생활 위험 요인	
			과다 섭취	부족 섭취
1	암	갑상샘암, 위암, 대장암, 폐암	비만, 지질, 나트륨, 알코올	식이섬유, 비타민, 칼슘 등 무기질
2	심장 질환	심장 질환, 허혈성 심장 질환	비만, 당류, 지질, 나트륨, 알코올	식이섬유, 비타민, 칼슘 등 무기질
3	폐렴	호흡계통 질환		

자료: 국가암정보센터, 사망원인통계연보. 통계청, 2018 한국인의 주요 암 발생 현황

주원인이고 부족한 과일은 200만 명의 사망의 주원인이며 견과류, 씨앗류, 채소, 해산물의 오메가 3, 그리고 식이섬유의 부족 또한 조기 사망의 주원인이었다는 분석을 발표한 바 있다. 완벽한 식습관을 가진 나라는 없다. 다들 건강한 식습관의 각기 다른

표 1-4 만성질환의 위험인자가 되는 식사 및 생활양식

위험인자 \ 만성질환	암	고혈압	당뇨병	동맥경화	비만	심근경색	골다공증
에너지 및 지질 섭취↑	✓	✓	✓	✓	✓	✓	
식이섬유 섭취↓	✓		✓	✓	✓	✓	
칼슘 섭취↓	✓	✓					✓
비타민과 무기질 섭취↓	✓	✓		✓			✓
나트륨 섭취↑	✓	✓					✓
알코올 섭취↑	✓	✓		✓	✓	✓	✓
흡연↑	✓	✓		✓		✓	
유전자	✓	✓	✓	✓	✓	✓	✓
연령↑	✓	✓	✓	✓		✓	✓
잘못된 생활습관	✓	✓	✓	✓	✓	✓	✓
스트레스↑	✓	✓		✓			

자료: 최혜미, 21세기 영양과 건강 이야기, 라이프 사이언스

일부만을 선호한다. 세계 평균적으로 건강에 도움이 되는 주요 식품의 권장섭취량과 실제섭취량에는 차이를 나타냈다. 워싱턴대학교 크리스토퍼 머레이 교수는 식습관이

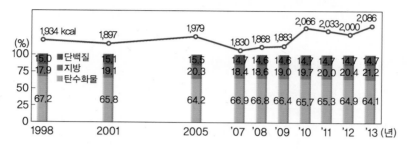

그림 1-9 한국인의 에너지 영양소 섭취 비율 추이
자료: 보건복지부, 한국인 영양섭취기준 2015

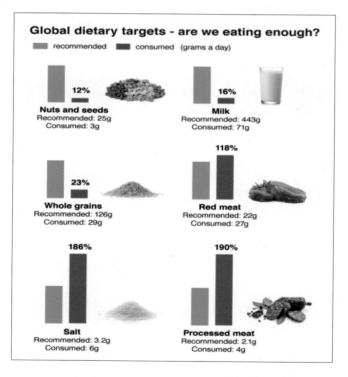

그림 1-10 세계 주요 식품에 대한 권장섭취량과 실제섭취량
자료: The Lancet, 2019

전 세계 건강 문제에 가장 지대한 영향을 미친다며 지방과 설탕을 둘러싼 논쟁과 적색육, 가공육의 과잉 섭취가 암 발생 증가율과 관계가 있으나, 통곡물, 과일, 견과류, 씨앗류, 채소 섭취의 부족에 비해서는 훨씬 사소한 문제라면서, 향후 건강 관련 연구와 캠페인에서 지방이나 설탕 같은 좋지 못한 식품에 대해 이야기하는 대신 건강한 식품들을 추천하는 쪽으로 바뀌어야 할 필요성을 강조하기도 하였다. 그 예로 일본의 경우는 30~40년 전이나 현재나 식습관에서 소금을 많이 사용하는 것은 변치 않았으나 최근 채소나 과일 등 심장 질환을 예방하는 식품들을 더 많이 섭취하도록 식생활 교육 등을 포함해 다양한 노력을 하여 소금의 건강 위해 위험성이 급격히 줄었다고

표 1-5 연령별 5대 사망원인 사망률 및 구성비, 2018

(단위: 인구 10만 명당 명, %)

	0세	19세	10~19세	20~29세	30~39세	40~49세	50~59세	60~69세	70~79세	80세 이상
1위	출생 전후기에 기원한 특정 병태 142.0 (50.6%)	악성 신생물 2.0 (20.2%)	고의적 자해(자살) 5.8 (35.7%)	고의적 자해(자살) 17.6 (47.2%)	고의적 자해(자살) 27.5 (39.4%)	악성 신생물 40.9 (27.6%)	악성 신생물 120.0 (36.3%)	악성 신생물 285.6 (41.7%)	악성 신생물 715.5 (34.2%)	악성 신생물 1425.8 (17.0%)
2위	선천 기형, 변형 및 염색체 이상 52.5 (18.7%)	운수 사고 0.9 (9.6%)	악성 신생물 2.3 (14.5%)	운수 사고 4.3 (11.6%)	악성 신생물 13.4 (19.3%)	고의적 자해(자살) 31.5 (21.3%)	고의적 자해(자살) 33.4 (10.1%)	심장 질환 61.4 (9.0%)	심장 질환 216.0 (10.3%)	심장 질환 1060.2 (12.6%)
3위	영아 돌연사 증후군 22.3 (7.9%)	선천 기형, 변형 및 염색체 이상 0.9 (9.1%)	운수 사고 2.3 (14.0%)	악성 신생물 3.9 (10.6%)	심장 질환 4.2 (6.0%)	간 질환 12.5 (8.4%)	심장 질환 27.2 (8.2%)	뇌혈관 질환 43.4 (6.3%)	뇌혈관 질환 177.5 (8.5%)	폐렴 978.3 (11.6%)
4위	심장 질환 3.9 (1.4%)	가해(타살) 0.7 (7.3%)	심장 질환 0.5 (3.0%)	심장 질환 1.5 (4.1%)	운수 사고 4.0 (5.7%)	심장 질환 11.2 (7.5%)	간 질환 24.3 (7.3%)	고의적 자해(자살) 32.9 (4.8%)	폐렴 144.0 (6.9%)	뇌혈관 질환 718.4 (8.5%)
5위	악성 신생물 3.3 (1.2%)	심장 질환 0.6 (6.0%)	익사 사고 0.4 (2.3%)	뇌혈관 질환 0.6 (1.6%)	뇌혈관 질환 2.7 (3.8%)	뇌혈관 질환 8.2 (5.6%)	뇌혈관 질환 19.7 (6.0%)	간 질환 26.7 (3.9%)	당뇨병 75.1 (3.6%)	알츠하이머병 315.8 (3.8%)

※ 연령별 사망원인 구성비 = (해당 연령의 사망원인별 사망자 수 / 해당 연령의 총 사망자 수) × 100

언급하기도 하였다. 즉 식생활에서 통곡물, 과일, 견과류, 씨앗류, 채소의 섭취를 늘리고 소금의 섭취는 줄여야 하며 지방, 설탕, 소금 등 각 영양성분 등에 집중하는 것보다는 어떤 음식을 어떻게 먹는 것이 건강과 삶에 도움이 되는지 인식하는 것이 더 중요하다는 것이다.

한편 주목할 한국인의 사망 원인으로서 자살은 10대부터 30대까지 사망 원인 순위 1위로 나타났으며, 40대, 50대에서는 사망 원인 순위 2위로 조사되었다. 이를 OECD 국가 간 연령표준화자살률(OECD 표준인구 10만 명당 명) 비교 시 OECD 평균 11.5명에 비해, 한국은 24.7명('18년 기준)으로 나타나 우리나라의 자살률이 OECD 평균보다 2배 이상 높은 수치로 조사되었다. 다양한 원인이 있겠으나 여럿이 모여 즐거운 식생활을 할 때보다 최근 혼자 먹는 식사가 증가하는 것이 자살 및 우울증과 연결될 수 있다는 분석이 나오고 있는 실정이다.

3. 건강한 식생활

건강을 위한 바람직한 식생활은 신체에 필요한 모든 영양소를 균형 있게 함유한 식사를 적당량 규칙적으로 하는 것이지만 몇 가지 좋아하는 식품만으로 이러한 목적을 충족하기는 매우 어렵다.

바람직한 식생활을 영위하기 위한 세 가지 중요 요소를 살펴보면, 첫 번째로 중요한 요소가 식품간의 균형을 이루는 것이다. 양질의 단백질과 철분을 풍부하게 함유한 육류 생선이나 가금류는 칼슘이 부족하고 우유 및 유제품은 흡수가 잘 되는 칼슘이 풍부하나 철분이 부족하다. 달걀의 경우 우리 몸에 필요한 영양성분이 비교적 균형 있게 함유되어 있지만 비타민 C는 거의 들어 있지 않다. 이처럼 우리 몸에 필요한 영양성분이 한 종류의 식품에 완전히 균형 있게 함유될 수는 없기 때문에 좋아하는 한두 가지 식품만으로 구성된 식생활은 지양하고 육류 및 생선, 곡류 채소 및 과일류 유제품 등을 균형 있게 골고루 섭취할 필요성이 있다.

바람직한 식생활을 위한 두 번째 요소는 다양한 식품을 섭취하는 것이다. 예들 들어 육류를 선택할 때, 쇠고기, 돼지고기, 닭고기, 각종 생선류 등 중에서 번갈아 가며 고루 선택하고, 과일을 먹을 때에도 좋아하는 과일만 한 종류 선택하여 먹는 것보다는 여러 가지 과일을 다양하게 먹는 것이 각 재료에 부족한 영양성분을 서로 보완하고 다양한 영양소를 균형 있게 섭취할 수 있는 좋은 방법이다.

바람직한 식생활을 위한 세 번째 요소는 적당한 양을 섭취하는 것이다. 외식이 증가하면서 식사에 함유된 지방 함량이 많으며 달고 간이 센 짠 음식을 먹게 되는 경우가 증가하면서 건강을 해치는 경우가 많다. 적당한 양의 당질과 지방질은 우리 몸에 꼭 필요한 영양소이지만 과도한 섭취는 열량의 과잉에 의한 비만과 더불어 고혈압 등 심혈관계 질환에 걸릴 우려가 있다. 따라서 바람직한 식생활을 위해 여러 식품의 선택에서 식품간의 균형을 이루며, 다양한 식품의 선택과 적당량의 음식을 선택할 필요가 있다. 신체 성장과 건강에 필요한 모든 영양소를 알맞은 양으로 균형 있게 갖고 우리 몸에 필요한 모든 영양소를 필요한 만큼 가지고 있는 단 하나의 식품은 없다. 따라서, 건강한 식사란 다양한 식품군뿐만 아니라 동일 식품군 내에서도 다양한 식품을 포함시켜 구성하는 다양성과 건강 체중을 유지하며 신체 대사과정이 정상적으로 이루어지도록 알맞은 양을 섭취하고 건강에 해로운 당류, 포화지방, 콜레스테롤, 나트륨 등은 절제하면서 적당한 양을 먹는 것을 뜻한다.

1) 좋은 식습관

결식은 영양소 섭취량을 부족하게 하므로 하루 세끼 거르지 않고 제때에 편식하지 않고 골고루 먹으며 영양소의 부족과 과잉이 나타나지 않게 알맞은 양을 먹을 필요가 있다. 소금의 과다 섭취는 고혈압과 심혈관계 질환, 비만을 유발하므로 싱겁게 먹는다. 또 혼자 먹는 밥은 골다공증과 빈혈 및 우울증이 생길 수 있다는 보고가 있으니 식욕이 좋아지게 제대로 갖춰 먹고 식사 속도를 알맞게 할 수 있도록 여럿이 즐겁게 식사할 필요도 있다. 이와 같이 제때에, 골고루, 알맞게, 싱겁게, 즐겁게 식사하는 것이 좋은 식습관이다. 보건복지부에서는 각 식품군을 매일 골고루 먹고, 활동량을 늘려 건강 체중을 유지하며, 청결한 음식을 매일 먹는 이 세 가지는 권장하고, 짠 음

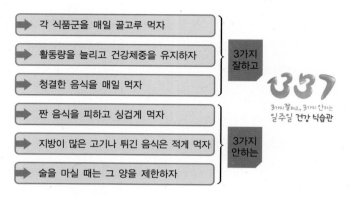

그림 1-11 한국인을 위한 식생활 지침 337
자료: 보건복지부

식을 피하고 싱겁게 먹으며, 지방이 많은 고기나 튀긴 음식은 적게, 술을 마실 때는 양을 제한하는 세 가지를 하지 않고 일주일을 건강하게 지내자는 의미로 337 생활습관을 제안하고 있다.

2) 건강한 식생활을 위한 평가

국내 성인을 대상으로 식사의 질과 영양 상태를 평가할 수 있는 성인 영양지수(NQ)가 한국영양학회지에 발표된 바 있다. 문항은 총 21개로 답변에 따른 점수를 더하여 자신의 영양상태를 점검할 수 있다. "58점 이상이면 양호, 58점 미만이면 점수를 더 높이는 방향으로 식습관을 개선해야 영양상태가 건강해진다."를 의미하며 "연구에 따른 국내 성인 평균 점수는 53.2점"으로 보고되었다(부록 참조).

국가암정보센터에서는 암 예방과 건강을 위해 식생활을 진단한 20가지 문항을 다음과 같이 제시하였다.

나의 식생활 테스트(20문항)

아래의 질문에 해당하는 답의 점수를 합산하세요! (예= 5점, 가끔, 때때로=3점, 아니오=1점)

1. 하루 3번 식사하는 날이 일주일에 5일 이상이다.
2. 식사 속도는 평균 10분 이상이다.
3. 식사 시 국과 김치를 제외한 3가지 이상의 반찬을 먹는다.
4. 과식하지 않는다.
5. 영양소를 고려한 균형 잡힌 식사를 한다.
6. 잡곡밥을 거의 매일 먹는다.
7. 육류나 달걀을 일주일에 5번 이상 먹는다.
8. 어패류(생선, 오징어, 조개 등)를 일주일에 3번 이상 먹는다.
9. 김치를 제외한 채소, 해조류, 버섯 등을 매 끼니 먹는다.
10. 과일을 매일 먹는다.
11. 우유나 유제품(요구르트, 치즈) 등을 매일 먹는다.
12. 외식할 때 음식이 짜다고 느낀다.
13. 심하게 탄 부분을 먹지 않는다.
14. 곰팡이가 핀 음식은 먹지 않는다.

아래에 해당하는 답의 점수를 추가 합산하세요! (예= 1점, 가끔, 때때로=3점, 아니오=5점)

15. 밑반찬, 젓갈류, 자반 등의 짠 음식을 매일 섭취한다.
16. 뜨거운 음식을 즐겨 먹는다.
17. 지방이 많은 육류(삼겹살, 갈비 등)는 3일에 1회 이상 먹는다.
18. 외식 시 숯불구이나 고깃집을 1주일 이상 간다.
19. 육가공품(햄, 베이컨, 소시지 등)이나 라면, 인스턴트 식품을 일주일에 3회 이상 먹는다.
20. 달콤한 음식(아이스크림, 케이크, 스낵, 탄산음료, 꿀, 엿, 설탕 등)을 매일 섭취한다.

점수, 평가내용

• 80~100점(양호합니다)

 지금까지의 식생활이 양호하다고 할 수 있습니다. 즉, 건강을 유지하고 암을 예방할 수 있는 식생활을 하고 있다고 생각하시면 됩니다. 앞으로도 현재의 식생활을 유지하면서 암 예방을 위한 식생활 지침을 실천해 가시기 바랍니다.

• 60~79점(주의하세요)

 지금까지의 식생활에 큰 문제는 없으나 좋지 않은 식습관도 존재합니다. 암 예방 및 건강한 삶을 위해 식생활 개선의 노력이 필요하며, 암 예방을 위한 식생활 지침을 염두에 두고 생활하시기 바랍니다.

(계속)

• 0~59점(문제 있어요)

지금까지의 식생활에 문제가 있으며, 이러한 식생활을 계속할 경우 암에 걸릴 위험이 높습니다. 또한 나쁜 식습관은 다른 만성질병을 일으킬 수도 있습니다. 지금까지의 식생활에 대해 반성을 하면서 암 예방을 위한 식생활 지침에 따라 현재의 식생활을 변화시키기 바라며, 식생활 전문가와 상담하시길 권장합니다.

자료: 국가암정보센터

위 식생활 진단 점수가 80점에서 100점 사이이면 양호하다고 평가되며, 60점에서 79점 사이는 식생활을 주의해야 하고, 59점 이하는 식생활에 문제가 있으니 생활개선이 필요하다고 권고하고 있다.

3) 올바른 식생활 정보의 판별

식생활 정보 범람에 따라 과학적 근거가 없고 과장된 정보 등 잘못된 정보가 유통되고 있어 건강 부작용이 발생하고, 질병 치료 시기가 지연되며, 경제적 손실 등 피해 사례가 자주 발생하고 있다. 따라서 식생활 정보 판별 기준과 제공 급원을 알아 건전한 정보를 수집하고 식생활에 적용이 필요하다. 신뢰도 관련 문제와 내용 관련 문제로 구분하여 건전한 식생활 정보 판별 기준을 정하여 안전한 식생활 정보를 검색할 필요가 있다. 안전한 식생활 정보제공 사이트 확인을 위해 '제공자(기관) 이름을 밝혔는가?, 전문가가 제공하는가?, 제공자(기관)를 신뢰할 수 있는가?' 등과 같이 신뢰도 관련 문제를 판별한다. 또 '정보자 출처를 밝혔는가?, 최신 정보를 제공하는가?, 제공 정보가 한국인을 위한 식생활 지침과 부합하는가?, 식품이 약효를 가지고 있는가?, 기사 형식으로 특정 회사 제품을 광고하는가? 외부 링크는 제공 내용과 관련 있는가?' 등과 같이 내용 관련 문제를 판별하여 건전한 식생활 정보를 얻는다.

4. 올바른 식생활 지침

보건복지부, 농림축산식품부 및 식품의약품안전처는 2016년 국민의 주요 건강 문제와 식생활 관련성에 대한 근거를 토대로 국민의 질병 위험을 감소시키고 건강을 증진시키기 위해 필요한 식생활 내용을 담은 「국민 공통 식생활 지침」을 제정·발표하여 올바른 식습관·식생활 실천을 통한 국민의 삶의 질 향상을 도모하고자 하였다. 이 지침은 인구의 고령화, 서구식 식생활의 보편화 및 잘못된 식생활·식습관에 따른 각종 성인병 등을 한국형 식생활을 통해 해결하고 국내 농업기반도 지키자는 의미를 포함하고 있다. 이는 영역별로 국민의 주요 건강·영양문제와 식품안전, 식품소비 행태 및 환경 요인 등을 검토하여 도출된 것이다.

국민 공통 식생활 지침

1. 쌀·잡곡, 채소, 과일, 우유·유제품, 육류, 생선, 달걀, 콩류 등 다양한 식품을 섭취하자.
2. 아침밥을 꼭 먹자.
3. 과식을 피하고 활동량을 늘리자.
4. 덜 짜게, 덜 달게, 덜 기름지게 먹자.
5. 단 음료 대신 물을 충분히 마시자.
6. 술자리를 피하자.
7. 음식은 위생적으로, 필요한 만큼만 마련하자.
8. 우리 식재료를 활용한 식생활을 즐기자.
9. 가족과 함께 하는 식사 횟수를 늘리자.

자료: 보건복지부, 농림축산식품부, 식품의약품안전처, 국민 공통 식생활 지침

인구사회학적 변화 영역에서는 인구 고령화, 만성질환 관련 사회·경제적 부담 증가 등의 문제를 다음과 같이 고려하였다.

• 총 인구 중 65세 이상 인구 비율(통계청): '15년 13.1%, '40년 32.3% 전망
• 총 진료비 중 65세 이상 진료비(건강보험공단): '06년 25.9% → '13년 35.5%(18조 원)
• 비만의 사회적 비용(국민건강보험공단): 연간 약 6.8조원('13), 매년 증가

식품 및 영양 섭취 변화 영역에서는 쌀 등 곡류 섭취 감소, 과일·채소 섭취 부족, 당류 섭취 증가, 음료류·주류 섭취 증가, 나트륨 섭취 과다 및 칼슘 섭취 부족, 음료를 통한 당류 섭취 증가 등 영양소 부족 및 과잉 등의 문제를 고려하였으며, 식습관 영역에서는 아침식사 결식률 증가, 가족 동반 식사율 감소 등에 대한 문제를 고려하였다.

국민 5명 중 1명 이상이 아침식사를 거르고 있으며, 가족과 저녁식사를 하는 비율이 '05년 76%에서 '14년 66%로 감소
• 아침식사 결식률: ('05년) 19.9% → ('10년) 21.8% → ('12년) 23.4% → ('14년) 24.0%
• 저녁식사 가족 동반 식사율: ('05년) 76.0% → ('10년) 68.0% → ('12년) 66.4% → ('14년) 65.8%

신체활동 영역에서는 국민의 신체활동 실천율 감소 등에 관련된 문제를 고려하였다.

걷기 실천율
• 남자: '05년 62.4% → '14년 43.1%
• 여자: '05년 59.0% → '14년 40.3%

식품환경 영역에서는 음식물 쓰레기 등의 문제를 고려하였으며, 당류와 관련하여 '(4) 덜 달게 먹기, (5) 단 음료 대신 물을 충분히 마시기' 2개의 수칙을 포함시키기도 하였다.

- 1일 평균 총 당류 섭취량: ('07) 59.6g → ('10) 70.0g → ('13) 72.1g
- 가공식품을 통한 당류 섭취량: ('07) 33.1g → ('10) 42.1g → ('13) 44.7g
- 음료류를 통한 당류 섭취량: ('07) 8.7g → ('10) 13.0g → ('13) 13.9g

자료: 식품의약품안전처, 국민 다소비 식품의 당류 DB확보 및 조사연구. 2015.

1일 당류 섭취기준(한국인 영양소 섭취기준)

총 당류 섭취량은 총 에너지 섭취량의 10~20%(2,000kcal 기준 50~100g). 단, 첨가당 섭취량은 총 에너지 섭취량의 10% 이내

- 총당류: 식품에 내재하거나 가공, 조리 중 첨가하는 단당류 및 이당류 전체
- 첨가당: 식품의 제조과정이나 조리 시에 첨가하는 당

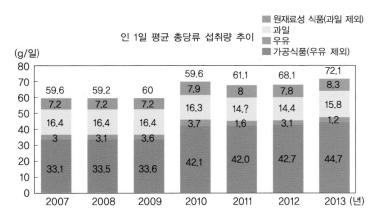

그림 1-12 평균 총 당류 섭취량

자료: 식품의약품안전처, 국민 다소비 식품의 당류 DB확보 및 조사연구. 2015

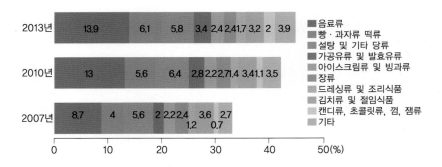

그림 1-13 가공식품군별 평균 당류 섭취량

자료: 식품의약품안전처, 국민 다소비 식품의 당류 DB확보 및 조사연구, 2015

우리 국민의 총 당류 섭취량은 72.1g(2,000kcal 기준 1일 열량의 20% 이내)으로 크게 우려할 수준은 아니나, 당류의 주요 급원 식품인 음료류 등 가공식품 섭취 증가 등 당류 섭취 실태를 반영한 것이다.

아울러 식생활의 서구화, 1인 가구 및 맞벌이 가구 증가 등 사회적 변화를 반영하여, 국민 공통 식생활 지침에는 '(2) 아침밥을 꼭 먹자, (9) 가족과 함께 하는 식사 횟수를 늘리자' 등의 내용도 포함되었다. 정부 관계자는 "그간 정부 부처에서 산재되어 있던 식생활 지침을 아우름으로써, 국민들에게 보다 쉽고 강하게 전달될 수 있을 것으로 기대하고 있다."고 언급하며 "국민의 식생활에 대한 높은 관심과 넘쳐나는 정보에 비해 실천이 어려운 점을 고려하여, 향후 구체적인 실천 전략도 관계 부처와 협력하여 수립·시행해 나갈 것이다."고 밝힌 바 있다.

MEMO

CHAPTER 2
식품과 영양소

영양소는 우리가 생명을 유지하는 데 필요한 물질로 탄수화물, 지질, 단백질, 비타민, 무기질, 물의 6가지가 있다. 이들은 우리 몸에 필요한 에너지를 공급하거나 우리 몸을 구성하고, 여러 가지 생리작용을 조절함으로써 우리 몸이 정상적인 기능을 할 수 있도록 한다.

- 에너지 공급: 탄수화물, 지질, 단백질
- 신체 구성: 물, 지질, 단백질, 무기질
- 생리작용 조절: 비타민, 무기질

1. 탄수화물

1) 탄수화물의 종류

탄수화물은 탄소, 수소, 산소로 구성된 탄소의 수화물로 구성단위인 당의 수에 따라 단당류, 이당류, 올리고당, 다당류로 구분할 수 있다. 단순 탄수화물에는 단당류와 이당류가 있고, 복합 탄수화물에는 3~10개의 당을 포함하는 올리고당과 10개 이상의 당을 함유하는 다당류가 있다.

(1) 단순 탄수화물

① 단당류

단당류는 탄수화물의 가장 간단한 기본단위로, 더 이상 가수분해될 수 없다. 포도당(glucose), 과당(fructose), 갈락토오스(galactose)가 해당되는데, 자연계에 가장 풍부하며 영양학적으로 가장 중요한 것은 육탄당인 포도당이다.

- 포도당: 식물에서 광합성 과정을 통해 생성되며 여분의 포도당을 전분의 형태로 저장한다. 또한, 동물의 혈중에 존재하는 당 형태로 여분의 포도당은 글리코겐의 형태로 저장된다.
- 과당: 과일에 주로 포함된 당 형태로 단당류 중에서 당도가 가장 높다.
- 갈락토오스: 모유, 우유 등에 들어 있는 유당(젖당)의 구성 성분으로 뇌 및 신경조직에 다량 존재하며 단맛이 약하다.

② **이당류**

이당류는 2개의 단당이 공유결합한 것으로 서당(sucrose), 맥아당(maltose), 유당(lactose)이 있으며, 서당이 영양학적으로 가장 중요하다.

- 서당: 포도당과 과당으로 구성되며 설탕이라고도 한다. 가장 널리 분포되어 있고 가장 흔하게 사용되는 천연 감미료이다.
- 맥아당: 전분이 분해되어 만들어지는 것으로 포도당 2개로 구성된다. 식혜의 주요 당 성분이다.
- 유당: 동물의 유즙에 들어 있는 당 성분으로 포도당과 갈락토오스로 구성된다. 자연적으로 우유 및 유제품에만 존재하는데, 유당을 분해하는 효소가 부족하면 유당을 함유한 음식을 소화하는 데 장애를 겪는다.

액상과당

액상과당(고과당옥수수시럽, high-fructose corn syrup)은 전분을 가수분해하여 얻은 포도당의 일부를 과당으로 만든 것이다. 과당과 포도당이 거의 동량으로 존재하여 설탕의 성분과 동일하다. 설탕보다 가격이 저렴하여 다양한 가공식품에 감미료로 활용된다.

(2) 복합 탄수화물

① 올리고당

올리고당은 여러 개의 단당이 공유결합한 것으로 결합 수에 따라 삼당류(trisaccharide), 사당류(tetrasaccharide), 오당류(pentasaccharide) 등으로 불린다. 라피노스(raffinose), 스타키오스(stachyose), 베르바스코스(verbascose)는 포도당, 갈락토오스, 과당으로 구성된 올리고당으로 콩류나 전곡류에서 발견된다. 라피노스는 과당, 포도당, 갈락토오스로 구성된 삼당이다. 스타키오스는 과당, 포도당, 갈락토오스 2개로 구성된 사당이다. 베르바스코스는 과당, 포도당, 3개의 갈락토오스를 함유

올리고당과 프리바이오틱스

프리바이오틱스(Prebiotics)는 사람의 소화효소에 의해 소화되지 않으나, 장내 유익균의 성장과 활동을 위한 물질로 작용하는 건강에 유익한 물질이다. 올리고당은 인체에 유익한 비피더스균(Bifidobacteria)이 가장 좋아하는 먹이로 비피더스균의 장내 증식을 촉진시킨다. 또한, 올리고당의 발효산물인 젖산 등은 장내 pH를 감소시킴으로써 비피더스균의 증식에 유리한 환경을 형성한다. 장내 비피더스균은 세균성 설사를 예방하고 장의 연동운동을 촉진하여 변비를 개선시키는 등 장의 정상적인 기능을 유지시켜 준다.

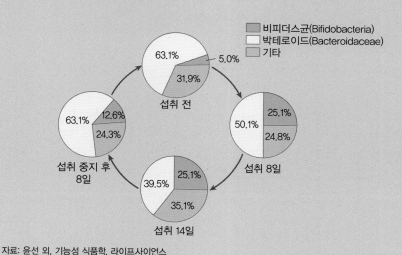

자료: 윤선 외, 기능성 식품학, 라이프사이언스

하는 올리고당이다. 사람에게는 소화효소가 없어 장내 미생물이 대신 이용하게 되고 방귀를 일으키는 가스를 생성하므로 'flatulent sugars'로 알려져 있다. 덱스트린은 포도당으로만 구성된 올리고당으로 식품과 음료수의 질감, 외관, 영양적 가치를 개선시키기 위해 식품첨가물로 사용되는데, 말토덱스트린(maltodextrin), corn syrup solids, hydrolyzed corn starch 등으로 표시한다.

② 다당류

다당류는 수백 또는 수천 개의 단당이 결합한 것이다. 동물에서 발견되는 글리코겐, 식물에서 발견되는 전분과 셀룰로오스가 영양학적으로 중요한데, 이들은 모두 포도당으로만 구성되어 있다.

- 글리코겐: 동물의 간과 근육조직에 존재하며 가지가 많은 구조 때문에 신속하게 혈당을 조절하고 근육의 에너지를 공급할 수 있다.
- 전분: 곡류, 감자, 옥수수 등 식물에 있는 포도당 중합체로, 가지가 없는 형태인 아밀로오스와 가지가 있는 형태인 아밀로펙틴의 두 종류가 있다.
- 셀룰로오스: 도정하지 않은 통곡류와 채소에 다량 함유되어 있으나, 사람에게는 셀룰로오스 분해효소가 없어 소화 흡수하기 어렵다.

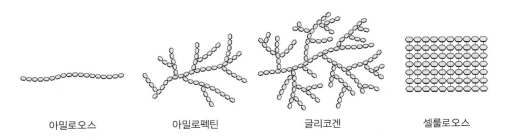

| 아밀로오스 | 아밀로펙틴 | 글리코겐 | 셀룰로오스 |

그림 2-1 복합 탄수화물의 구조

자료: cnx.org

2) 탄수화물의 기능

탄수화물은 체내에서 에너지를 공급하고, 음식에 단맛을 제공하며, 단백질을 절약시켜 주고 지질이 완전하게 산화될 수 있도록 돕는다. 난소화성 탄수화물인 식이섬유는 사람의 소화계에 의해 소화 흡수되지 않으나 혈당 및 혈중 콜레스테롤 감소, 변비 예방 등 건강에 유익한 효과를 나타낸다.

(1) 에너지 공급

탄수화물은 주요 에너지원(1g당 4kcal)으로 총 에너지 섭취의 절반 이상을 공급한다. 특히 적혈구와 뇌, 신경조직은 거의 모든 에너지를 포도당에서 공급받는다.

(2) 단맛 제공

탄수화물에는 독특한 단맛이 있어 식품에 향미를 증진시킨다. 표 2-1과 같이 단당류와 대체 감미료의 단맛은 다양하다. 대체 감미료는 설탕보다 단맛은 강하나 에너지가 거의 없으며 사카린(saccharin), 아스파탐(aspartame) 등이 있다. 당뇨환자의 식이나 다이어트용 식이에 사용된다.

표 2-1 단당류와 대체 감미료의 단맛

구분	유당	맥아당	포도당	서당	과당	아스파탐	사카린
상대적 감미도 (서당 = 1)	0.2	0.4	0.7	1	1.2~1.8	180~200	300

자료: 김미경 외, 생활 속의 영양학, 라이프사이언스

(3) 단백질 절약

탄수화물을 충분히 섭취하지 않아 포도당을 내지 못하면 다른 영양소로부터 포도당을 합성하는 포도당 신생합성과정(gluconeogenesis)이 일어난다. 지질은 포도당으로 전환될 수 없기 때문에 근육이나 심장, 간, 신장 등 주요 기관 내 단백질이 포도당 신생합성의 주요 재료가 된다. 따라서, 탄수화물은 단백질이 포도당으로 전환되지 않고 신체 조직을 구성하는 등 고유의 기능을 수행할 수 있도록 절약시키는 역할을 한다.

(4) 케톤증 예방

탄수화물의 섭취가 충분하지 못하면 인슐린 분비가 감소하고 지방 조직에서 지방산이 방출되어 간에서 완전히 산화되는 대신에 케톤체(ketone body)를 형성하게 된다. 산성 화합물인 케톤체가 혈액과 조직에 축적되는 것을 케톤증(ketosis)이라고 하는데, 탈수, 전해질의 불균형 등을 일으키고 심각한 경우 혼수상태나 사망을 초래할 수 있다.

식이섬유의 생리적 효과

식이섬유가 건강에 미치는 생리적 효과는 용해성, 점성(겔을 형성), 발효성에 따라 다르지만, 우리는 다양한 식이섬유가 혼합되어 있는 식품을 섭취하기 때문에 식이섬유의 생리적 효과는 더 다양할 것이다.

- 용해성: 수용성 식이섬유는 따뜻한 물에 녹는 것을 말하고, 불용성 식이섬유는 따뜻한 물에 녹지 않는 것을 말한다. 수용성 식이섬유에는 펙틴, 검, 이눌린 등이 있고, 불용성 식이섬유에는 셀룰로오스, 리그닌, 헤미셀룰로오스 등이 있다. 일반적으로 채소류와 전곡류는 수용성 식이섬유보다 불용성 식이섬유를 더 많이 함유하고, 과일류는 수용성 식이섬유 함량이 높은 경향이 있다. 수용성 식이섬유는 영양소의 흡수에 영향을 미치고, 불용성 식이섬유는 분변량에 영향을 미치는 것으로 알려져 있으나, 모든 수용성 식이섬유가 혈당과 지질 농도에 긍정적으로 영향을 주는 것이 아니며 불용성 식이섬유가 분변량에 미치는 효과는 다양하다.
- 점성: 식이섬유가 물과 결합하여 겔을 형성하는 것을 의미하는 것으로, 식이섬유는 소화관 내에서 몇 배에 해당하는 수분을 흡수하여 겔을 생성한다. 대부분의 식이섬유가 어느 정도 수분을 가지고 있으나 모두가 점성이 있는 겔을 형성하는 것은 아니다. 점성 식이섬유는 식품의 위 통과시간과 장 통과시간을 증가시켜 소화가 천천히 되게 하고 포만감을 준다. 또한, 끈적거리는 겔 안에 영양소(특히 당과 지질)를 가둠으로써 포도당과 콜레스테롤과 같은 지질의 흡수를 감소시킨다. 펙틴, 검, 베타 글루칸 등이 해당된다.
- 발효성: 식이섬유는 사람의 소화 효소에 의해 소화되지 않은 채 대장에 도달하면 장내 세균이 다양한 정도로 발효시킨다. 발효되지 않는 식이섬유에는 셀룰로오스, 리그닌 등 주로 불용성 식이섬유가 포함된다. 발효되지 않은 식이섬유는 분변량을 증가시켜 배변을 원활하게 하므로 변비 치료

(계속)

에 유용하다. 장내 박테리아에 의해 발효되는 식이섬유에는 펙틴, 이눌린, 검 등 주로 수용성인 식이섬유가 포함되나, 리그닌과 헤미셀룰로오스와 같은 불용성 식이섬유도 느리게 발효된다. 발효 식이섬유는 사람이 사용할 수 있는 짧은사슬지방산(1g당 1.5~2.5kcal)을 생성하거나 미생물 증식에 필요한 에너지와 물질을 제공한다. 또한, 발효 식이섬유는 실질적으로 분변량에 영향을 미치지 못하지만 변 중 박테리아 무게를 증가시키고 증가된 박테리아는 물을 끌어들여 분변량을 늘릴 수 있다. 일부 발효 식이섬유는 장에서 프리바이오틱(Prebiotic)으로 작용한다.

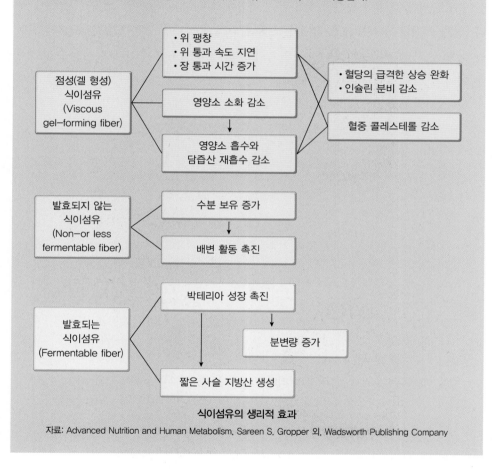

식이섬유의 생리적 효과

자료: Advanced Nutrition and Human Metabolism, Sareen S. Gropper 외, Wadsworth Publishing Company

3) 탄수화물의 섭취

한국인을 위한 탄수화물의 섭취기준은 에너지적정비율(acceptable macronutrient

탄수화물 섭취의 중요성

최근 탄수화물 섭취량과 사망의 상관성을 조사한 연구 결과는 적당한 탄수화물 섭취의 중요성을
뒷받침해주고 있는데, 탄수화물 섭취가 적은 그룹(40% 미만)과 많은 그룹(70% 이상) 모두에서 사
망률이 증가하고 탄수화물의 에너지 섭취비율이 50~55%인 그룹의 사망률이 가장 낮은 것으로 나
타났다.

자료: Seidelmann 외, Lancet Public Health 2018

distribution range)로 나타내는데, 2020년에 만 1세 이상의 모든 국민에 대하여 동일
하게 55~65%로 설정하였다.

　20대 여자 대학생의 경우 에너지 필요추정량은 2,000kcal이므로 탄수화물로부터
공급받는 에너지는 1,100~1,300kcal이고, 탄수화물은 1g당 4kcal의 에너지를 내므로
탄수화물의 1일 적정섭취량은 275~325g이다.

　탄수화물의 절반은 곡류, 채소류에서 얻을 수 있는 전분과 덱스트린 형태의 다당류
로 섭취하고, 나머지 절반은 설탕(서당), 유당, 맥아당, 포도당, 과당 등의 단순당의 형
태로 섭취할 수 있다. 이 중 단순당은 식품에 내재하는 당과 가공 및 조리 시에 첨가
하는 첨가당으로 구분할 수 있는데, 한국인 영양소 섭취기준에서는 총 단순당의 섭취
량을 총 에너지 섭취량의 10~20%로 제한하고 있다. 특히 설탕, 액상과당, 물엿, 꿀, 시
럽, 농축과일주스 등 식품의 조리 및 가공 시 첨가되는 첨가당은 총 에너지 섭취량의
10% 이내로 섭취하도록 권장한다. 20대 여자 대학생의 경우 첨가당은 1일 50g 미만으
로 섭취해야 한다.

　식이섬유의 충분섭취량은 성인 남자 30g/일, 성인 여자 20g/일로 설정하였다. 체계
적 고찰(systematic review)과 메타 분석(meta-analysis)에 의하면 식이섬유 섭취와
사망률 사이에 역의 상관관계가 보고되어 있으므로 충분히 섭취해야 한다.

2. 지질

1) 지질의 종류

지질은 에테르, 클로로포름, 아세톤과 같은 유기용매에 녹는 물질을 말한다. 지질에는 굉장히 다양한 종류가 있으나 영양학적으로 관계되는 것에는 지방산, 중성지방, 인지질, 콜레스테롤이 있다.

(1) 지방산

지방산은 지질 중 가장 간단하다. 한쪽 끝에 메틸기와 다른 쪽 끝에 카르복실기를 가지고 있는 탄화수소사슬이다. 그러므로 지방산은 친수성이고 극성인 말기(카르복실기)와 비극성이고 소수성인 말기(메틸기)를 가지고 있다. 지방산은 단독으로 존재하거나 좀 더 복잡한 지질의 성분으로 존재한다. 에너지 영양소로 중요하며 식이 지질에서 유래되는 열량의 대부분을 공급한다.

지방산은 포화지방산(saturated), 단일불포화지방산(monounsaturated, 이중결합이 1개), 다가불포화지방산(polyunsaturated, 이중결합이 2개 이상)일 수 있다. 이중결합은 시스(cis) 또는 트랜스(trans) 형태의 기하이성질체가 될 수 있는데, 시스는 U 모양의 접힘(folding)과 굽힘(bending) 형태로 존재하나, 트랜스는 포화지방산과 유사

트랜스지방산

대부분 자연적으로 존재하는 불포화지방산은 시스 형태이지만, 트랜스 형태도 일부 천연 식물성 기름, 유제품, 양과 소의 지방(반추동물 박테리아에 의한 바이오수소화 과정에 의해 생성)에서 나타난다. 또한 트랜스지방산은 상업적으로 부분 수소화(partial hydrogenation)에 의해 생성된다. 지방산의 부분 수소화는 녹는점을 바꾸고 견고함을 주어 식물성 기름을 실온에서 고체화시키는데, 이것은 소비자와 식품 제조업자 모두에게 바람직한 것으로 여겨져 튀김유와 상업적 식품을 만드는 데 흔하게 사용된다.

한 직선 모양이다. 굽힘의 정도는 세포막의 구조와 기능에서 중요한 역할을 한다. 그림 2-2는 탄소 수 18개인 지방산에서 포화와 불포화를 보여주고 어떻게 시스와 트랜스 이성질체가 분자 모형에 영향을 주는지 보여준다.

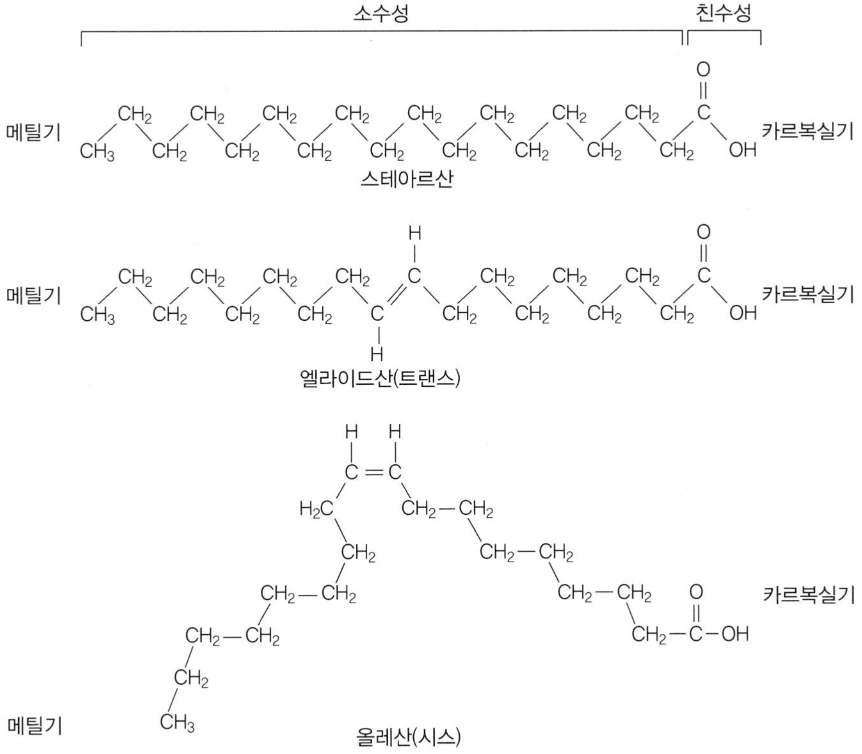

그림 2-2 지방산의 구조

지방산의 명명법

탄화수소 사슬의 말단 부위의 메틸기(ω)로부터 탄소 원자에 번호를 매겨 이중결합의 위치를 기준으로 명명할 수 있다. 예를 들면, 리놀레산(linoleic acid)은 18:2 ω-6일 것이다. 오메가 기호는 문자 n으로 대체하는 것이 일반적이다(18:2 n-6). 사슬에서 탄소 원자의 총 개수(18)가 가장 처음에 나오고 이중결합의 수(2)는 콜론 뒤에 제시하며 첫 번째 이중결합의 위치(탄소 원자 번호)를 메틸기로부터 ω-6 또는 n-6으로 나타낸다.

(계속)

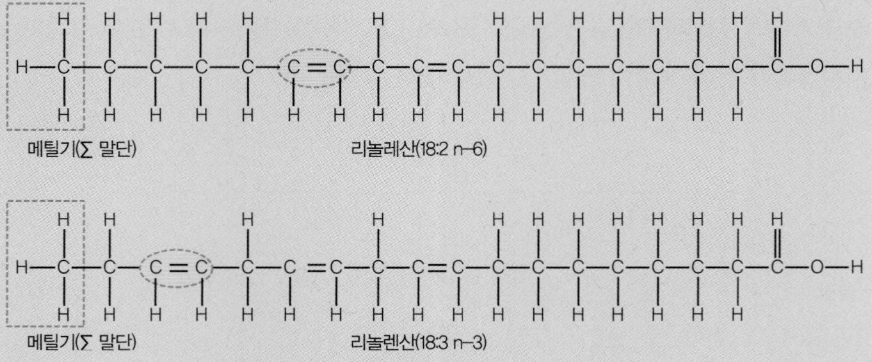
메틸기(∑ 말단)
리놀레산(18:2 n-6)
메틸기(∑ 말단)
리놀렌산(18:3 n-3)

지방산의 명명법

(2) 중성지방

대부분의 지방조직은 중성지방으로 구성되어 있는데 이것은 에너지의 농축된 저장 형태이다. 또한 식이 지질의 거의 95%에 해당된다. 구조적으로 글리세롤에 3개의 지방산이 에스테르 결합을 하고 있다.

각각의 에스테르 결합에서 물 분자가 빠져 나온다. 지방산은 모두 같을 수도 있고(단순 중성지방), 다를 수도 있다(혼합 중성지방). 중성지방의 지방산은 모두 포화지방산일 수도 있고, 모두 단일 불포화지방산일 수도 있으며, 모두 다가불포화지방산일 수

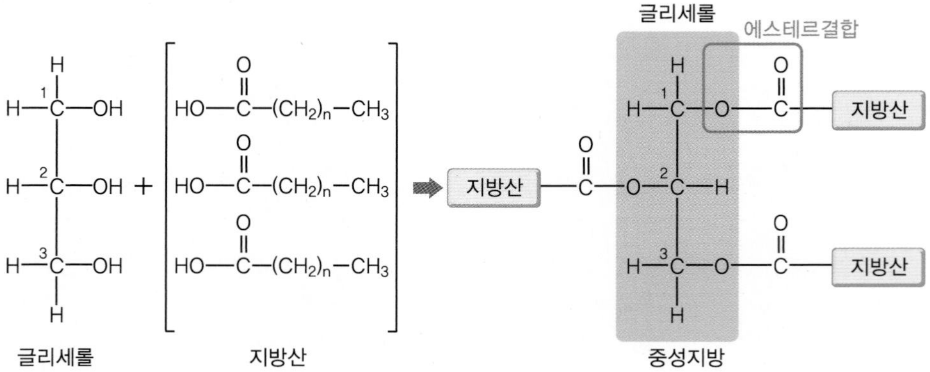
글리세롤
에스테르결합
지방산
지방산
지방산
글리세롤
지방산
중성지방

그림 2-3 중성지방의 구조

도 있다. 또는 어떠한 조합일 수도 있다. 중성지방은 지방산 구성에 따라 실온에서 지방(고체) 또는 기름(액체)으로 존재한다. 상대적으로 짧은사슬지방산이나 불포화지방산을 많이 함유하는 중성지방은 실온에서 액체 기름인 경향이 있고 긴사슬 길이의 포화지방산으로 구성된 경우 높은 녹는점을 가지므로 고체 지방으로 존재한다.

(3) 인지질

인지질은 이름에서 볼 수 있듯이 인을 함유하는 지질이다. 중성지방과 마찬가지로 글리세롤이 인지질의 구조적 뼈대를 형성한다. 지방산은 글리세롤의 1번과 2번 위치에 에스테르 결합되어 있고 극성(친수성)인 머리 부분(head group)으로 이루어져 있다.

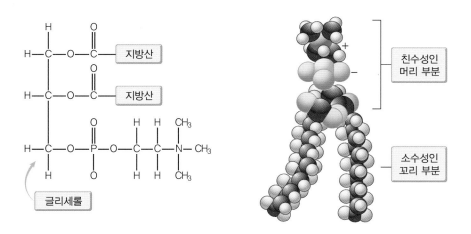

그림 2-4 인지질(레시틴)의 구조

(4) 콜레스테롤

콜레스테롤은 탄소 배열이 4개의 고리 구조를 이루고 있어 구조적으로 다른 지질과 상당히 다르다. 인체에서 유리된 형태로 존재하거나 지방산이 에스테르 결합되어 있을 수 있다.

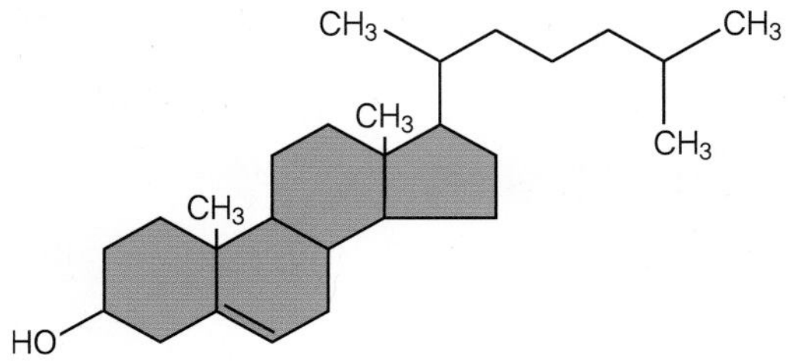

그림 2-5 콜레스테롤의 구조

2) 지질의 기능

(1) 에너지원

중성지방은 탄수화물이나 단백질에 비해 농축된 에너지원으로 1g당 9kcal를 공급한다. 체내에서 에너지 저장고로서의 역할을 하여 음식을 섭취하지 못하는 동안 에너지를 공급한다.

(2) 신체 보호 및 체온 유지

생식기관과 주요 내부 장기를 둘러싸고 있어 외부 충격으로부터 보호하며 물에 비해 열전도율이 낮아 체온의 손실을 막는다.

(3) 향미 제공 및 지용성 비타민의 흡수 증진

음식에 독특한 맛과 향미를 더하고 함께 섭취한 지용성 비타민의 흡수를 돕는다.

(4) 필수지방산 공급

인체에서 합성할 수 없어 반드시 식물성 식품으로 섭취되어야 하는 2개의 불포화지방산(리놀레산과 리놀렌산)을 필수지방산이라고 하는데, 필수지방산이 결핍되면 성장지연, 피부염, 신장 손상, 조기 사망 등이 나타난다. 포유동물에서 리놀레산은 아라키돈산으로 전환될 수 있고 리놀렌산은 에이코사펜타에노익산(eicosapentaenoic acid, EPA(20:5 n-3))으로 전환될 수 있는데, 이 두 가지 모두 신호전달물질인 에이코사노이드의 전구체로서 대사적으로 중요하다. 사람에게는 리놀레산과 리놀렌산의 특정 위치에 이중결합을 만드는 효소가 없어서 반드시 섭취해야 하는 '필수영양소'이다.

(5) 세포막 구성

인지질과 콜레스테롤은 세포막의 구성성분으로, 콜레스테롤의 하이드로기가 인지질의 친수성인 머리 부분과 상호작용하고 콜레스테롤의 소수성 부분이 인지질의 지방산과 나란히 있다.

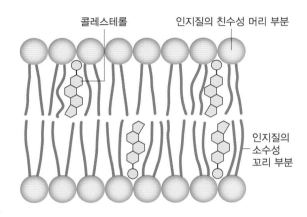

콜레스테롤 인지질의 친수성 머리 부분

인지질의 소수성 꼬리 부분

그림 2-6 인지질 이중층 세포막과 콜레스테롤

(6) 유화제

인지질은 친수성과 소수성을 모두 포함하는 양극성 때문에 중성지방과 다른 지질이 안정한 복합체인 혈중 지단백질(lipoprotein)을 형성하게 하는 중요한 구성성분이며, 혈중에서 이동할 수 있게 한다. 달걀 노른자와 콩 등에 들어 있으며, 마가린, 초콜릿과 같이 지방과 물을 모두 포함하는 식품을 생산할 때에 유화제로 사용한다.

(7) 스테로이드 전구체

콜레스테롤은 담즙산과 에스트로젠, 안드로젠, 프로게스테론과 같은 스테로이드성 호르몬, 부신피질호르몬(adrenocortical hormone), 비타민 D 등 체내에서 많고 중요한 스테로이드의 전구체로 작용한다.

3) 지질의 섭취

한국인을 위한 지질의 섭취기준은 에너지적정비율로 나타내는데, 2020년에 성인의 경우 15~30%로 설정하였다. 성인의 경우 뇌·심혈관 질환의 예방을 위해 포화지방산의 에너지적정비율은 7% 미만, 트랜스지방산의 경우 1% 미만으로 설정하였다. 콜레스테롤의 섭취량은 300mg/일 미만으로 권고한다. 20대 여자 대학생의 경우 에너지 필요추정량은 2,000kcal이므로 트랜스지방산으로부터 공급받는 에너지는 20kcal 미만이고, 지질은 1g당 9kcal의 에너지를 내므로 트랜스지방산의 1일 적정 섭취량은 2.2g 미만이다.

오메가-6와 오메가-3 지방산

인류의 선조는 n-6와 n-3 지방산을 동량으로 제공하는 식품을 섭취한 것으로 추정된다. 오늘날 n-3 지방산은 매우 낮고 모든 다가불포화지방산의 80~90%를 리놀레산이 공급하면서 식이 중 n-6 지방산이 압도적이다. 이것은 콩기름과 같은 식물성 기름의 사용이 확대되었고 생선과 다른 n-3 지방산 급원의 섭취가 상대적으로 낮기 때문이다. 식이 n-6 지방산과 n-3 지방산은 대사과정에서 서로 경쟁하기 때문에 상대적인 균형이 중요한데, 모유를 근거로 하여 n-6/n-3는 4:1~10:1이 바람직하다. 필수지방산인 리놀레산(n-6)은 콩기름, 옥수수유, 포도씨유, 해바라기씨유에 다량 함유되어 있고, 리놀렌산(n-3)은 들기름, 카놀라유, 등 푸른 생선에 많이 들어 있다.

지질과 지단백질, 그리고 건강

죽상동맥경화증(atherosclerosis)은 혈관 내피의 퇴행성 질환으로, 콜레스테롤이 플라그의 주요 성분이다. 심혈관 질환의 위험 인자로 총 콜레스테롤의 함량뿐만 아니라 주요 두 지단백질 LDL(low density lipoprotein)과 HDL(high density lipoprotein) 사이에 콜레스테롤이 어떻게 분포되어 있는지가 중요하다. LDL은 콜레스테롤을 간에서 조직으로 운반하는 것이고, HDL은 과량의 콜레스테롤을 조직에서 취해 담즙의 형태로 체외로 배설하거나 다른 중요한 물질로 전환하도록 간으로 운반

(계속)

하는 것이다. 콜레스테롤 자체가 좋거나 나쁜 것은 아니나, 상대적으로 낮은 LDL과 상대적으로 높은 HDL을 유지하는 것이 바람직하기 때문에 '좋은(good)'과 '나쁜(bad)' 콜레스테롤의 개념이 등장했다. 혈중 총 콜레스테롤 수준에 대한 식이 콜레스테롤의 영향은 콜레스테롤을 섭취 시 담즙으로 콜레스테롤의 배설이 증가하고 콜레스테롤의 생합성이 저해되기 때문에 논란의 여지가 있다. 일반적으로 포화지방산은 혈중 총 콜레스테롤(특히 LDL-콜레스테롤) 농도를 높이고 다가불포화지방산은 감소시키며, 단일불포화지방산은 중립적인 것으로(높이지도 않고 낮추지도 않음) 알려져 있다. 트랜스지방산은 포화지방산보다 더 해로운 영향을 줄 수 있는데 LDL-콜레스테롤을 증가시킬 뿐만 아니라 HDL-콜레스테롤을 감소시키기 때문이다. 트랜스지방산의 함량을 의무적으로 표시하도록 하고 있으나 식품에 함유된 함량이 0.2g 미만일 경우 '0'으로 표시할 수 있어 하고 있어 이들을 다량 섭취하면 1일 섭취기준보다 더 많이 섭취할 수 있다.

3. 단백질

영양과 건강에서 단백질의 중요성은 아무리 강조해도 지나치지 않다. 그리스어 'proteos'는 'primary' 또는 'taking first place'를 뜻한다. 단백질은 체내 곳곳에서 발견되는데 40% 이상은 근육에서, 25% 이상은 기관에서 발견되고 나머지는 주로 피부와 혈액에 존재한다.

1) 단백질의 구성

단백질을 구성하는 기본단위는 아미노산으로 아미노산은 중심 탄소 원자에 수소, 아미노기($-NH_2$), 카르복실기($-COOH$), 그리고 'R'기를 가지고 있다. R이 수소이면 아미노산 글리신이고, R이 메틸기이면 아미노산 알라닌이다. 아미노산은 펩티드 결합으로 연결될 수 있는데, 10개 이상의 아미노산으로 구성된 것을 폴리펩티드라고 한다. 대부분의 단백질은 50~20,000개의 아미노산이 결합한 폴리펩티드이다. 단백질을 구성하는 아미노산은 총 20개인데, 영양학적으로 필수와 불필수 아미노산으로 구분된다. 영양학에서 '필수'라는 개념은 체내에서 합성할 수 없어서 반드시 식이로 공급되어야 함을 의미한다. 표 2–2는 필수아미노산의 목록이다.

표 2–2 필수아미노산

페닐알라닌(Phenylalanine)	메티오닌(Methionine)	이소류신(Isoleucine)
발린(Valine)	트립토판(Tryptophan)	류신(Leucine)
트레오닌(Threonine)	히스티딘(Histidine)	리신(Lysine)

조건부 필수아미노산도 존재하는데, 예를 들면 간 기능이 미숙하거나 간 질환이 있는 경우 우선적으로 간에서 대사되는 페닐알라닌과 메티오닌 대사가 손상된다. 결과적으로 정상 상태에서는 페닐알라닌과 메티오닌의 분해를 통해 합성되는 티로신과 시스테인이 기관의 기능이 정상화될 때까지 필수아미노산이 된다. 선천적 이상의 경우도 있는데, 유전적 질환인 페닐케톤뇨증(phenylketonuria, PKU)의 경우 페닐알라닌을 티로신으로 전환시키는 효소의 활성이 없거나 낮아 티로신이 체내에서 합성되지 못하고 반드시 식이에서 완전히 제공되어야 한다. 다시 말하면 PKU에서는 티로신이 필수아미노산인 것이다. 외상이 있으면 아르기닌 합성이 충분하지 못하고 조건부 필수아미노산으로 여겨진다.

2) 단백질의 기능

단백질은 체내에서 여러 주요한 기능을 수행한다. 탄수화물과 지질이 충분히 제공되어야 단백질이 다음과 같은 고유의 기능을 위해 효율적으로 사용될 수 있다.

(1) 효소

효소는 촉매제로 작용하는 단백질로 체내에서 일어나는 반응의 속도를 증가시킨다. 효소는 생명을 유지하는 데 필수적인 반응을 촉매하는데, 소화, 에너지 생성, 혈액 응고 등이 해당된다.

(2) 호르몬

일부 단백질은 호르몬으로, 아미노산은 호르몬을 합성하는 데 필요하다. 호르몬은 체내에서 화학적 메신저(chemical messengers)로 작용하며, 중요한 대사적 과정을 조절한다. 어떤 호르몬은 콜레스테롤에서 유래되어 스테로이드 호르몬으로 분류되는 반면, 어떤 호르몬은 1개 이상의 아미노산에서 유래된다. 예를 들면, 아미노산 티로신은 요오드와 갑상선 호르몬을 합성하는 데 사용되고, 호르몬 멜라토닌은 뇌에서 트립토판으로부터 유래된다. 인슐린은 51개의 아미노산이 이황화결합(disulfide bridge)으로 연결된 2개의 폴리펩티드 사슬로 구성된다.

(3) 신체 구성

몇 가지 단백질은 체내에서 구조적 역할을 하며, 수축성(contractile) 단백질과 섬유상(fibrous) 단백질이 있다. 수축성 단백질인 액틴(actin)과 미오신(myosine)은 심장, 근육, 평활근(smooth muscle)에 존재하고, 섬유상 단백질인 콜라겐, 엘라스틴, 케라틴은 뼈, 치아, 피부, 힘줄, 연골, 혈관, 머리카락, 손톱에 있다.

(4) 산-염기 평형(완충제)

단백질은 아미노산으로 구성되어 있기 때문에 체내에서 완충제로 작용하여 산-염기 평형을 조절할 수 있다. 완충제는 알칼리나 산 첨가 시 일어날 수 있는 pH의 변화를 완화시키는 화합물이다. 혈액과 다른 체조직의 pH는 적절한 범위 내에 유지되어야 하는데(혈중 7.35~7.45, 적혈구 7.2, 근육 세포 6.9), 아미노산은 수소 이온을 받아들이거나 유리시킬 수 있기 때문에 pH의 변화를 막고 균형을 유지시킬 수 있다.

(5) 체액 균형

단백질은 산-염기 평형 이외에 혈액과 세포에 존재하면서 수분 평형에 영향을 준다. 단백질은 물을 특정한 영역 내로 끌어들이고 유지함으로써 삼투압을 유지하는데, 혈액 내 단백질의 농도가 감소하면 혈액 삼투압을 감소시킨다. 혈액 내 단백질의 농도가 정상보다 낮으면 수분은 혈관 밖인 세포 사이 공간(interstitial space)으로 새어 나가 조직이 붓게 되고 부종을 일으킨다. 혈액과 세포 내 단백질이 보충되면 수분은 세포 사이 공간에서 다시 혈액과 세포 내로 확산되게 된다.

(6) 면역 기능

정상적인 면역 체계는 면역 글로불린이나 항체로 불리는 면역 단백질에 의해 공급된다. 단백질의 섭취가 불충분하면 면역 단백질이 부족하여 면역 체계의 기능이 저하된다.

(7) 영양소 운반

운반 단백질은 비타민, 무기질 등 영양소와 같은 물질을 혈액 내로, 세포 내로, 세포 밖으로, 세포 내로 운반하는 수단을 제공한다. 예를 들면 혈액 내에서 단백질 헤모글로빈은 적혈구 내 존재하면서 산소와 이산화탄소를 운반하고, 지단백질은 콜레스테롤과 중성지방을 운반한다. 세포막의 단백질은 나트륨, 칼륨, 칼슘과 같은 물질이 이동할 수 있도록 통로를 제공한다.

(8) 포도당 합성

혈당은 세포에 필요한 에너지를 공급하기 위하여 특히 적혈구, 뇌세포 등과 같이 포도당에만 의존하는 세포를 위하여 일정하게 유지되어야 한다. 그러나 탄수화물의 섭취가 충분하지 않아 혈중 포도당의 농도가 일정 수준 이하로 감소하면 체조직에 존재하는 아미노산을 이용하여 포도당을 합성하는 포도당 신생합성과정이 일어나게 된다. 예를 들어, 저녁 7시 이후에 아무것도 먹지 않고 아침식사도 거르면 포도당은 아미노산에서 합성된다.

(9) 열량 공급

단백질도 탄수화물이나 지방과 마찬가지로 열량을 공급할 수 있으나, 건강한 사람의 경우 에너지원으로 지방과 탄수화물을 주로 사용하고 단백질은 거의 사용하지 않는다. 단백질을 과잉 섭취하였거나 열량 섭취가 충분하지 못하면 단백질은 열량 공급을 위해 사용된다. 단백질이 고유 기능 이외의 포도당 합성이나 열량 공급을 위해 사용되면 암모니아가 생성되고, 이것이 간에서 요소로 무독화되어 신장에서 소변으로 배설되어야 하므로 비효율적이다.

3) 단백질의 섭취

단백질 함유 식품은 필수아미노산 조성에 따라 다음의 두 항목으로 나눌 수 있다.

- 완전 단백질(high-quality): 인체가 필요로 하는 모든 필수아미노산을 적절한 양으로 포함한다. 완전 단백질의 급원은 우유, 요구르트, 치즈, 달걀, 고기, 생선, 가금류 등 거의 동물성 식품이다.
- 불완전 단백질(low-quality): 두류, 견과류, 종실류, 채소류, 곡류 등 식물성 식품에서 유래된다. 대부분의 식물성 식품은 1개 이상의 필수아미노산이 부족하다.

불완전 단백질인 채소류는 메티오닌이 부족하고, 견과류와 종실류는 리신과 트레오닌이 부족하다. 제한 아미노산이라는 것은 식품 중에서 가장 부족한 필수 아미노산을 의미한다. 아미노산이 없으면 단백질을 만들지 못하기 때문에 불완전 단백질만 함유하는 식사는 필수아미노산의 이용성을 부적절하게 하고 체내 단백질 합성 능력을 감소시킨다. 사람이 모든 필수아미노산을 공급받기 위해서는 아미노산 패턴이 서로 보완되도록 단백질 함유 식품을 함께 섭취해야 한다. 예를 들면 두류에는 리신이 풍부하나 황함유아미노산이 부족하므로 메티오닌과 시스테인이 평균 이상 들어 있고 리신이 부족한 곡류와 함께 섭취할 수 있다.

우리나라 성인의 단백질 평균필요량은 0.73g/kg/일, 권장섭취량은 0.91g/kg/일이다. 동물성 단백질은 총 단백질 섭취량의 1/3 이상 섭취하는 것이 권장된다. 단백질 결핍증으로 개발도상국의 어린이에게서 마라스무스나 쿼시오커가 나타난다. 단백질의 과잉 섭취는 여분의 질소를 요소로 배설시키기 위해 신장에 과도한 부담을 주게 되고, 소변으로의 칼슘 배설을 증가시켜 골다공증의 위험을 가져올 수 있다.

표 2-3 식품의 1인 1회 분량별 영양소 함량

	식품명	1인 1회 분량 (g)	에너지 (Kcal)	단백질 (g)	지방 (g)	탄수화물 (g)	식이섬유 (g)
곡류	백미	90	308.3	5.6	1.0	67.7	1.5
	보리	90	288.8	7.8	0.9	64.8	8.5
	감자	140	122.9	3.8	1.8	23.8	2.3
	현미	90	323.9	6.9	1.8	69.5	2.5
	식빵	35	101.1	3.0	1.6	18.4	1.2
	고구마	70	91.0	0.9	0.6	20.9	2.1
고기·생선·달걀·콩류	달걀	60	104.0	7.6	7.0	0.9	0.0
	두부	80	67.2	7.4	4.5	1.1	2.0
	돼지고기	60	119.9	12.2	6.9	0.6	0.0
	닭고기	60	108.0	13.2	5.6	0.2	0.0
	오징어	80	79.2	15.9	1.2	0.2	0.0
	쇠고기	60	98.0	11.1	5.3	0.5	0.0
	고등어	60	132.6	12.6	8.4	0.1	0.0
	아몬드	10	68.9	2.1	5.5	1.8	1.1
	두유	200	138.3	8.8	7.1	9.2	3.1
	햄	30	76.6	4.5	5.5	1.6	0.0
채소류	배추김치	40	7.2	0.8	0.2	1.6	1.2
	풋고추	70	17.4	1.2	0.4	3.7	5.4
	양배추	70	20.0	1.9	0.1	3.9	1.9
	김	2	2.5	0.8	0.0	0.8	0.7
	깻잎	70	19.9	2.4	0.3	4.4	3.4
	미역	30	3.7	0.8	0.1	1.5	1.4
과일류	사과	100	46.3	0.3	0.4	11.8	1.5
	바나나	100	80.0	1.2	0.2	21.1	1.8
	감	100	83.0	0.9	0.0	23.0	2.5
	과일음료	100	87.1	1.1	0.5	21.8	0.9

(계속)

식품명		1인 1회 분량 (g)	에너지 (Kcal)	단백질 (g)	지방 (g)	탄수화물 (g)	식이섬유 (g)
우유·유제품류	우유	200	124.3	6.0	5.0	13.9	0.2
	호상요구르트	100	101.1	3.5	2.4	16.2	0.8
	아이스크림	100	192.5	3.7	8.9	24.6	1.2
	치즈	20	65.2	3.8	4.9	1.6	0.0
유지·당류	콩기름	5	44.2	0.0	5.0	0.0	0.0
	커피믹스	12	43.4	1.5	0.6	8.2	0.0
	마요네즈	5	32.8	0.1	3.5	0.1	0.0
	버터	5	37.4	0.0	4.2	0.0	0.0
	설탕	10	37.9	0.0	0.0	9.8	0.0

자료: 2015 한국인 영양소 섭취기준

4. 비타민

비타민은 조절 기능을 갖는 유기 화합물이다. 주로 소량이지만 체내에서 합성할 수 없기 때문에 반드시 식이로 공급해야 하는 필수영양소로, 부적절한 섭취는 특정 결핍증을 일으킨다. 오늘날 각기병(beriberi)으로 불리는 상태를 치료한 '항각기병 물질'이 폴란드의 생화학자 카시미르 풍크(Casimir Funk)에 의해 왕겨로부터 분리되었다. 풍크는 이와 같은 물질이 생명에 필수적이고(라틴어로 'vita'는 'life'를 의미함) 화학적으로 아민(amine)이기 때문에 비타민(vitamine)이라고 명명하였다(후에 모든 비타민이 아민의 형태가 아니므로 알파벳 'e'가 빠짐). 그 이후에 바로 맥컬럼(McCollum)과 데이비스(Davis)는 버터 지방에서 지용성인 물질을 추출하였고, 이것을 이전에 분리된 수용성 물질과 구분하기 위해 지용성 A로 명명하였다. 이 두 가지 필수 인자는 비타민 A와 비타민 B로 알려졌다.

1) 지용성 비타민

지용성 비타민의 흡수와 운반은 지질의 흡수, 운반과 밀접하게 연관되어 있어 지용성 비타민은 지질과 함께 섭취할 때에 더 잘 소화 흡수된다. 지용성 비타민은 지질과 함께 소장에서 흡수되어 카일로미크론의 형태로 림프계에 들어간다. 혈액에서는 지단백질의 형태로 이동되며 표적세포로 운반되고, 사용되고 남은 여분의 비타민은 간과 지방조직, 세포막 등에 상당량 저장된다. 비타민 A, D, E, K가 해당된다.

(1) 비타민 A

비타민 A는 간, 우유 및 유제품, 난황 등 동물성 식품에 들어 있는 레티노이드(레티놀, 레티날 등)를 말하고, 프로비타민 A는 체내에서 비타민 A로 전환될 수 있는 것으로 당근, 시금치 등 녹황색 채소에 들어 있는 카로티노이드(베타카로틴 등)를 말한다. 비타민 A는 체내에서 시각 유지에 관여하는데, 망막의 간상세포에서 어두운 곳에서 물체를 볼 수 있게 해 주는 색소(로돕신)를 합성하는 데 필요하다. 또한, 세포 분화, 상피세포 유지, 면역 기능 등 다양한 역할을 한다. 베타카로틴은 비타민 A로 전환되어 비타민 A의 다양한 기능을 수행하고, 자체적으로는 산화적 손상으로부터 보호해 주는 항산화 역할도 한다. 비타민 A 부족 시 면역기능 저하에 따른 감염, 상피세포 기능 손상에 의한 안구건조증, 각막연화증, 야맹증 등이 생길 수 있다. 권장량의 5~10배를 장기간 섭취하면 독성 증상이 나타난다.

(2) 비타민 D

비타민 D는 자외선의 자극에 의해 피부에서 합성되어 간과 신장에서 활성형(칼시트리올)이 된다. 자연식품에는 비타민 D가 전혀 없거나 소량 들어 있으므로 햇빛을 충분히 받아 비타민 D가 콜레스테롤로부터 생합성되도록 하는 것이 중요하다. 피부가 흰 사람의 경우는 한 번에 5~10분씩 주 2~3회, 피부가 검은 사람의 경우는 한 번에 15분 이상씩 더 자주 자외선을 받을 필요가 있다. 자외선 차단지수 15인 선크림은 비타민 D의 생합성을 거의 차단하기 때문에 비타민 D는 현대인들에게 부족하기 쉬운 영양소이다. 비타민 D는 칼슘 대사를 조절하는 기능을 하는데, 소장에서 칼슘의

그림 2-7 비타민 D의 생합성
자료: 중앙일보, 한국인 90%가 비타민 D 부족, 햇빛만 쬐도 생기는데 왜?(2019. 5. 15)

흡수를 촉진하고 신장에서 칼슘의 배설을 감소시키며(재흡수 증가), 뼈에서 칼슘이 혈액으로 용해되어 나오는 것을 촉진한다. 비타민 D의 결핍증으로는 구루병, 골연화증, 골다공증이 있으며, 급원식품은 버섯, 간유, 연어, 비타민 D 강화식품(우유) 등이 있다. 비타민 D의 과잉증으로는 고칼슘혈증, 연조직(신장, 혈관 등)에 칼슘 축적이 초래될 수 있으나, 비타민 D의 체내 합성 과정에는 자체적 방지 기전이 존재하여 과잉증을 우려할 필요는 없다.

(3) 비타민 E

비타민 E는 알파 토코페롤 등 8개의 화합물을 포함하며, 주로 식물성 기름, 아몬드 등 견과류, 해바라기씨 등 종실류에 많이 들어 있다. 체내 주요 기능은 항산화제로, 세포막의 다가불포화지방산이 산화되지 않도록 보호하고 적혈구 세포막 산화에 의한 용혈성 빈혈을 방지한다.

(4) 비타민 K

비타민 K는 체내에서 혈액 응고 과정과 골대사에 필수적인 영양소이다. 녹색 채소 등에 풍부하게 들어 있고 장내 박테리아에 의해 상당량 합성되기 때문에 결핍증이 흔하지 않다. 단, 신생아, 항생제 장기 복용자, 지방 흡수 불량 환자 등은 비타민 K의 결핍 위험이 있어 보충이 고려된다.

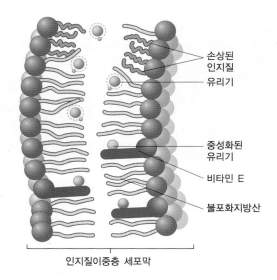

손상된
인지질

유리기

중성화된
유리기

비타민 E

불포화지방산

인지질이중층 세포막

그림 2-8 비타민 E의 산화 방지 기능
자료: 김미경 외, 생활 속의 영양학, 라이프사이언스

2) 수용성 비타민

수용성 비타민은 소장에서 흡수되어 혈액으로 방출되고, 혈류로 직접 운반되어 표적세포로 분포된다. 일반적으로 혈중 농도가 신장의 역치를 초과하면 요로 배설되기 때문에 체내에 과량이 저장되지 않는다. 수용성 비타민은 비타민 C와 비타민 B 복합체이다.

(1) 비타민 C

비타민 C는 아스코르브산(ascorbic acid)이라고도 하는데, 과일과 채소에 풍부하게 들어 있다. 비타민 C는 체내에서 결합조직의 주요 성분인 콜라겐 합성에 필요한 영양소로, 충분히 섭취하지 않으면 상처가 잘 회복되지 않고 심한 경우 괴혈병이 생긴다. 체내 산화를 방지하는 항산화제로 베타카로틴(프로비타민 A), 비타민 E와 함께 주요 항산화 비타민이다. 또한, 비타민 C는 장내 철분의 흡수를 증진시키므로 빈혈을 예방할 수 있다.

(2) 비타민 B군

비타민 B군는 많은 효소의 조효소로 작용하여 기능이 유사한 비타민으로 분류할 수 있다.

① 티아민, 리보플라빈, 나이아신

- 에너지 대사 과정에 관여하는 효소의 조효소로 작용한다.
- 열량 섭취량이 증가하면 이들 비타민의 필요량도 증가하게 된다.
- 티아민은 돼지고기, 도정하지 않은 전곡류에 들어 있고 결핍 시 식욕 감퇴, 체중 감소, 허약, 권태, 우울증 등을 보인다.
- 리보플라빈은 우유, 달걀, 육류에 들어 있고 결핍 시 구순구각염, 설염 등이 나타난다.
- 나이아신은 육류와 생선류에 들어 있고 아미노산인 트립토판에서 합성되기도 한다. 결핍증은 펠라그라로 피부염을 동반하여 한때 영양소 결핍증 대신 전염병으로 인식되었다.

② 비타민 B_6, 엽산, 비타민 B_{12}

- 비타민 B_6는 단백질 분해와 합성 과정의 조효소로 작용한다. 단백질 섭취량 증가에 따라 비타민 B_6의 필요량도 증가한다. 단백질 함량이 높은 육류, 생선, 가금류 등에 많이 들어 있다.
- 엽산과 비타민 B_{12}는 핵산 합성과 세포 분열, 적혈구 형성 과정에 필요하다. 결핍 시 거대적아구성빈혈이 나타난다.
- 엽산 결핍이 신경관 결손이라는 기형아 출산의 위험 요인으로 밝혀지면서 임신 전후에 엽산을 충분히 섭취하는 것이 권장된다.
- 비타민 B_{12}가 소장에서 흡수되려면 위점막에서 분비되는 내적 인자가 필요한데, 노인기에는 위벽 세포가 노화됨에 따라 내적 인자가 감소하고 빈혈 증세가 나타난다.
- 메티오닌 대사 과정 중 호모시스테인이 생성되는데 혈중 호모시스테인의 상승은 심장 질환이나 뇌졸중의 위험을 증가시키는 것으로 알려져 있다. 호모시스테인은

엽산과 비타민 B_{12}에 의해 메티오닌으로 전환되거나 비타민 B_6에 의해 시스테인으로 전환될 수 있다.

5. 무기질

무기질은 물, 토양, 식물에서 오는 무기 원소로 정의할 수 있다. 무기질은 단지 체중의 4%를 구성하고 있으나 영양과 대사에서 무기질의 중요성은 아무리 강조해도 지나치지 않다. 무기질의 기능은 많고 다양하다. 무기질은 정상적인 세포 활성을 가능하게 하고 체액의 삼투압을 조절하며 뼈와 치아를 단단하게 한다. 생명에 필수적인 과정을 조절하고 많은 효소의 조효소로 작용한다. 무기질은 다량과 미량으로 나뉠 수 있는데, 다량 무기질은 체내에 다량 존재하고 1일 100mg 이상을 필요로 한다. 칼슘, 인, 마그네슘, 나트륨, 칼륨, 염소 등이 해당된다. 미량 무기질은 100mg 미만을 필요로 하며, 철, 아연, 구리, 요오드, 불소, 망간, 셀레늄 등이다. 무기질은 전자를 잃거나 얻음으로 전하를 띠는 이온이 될 수 있는데, 전자를 잃어 양의 전하를 갖는 것을 양이온(cation)이라 하고, 전자를 얻어 음의 전하를 갖게 되는 것을 음이온(anion)이라 한다.

1) 다량 무기질

(1) 칼슘

칼슘은 체중의 약 1.5~2.2%를 차지하는데(70kg 성인의 경우 1~1.5kg), 99% 이상이 뼈와 치아의 구성성분으로 존재하고 1% 미만이 혈액 및 체액에 존재하면서 근육 수축, 혈액 응고 등에 관여한다. 우유 및 유제품, 뼈째 먹는 생선, 조개, 굴, 순무, 겨자 잎, 브로콜리, 콩 등에 들어 있다. 결핍증으로는 구루병, 골다공증, 테타니(근육 경련) 등이 있다.

(2) 인

인은 주로 뼈와 치아의 구성성분으로 존재하고 인지질, 핵산 등의 구성성분이 된다. 산, 염기 평형과 효소 활성에도 중요한 역할을 한다. 육류, 가금류, 생선, 달걀, 유제품, 견과류, 두류 등 대부분의 식품에 풍부하여 결핍증은 잘 나타나지 않으나, 결핍 시 신경근, 골격근의 이상이나 구루병, 골연화증 등을 보인다.

칼슘과 인의 균형

견고한 골격 형성을 위해서는 칼슘과 인의 섭취 비율이 1:1(넓게는 1:2~2:1)을 이루는 것이 바람직하다. 인의 섭취량이 칼슘에 비해 많아지면 골격 형성에 부정적 영향을 미치게 되는데, 가공식품 중에서 특히 탄산음료에 인산염이 식품첨가물로 사용되므로 뼈의 건강을 위해 과잉 섭취하지 않도록 주의해야 한다.

(3) 마그네슘

마그네슘도 주로 뼈와 치아의 구성성분으로 존재하고 신경 전달, 효소의 보조인자로 작용한다. 견과류, 두류, 전곡류, 녹색 채소류, 초콜릿 등에 들어 있으며, 결핍 시 신경근 이상, 중추신경 장애가 나타난다.

(4) 나트륨

나트륨은 세포외액의 주요 양이온으로 세포 내외, 혈액 내 수분이 평형을 이룰 수 있도록 한다. 또한, 나트륨은 근육 수축과 신경 전달에 필요하고 소장에서 포도당과 아미노산의 흡수를 촉진한다. 나트륨은 천연식품에는 거의 없다. 식염(나트륨 40%, 염소 60%로 구성)이 나트륨의 주요 급원이며, 다양한 식품첨가물에 함유되어 있다. 나트륨이 결핍되는 경우는 거의 없으나, 과잉 섭취는 고혈압, 심장 질환, 뇌졸중 등의 위험을 증가시킨다.

우리나라의 나트륨 섭취량

나트륨은 고혈압, 심혈관 질환의 위험인자이다. 천연식품에는 거의 없고, 조리 시 첨가되는 식염이 주요 급원이며, 가공식품에 다양한 첨가물의 형태로 함유되어 있다. 한국인의 나트륨 만성질환 위험감소 섭취량은 2,300mg(소금으로는 5.75g)이다. 우리나라의 경우 국, 찌개, 면류를 통한 나트륨 섭취량이 높다. 우리나라 나트륨의 1일 섭취량은 감소 추세에 있으나 여전히 만성질환 위험감소 섭취량을 초과하고 있다.

나트륨 1일 섭취량(표준화): 전체, 만 1세 이상, 2009-2019

구분	'09	'10	'11	'12	'13	'14	'15	'16	'17	'18	'19
나트륨 (mg)	4,622	4,789	4,757	4,549	3,848	3,744	3,874	3,338	3,331	3,255	3,287

자료: 국민건강통계(2019)

(5) 칼륨

칼륨은 세포내액의 주요 양이온으로 체액의 전해질 균형을 유지시키고 나트륨과 함께 근육 수축과 신경 전달에 관여한다. 또한, 나트륨과 수분 배설을 증가시키므로 나트륨 섭취에 의한 혈압의 상승을 억제할 수 있다. 칼륨은 과일, 채소, 전곡 등에서 흔히 발견된다. 결핍증으로는 피로, 근육경련 등의 증상을 보이는 저칼륨혈증이, 과잉증으로는 신장 기능에 문제가 있는 경우 고칼륨혈증에 의한 심장박동 정지가 알려져 있다.

(6) 염소

염소는 세포외액의 주요 음이온으로 나트륨 양이온과 함께 전해질의 균형을 유지하여 수분 평형에 관여한다. 또한, 염소는 위산의 구성성분이 되며, 산과 염기 평형에도 관여한다. 식염이 주요 급원으로 결핍증은 거의 나타나지 않으나, 설사나 구토가 심할 경우 결핍될 수 있다. 식염이 고혈압에 미치는 영향에 있어서 염소 자체도 기여할 수 있다고 제안되면서 관련된 연구 결과가 축적되고 있다.

2) 미량 무기질

(1) 철

철은 혈액 색소단백질인 헤모글로빈과 근육의 색소단백질인 미오글로빈의 구성성분으로 산소를 운반하는 역할을 한다. 다양한 효소의 구성성분이 되며 면역 기능을 유지하는 데도 철분이 필요하다. 철분의 결핍증은 빈혈인데, 이를 예방하기 위해서는 헴철이 들어 있는 육류, 어패류, 가금류의 섭취가 효과적이다. 녹색 채소류, 콩류에 들어 있는 비헴철보다 동물성 식품의 헴철이 비교적 쉽게 흡수되기 때문이다. 비타민 C는 비헴철의 흡수를 증진시킨다.

(2) 아연

아연은 항산화효소인 슈퍼옥사이드 디스뮤테이즈(superoxide dismutase, SOD) 등 수백 가지 효소의 구성성분이 되며, 핵산(DNA와 RNA) 합성과 단백질의 소화, 헴의 합성, 알코올의 분해, 항산화 작용 등에 관여한다. 결핍증은 성장 부진, 성적 발달 지연, 식욕 저하 등이 있다. 해산물, 육류 및 가금류에 많이 들어 있는데, 굴에는 아연이 풍부하여 가식부 100g에 16mg이 함유되어 있다. 이것은 20대 여자 대학생의 권장 섭취량의 2배에 달한다.

(3) 구리

구리 또한 철분, 아연과 마찬가지로 체내 효소의 주요 성분으로 항산화 효소(SOD), 신경전달 물질(세로토닌, 도파민, 노르에피네프린 등)의 합성, 철분 대사, 에너지 대사 과정에 관여한다. 구리의 결핍증으로는 빈혈, 면역 기능 저하 등이 알려져 있고, 내장육, 조개류(특히 굴), 견과류, 두류 등에 많이 들어 있다.

그림 2-9　갑상선비대증

(4) 요오드

요오드는 체내에서 유일하게 갑상선 호르몬의 구성성분인 역할을 하나, 갑상선 호르몬이 체내 에너지 대사를 조절하고 성장과 지능 발달에 관여하므로 요오드는 정상적인 대사 유지를 위해 중요하다. 요오드의 결핍증은 갑상선비대증과 크레틴병이고, 급원식품으로는 해산물, 해조류, 요오드 강화 소금 등이 있다.

크레틴병

요오드 결핍증이 임신부에게 나타났을 때에 태아의 정신 박약, 성장 장애, 왜소증이 나타나는 질병이다.

---

(5) 불소

불소는 충치 발생을 막는 미량 무기질이다. 치아의 결정을 단단하게 하여 충치 원인균과 산에 대해 저항성을 증가시킨다. 차, 해산물, 해조류 등이 급원이며 주된 급원은 불소화된 물이다. 이외에도 불소화된 치약이나 불소 치료로 불소를 공급받을 수 있는데, 과량의 불소 섭취는 치아침착증을 발생시킨다.

(6) 셀레늄

셀레늄은 체내에서 항산화 효소인 글루타티온 과산화효소(glutathione peroxidase, GPx)와 갑상선 호르몬을 생성하는 데 관여하는 효소의 구성성분이 된다. 해산물, 육류, 곡류, 견과류 등이 좋은 급원식품이고, 결핍증은 근육 약화, 성장 장애, 심장 장애 등으로 알려져 있다.

6. 물

물은 성인 체중의 60%를 차지하며 인체에서 가장 풍부한 구성성분이다. 물은 생명에 필수적이어서 체내에서 적절한 위치에 적절한 양으로 유지되어야 한다(무기질, 나트륨, 칼륨, 염소가 관여). 물이 체중의 거의 절반 이상을 차지하지만 그 양은 나이와 신체 크기, 체조성에 따라 다양하다. 예를 들면 체수분은 나이와 신체 크기에 따라 감소한다. 또한 체조성에 따라 영향을 받는데, 체수분 변이에 가장 영향을 주는 것은 지방 무게이다(10%가 물). 남성이 일반적으로 근육량이 많고 지방량이 적어서 여성보다 체수분 함량이 높은 것도 이 때문이다.

1) 물의 분포

체내 총 수분은 세포내액(세포막 내부)과 세포외액(세포막 외부)으로 구분된다. 70kg 남성의 총 수분 42L는 표 2-4와 같이 분포된다.

표 2-4 물의 체내 분포

	체중의 %	총 수분의 %	70kg 남성의 대략적 부피
총 수분	60	–	42
세포외액	20	33	14
혈액	5	8	3
세포간질액	15	25	11
세포내액	40	67	28

자료: Advanced Nutrition and Human Metabolism, Sareen S. Gropper 외, Wadsworth Publishing Company

2) 물의 기능

물은 체내에서 많은 중요한 역할을 한다.

- 화학 반응: 물은 영양소 분해와 같은 화학 반응에 필요하다. 예를 들어 가수분해 반응은 물이 더해지면서 결합이 분해되는 것인데 말테이스(maltase)에 의해 말토

오스(maltose, 맥아당)와 물은 2개의 포도당으로 분해된다. 물은 또한 pH를 유지하는 데에도 필요하다.

- 체온 조절: 물은 비열이 높아 정상적 세포 대사 과정 동안 열이 방출되더라도 온도를 쉽게 변화시키지 않는다. 또한, 땀의 형태로 수분이 손실되면서 열이 제거되어 체온이 조절된다.
- 윤활과 보호: 물은 점액, 관절액, 척수액 등의 필수적 성분으로 윤활제 역할을 하며, 조직을 보호한다.
- 용매와 운반 매체: 물은 많은 용질을 함유하는 용매로, 영양소와 산소, 노폐물 등을 운반한다. 혈액과 요, 침, 췌장액, 담즙 등이 예이다.
- 혈액량 유지: 혈액의 대부분을 차지하는 물은 혈압과 심혈관계 기능을 유지시킨다. 수분이 과도하게 손실되어 혈액량이 감소하면 저혈압이 되고, 수분이 적절히 배설되지 못하여 혈액량이 증가하면 고혈압이 나타난다.

3) 물의 대사

물은 매일 체내에서 소변, 대변으로 손실된다. 게다가 알아차리지 못하게 호흡과 피부로 손실된다. 소변으로의 손실이 가장 많고 보통 하루에 1~2L이다. 대변으로의 손실은 적어서 설사가 없는 한 하루에 200mL 미만이다. 호흡기계와 피부를 통한 손실은 350~400mL 정도이다. 땀은 활동량과 환경에 따라 달라 100mL에서 1L까지 해당된다.

이러한 수분의 손실은 음료수와 식품을 주요 급원으로 보충시켜 준다. 음료수를 통한 수분이 보통 75~80%를 차지하고 식품으로부터의 물이 나머지 20~25%를 차지한다. 식품의 수분 함량은 다양하다. 예를 들면 견과류와 종실류는 수분이 거의 없고, 과일과 채소는 90% 이상이 수분이다. 그리고 소량이긴 하나 또 다른 물의 급원은 대사수이다. 대사수는 세포 내 생화학 반응에서 생성되는 물로, 1일 대사수는 약 200~300mL이다. 이외에도 침, 위액, 췌장액, 담즙 등 소화관으로 분비되는 것이 1일 7L 정도 되는데, 이 물의 대부분(98% 이상)과 섭취한 물의 대부분은 장에서 흡수된다.

2020 한국인 영양소 섭취기준에 따르면, 20대 남자의 수분 충분섭취량은 2,600mL/일이고 이 중 액체 수분 섭취량은 1,200mL/일로 제시하고 있다. 20대 여자의 경우 수분의 충분섭취량은 2,100mL/일이고 이 중 액체 수분 섭취량은 1,000mL/일이다.

CHAPTER 3

식품안전과 위생

식품안전(food safety)은 건강상의 위험과 관련하여 식품의 품질에 적용되는 용어이다. 즉 식품의 준비, 조리, 가공, 저장 중에 위해인자들로부터 통제된 상태를 의미한다. 1996년 세계식량정상회담(World Food Summit)에서는 '식품안전이란 활동적이고 건강한 삶을 위해 사람들이 언제든지 안전하고 영양가 있는 음식을 경제적으로 이용할 수 있는 상태'로 정의하고 있다. 즉 식품에서 유래되는 질병 관련 위해 요소로부터 소비자의 건강을 보호하는 것으로, 과거에는 경구 전염병이나 세균성 식중독이 주된 위해요소였으나 현대에는 식품첨가물, 잔류농약, 공장폐수 등에 의한 농산물 오염, 인공 방사능 등 다양한 형태로 확대되었다.

식품위생(food hygine, food sanitation)은 식품의 생산 및 제조부터 소비자가 섭취할 때까지의 모든 단계에서 안전성, 완전성, 건전성을 확보하기 위해 필요한 모든 방법을 의미한다(WHO 정의). 위생(sanitation)의 어원은 라틴어 'sanitas'에서 유래된 건강(health)이란 뜻이며, 그리스어 'hygine'도 건강의 의미를 지닌다. 즉 인간의 건강 유지 및 증진을 위한 건전한 식품의 공급에 그 기초를 두고 있다.

현대의 식품가공산업이 발달하면서 식품위생은 식품 자체의 위생과 더불어 식품 섭취와 관련된 기구, 용기, 포장, 첨가물 등도 함께 고려되어야 하며, 이러한 식품위생의 조절을 통하여 식품 안전 및 소비자의 건강은 보호될 수 있다.

1. 식품과 건강장애

1) 식품 관련 건강장애 요인

균형 잡힌 식생활은 건강의 유지 및 증진에 필수적 요인이며, 불균형의 식생활이 지속되면 여러 건강장애를 일으킬 수 있다. 일반적으로 건강장애는 영양장애와 식품위생장애로 나눌 수 있으며, 영양장애는 영양소의 불균형 섭취에 의하여 발생되고, 식품위생장애는 식중독에 의한 장애가 대표적이다. 그 외의 식품위생장애로는 감염병,

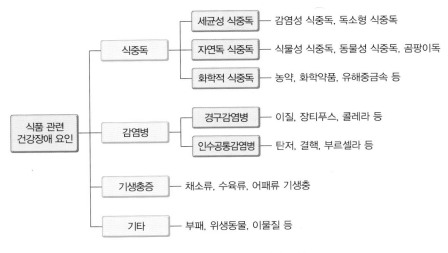

그림 3-1 식품 관련 건강장애 요인

기생충증, 부패나 이물질 등에 의한 기타 요인에 의하여 일어날 수 있다. 최근 외식 및 단체급식의 확대와 가공식품의 발달로 인하여 식품에 함유된 여러 위해요소에 큰 관심이 모아지고 있다.

식품 관련 건강장애 요인을 다른 측면에서 보면, 유해생물과 유독성분으로 나눌 수 있다. 그림 3-1을 보면 세균성 식중독, 경구감염병과 인수공통감염병, 기생충증 등은 유해생물에 의한 식중독에 속한다. 그 외의 식물성과 동물성의 자연독, 식품첨가물과 용기 및 기구 등의 화학물질, 중금속, 합성세제 등의 환경물질들은 유독성분에 의한 식중독에 해당된다.

2) 식중독

식중독(food poisoning)이란 식품 섭취로 인하여 인체에 유해한 미생물 또는 유독 물질에 의하여 발생하였거나 발생한 것으로 판단되는 감염성 질환 또는 독소형 질환 으로 정의되고 있다(식품위생법 제2조). 즉 어떤 식품의 섭취 후에 구토, 설사, 복통 등의 증상을 동반하는 경우를 총칭하며 세균이나 바이러스 및 동식물의 독에 의한

중독증상과 함께 신경장애도 나타날 수 있다.

식품의약품안전처에서 제공한 식품통계로 알아보는 식중독 발생현황에 의하면, 우리나라 사람들 대부분이 식중독에 대한 관심이 높아지는 시기는 7~8월이며 해당 월에 식중독을 많이 검색(그림 3-2)하는 것으로 나타났다. 또한, 최근 5년간(2015~2019년) 월별 식중독 발생통계에서도 실제 식중독의 발생현황도 8월에 가장 높게 나타났다(그림 3-3).

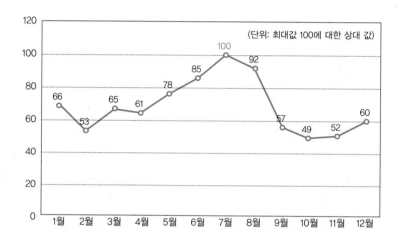

그림 3-2 식중독에 대한 관심도

자료: 네이버 데이터랩, 식품의약품안전처

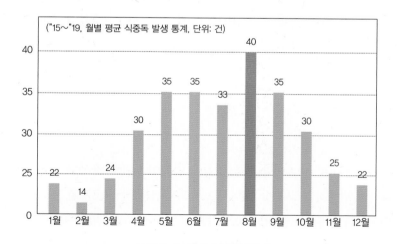

그림 3-3 식중독 발생현황

자료: 통합식품안전정보망, 식품의약품안전처

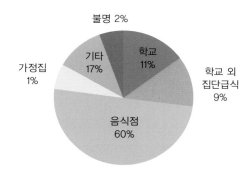

그림 3-4 식중독 발생현황
자료: 통합식품안전정보망, 식품의약품안전처

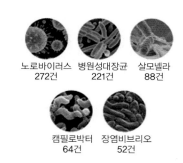

노로바이러스
272건

병원성대장균
221건

살모넬라
88건

캠필로박터
64건

장염비브리오
52건

그림 3-5 식중독발생 주요 원인균
자료: 통합식품안전정보망, 식품의약품안전처

　　또한 최근 5년간 1,731건의 식중독이 발생하였는데, 이들 식중독 건수 중 절반 이상인 60%가 음식점에서 발생하였고, 그 이외에는 학교 11%, 학교 외 집단급식 9%, 가정집 1%의 장소에서 발생하였다(그림 3-4). 이들 식중독 발생현황의 자료를 바탕으로 원인불명을 제외한 주요원인 5가지는 노로바이러스(272건), 병원성대장균(221건), 살모넬라(88건), 캠필로박터(64건), 장염비브리오(52건) 등이 식중독 발생의 주요 원인균으로 확인 되었다.

　　2020년도 식중독을 일으킨 원인균 중에 병원성대장균에 의한 식중독 환자수가 가장 높았으며(표 3-1), 채소류, 육류, 복합조리식품(김밥) 등이 주된 원인 식품으로 제시되었다. 김밥의 경우는 익히지 않은 햄, 덜 조리된 달걀, 생달걀 껍질을 만진 손을 닦지 않고 김밥을 만들어 병원성대장균

그림 3-6 도시락 준비부터 보관·운반 및 섭취
자료: 식품의약품안전처

표 3-1   2020년도 원인균별 발생 현황

('21.11.30 기준: 건, 명)

원인균	합계	병원성 대장균	살모넬라	장염 비브리오	캠필로박터 제주니	황색 포도상구균	클로스트리디 움퍼프린젠스
발생건수	164	23	21	3	17	1	8
환자 수	2534	628	529	12	515	4	207
원인균	바실러스 세레우스	기타 세균	노로 바이러스	기타 바이러스	원충	자연독	불명
발생건수	3	0	29	1	10	0	48
환자 수	26	0	243	6	40	0	324

에 의한 식중독 발생 사례도 보고되었다. 김밥을 만들어서 야외로 나가는 경우는 여러 시간이 지난 후 섭취하는 경우가 많으므로 김밥의 보관이나 운반의 시간이 길어질수록 식중독 발생 위험은 높아진다. 따라서 식중독으로부터 안전하기 위해서는 식품의 조리, 보관, 섭취에 대한 주의가 필요하다.

일반적으로 겨울에는 온도가 낮아져 식중독 사고는 감소하는 경향이지만, 노로바이러스에 의한 식중독은 높게 나타났다(표 3-1). 노로바이러스는 기온이 낮아도 활발하여 겨울철 식중독의 주된 원인이 된다. 사람의 위와 장에 염증을 일으키는 매우 작은 바이러스인 노로바이러스는 감염된 식품이나 음료의 섭취로 인하여 식중독이

노로바이러스의 감염 경로와 예방법

노로바이러스는 오염된 물이나 음식물 등의 섭취로 인한 식중독과 더불어 사람간의 접촉이나 감염자의 침, 콧물, 기침 등을 통해 튀어나온 바이러스가 다른 사람의 입이나 코로 들어가 감염되는 비말감염 등에 의해 감염된다.

예방법은 첫째로 가열하기. 물은 끓여 먹고, 특히 어패류는 수돗물로 세척하며 중심온도가 85℃, 1분 이상 가열하여 섭취하는 것이다. 둘째로 세척하기. 과일과 채소는 깨끗한 음용수의 물로 철저하게 세척하고, 손은 흐르는 물로 30초 이상 세정제를 사용하여 깨끗이 씻어야 한다. 셋째로 소독하기. 식기의 열탕 소독과 함께 화장실, 수도꼭지나 손잡이 등을 자주 표면 소독하는 것이다. 넷째로 접촉 주의하기. 구토나 설사 증상이 있으면 조리하지 않고, 마스크 착용 및 접촉하지 않도록 주의하며, 구토나 설사가 멈춘 후 최소 2일은 휴식해야 한다.

발생되며, 사람에서 사람으로 쉽게 퍼지고, 소량의 바이러스만으로도 감염될 수 있다.

3) 감염병

감염병(infectious disease)은 과거에 전염병이란 용어로 사용되었다. 2010년 보건복지부는 전염병이라는 용어를 전염성 질환과 비전염성 질환을 모두 포괄하는 '감염병'이라는 용어로 수정하였다. 감염병은 어떤 특정 병원체 혹은 병원체의 독성 물질에 의하여 일어나는 질병으로, 병원체 또는 병원소로부터 감수성 있는 숙주(사람)에게 전파되는 질환을 의미한다. 감염병이 집단적으로 이루어지기 위해서는 감염원(병원체, 병원소), 감염 경로(전파), 감수성(숙주의 감수성)의 세 가지 조건이 필요하다. 병원체는 토양이나 물 또는 사람(동물) 등의 병원소(reservoir)를 통하여 필요한 영양소를 제공받다가 여러 경로(호흡기, 소화기, 비뇨생식기, 개방된 상처, 기계적 탈출, 태반)를 통하여 탈출을 하게 된다. 탈출한 병원체는 직접 전파(병원소와 새로운 숙주 간의 밀접한 상태에서 전파)나 간접전파(공기, 음식 등의 매개체)를 통하여 이동하여 새로운 숙주에 침입하게 된다.

대표적인 감염병으로 2003년 중국에서 시작된 사스(SARS, Severe Acute Respiratory

표 3-2 코로나바이러스 관련 감염병

구분	코로나19	사스(SARS, 중증급성호흡기증후군)	메르스(MERS, 중동호흡기증후군)
종류	코로나바이러스		
발견 시점	2019년	2003년	2012년(한국 2015년)
발견 장소	중국	중국	사우디아라비아
간염 매개체	박쥐	박쥐	단봉낙타
전염성 (세계보건기구 추정)		메르스보다 높음	사스보다 낮음
	사람간 전염		
세계감염·사망자	2.98억명 중 546만명 (진행중), 2022.01.05 현재	9천여 명·773명	2,500명 중 35% 사망

자료: 세계보건기구(WHO), 질병관리본부

Syndrome, 중증급성호흡기증후군)는 치사율이 10% 수준인 바이러스성 감염병으로, 그 당시 8,000명 이상이 감염되었고 700명 이상이 사망했다고 보고되었다.

2012년에 사우디아라비아에서 시작된 메르스(MERS, Middle East Respiratory Syndrome, 중동호흡기증후군)는 치사율이 20~40%로 그 당시 감염자는 2,500명 정도였다고 보고되었다. 또한 2019년 11월 중국 후베이성 우한시에서 시작된 코로나바이러스감염증-19(COVID-19)는 현재 진행 중에 있으며, 2020년 1월 31일 세계보건기구(WHO)에서 국제적 공중보건 비상사태를 선포하였고, 3월 11일에는 범유행전염병(팬데믹)임을 선언하였다. 2021년 10월 31일에는 코로나19 발병 714일에 누적 사망자가 500만 명을 넘어섰다. 또한 현재 알파변이, 델타변이, 오미크론 변이 등으로 확산이 이어지고 있으며, 특히 고령층을 상대로 치사율이 높다. 코로나바이러스의 예방을 위하여 질병관리본부에서는 국민의 예방 수칙으로 흐르는 물에 비누로 꼼꼼히 손 씻기, 기침이나 재채기할 때는 옷소매로 입과 코 가리기, 씻지 않은 손으로 눈·코·입 만지지 않기, 의료기관 방문 시 마스크 착용하기, 사람 많은 곳은 방문 자제하기, 발열 및 호흡기 증상이 있는 사람과 접촉 피하기 등을 공지하였다.

그림 3-7 신종 코로나바이러스 감염증 예방 수칙
자료: 질병관리본부

4) 기생충 질환

기생충은 주로 어패류나 육류 및 채소류 식품 등과 함께 경구로 감염되어 체내에서 기생하며 질환을 일으킨다. 기생충에 의한 건강상의 문제는 구충에 의한 점막 손상, 회충에 의한 장 폐쇄(그림 3-8)와 다른 장기 침입, 간흡충에 의한 담도 주위의 조직 이상 및 염증 유발 등이 있으며, 일부의 경우에는 독소 자극에 의한 빈혈 및 신경 증상에 이상이 생길 수도 있다.

기생충을 예방하기 위한 방법으로, 어패류는 생식을 조심해야 하며, 육류는 가열을 충분히 하는 조리방법을 선택해야 한다. 채소는 감염된 채소를 날로 먹지 말고 가열 조리하여 먹도록 하고, 채소 세척 시에는 식초물이나 식용 차아염소산나트륨에 5분 정도 담근 후 흐르는 음용수로 수회 세척하여 섭취해야 한다. 또한 손이나 용기 및 주변의 위생에 주의해야 한다.

2019년 6월 경기도 내 한 고등학교 급식에서 고래회충(아니사키스)이 발견되어 문제가 된 경우가 있는데, 고래회충은 주로 고등어, 오징어, 광어 등 자연산 수산물에서 발견된다. 고래회충은 생선이 죽으면 내장에서 살로 이동하여 기생하므로, 이 기생충에 오염된 생선회를 섭취하게 되면 극심한 통증과 구토 증세가 나타날 수 있다. 기생충에 의한 질환을 예방하려면, 민물고기(붕어, 잉어, 은어 등)는 생식을 피하고 중심부

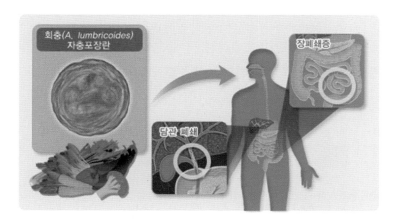

그림 3-8 회충과 장폐쇄증
자료: 식품의약품안전처

의 온도가 60℃ 이상에서 가열한 후에 섭취한다. 바다 수산물은 살이 불투명해지고 쉽게 분리될 때까지 조리하고, 중심부의 온도가 60℃ 이상에서 1분 이상 가열하거나 영하 20℃ 이하에서 24시간 동안 냉동 보관 후에 섭취하며, 굴은 기생충 이외에도 노로바이러스 감염 위험이 있으므로 85℃에서 1분 이상 가열 후 섭취하는 것이 안전하다.

2. 식중독 예방

식중독은 오염된 식품 섭취로 인하여 발생할 수 있다. 식중독을 예방하기 위해서는 식품의 생산, 구입, 조리, 가공, 보관, 섭취에 이르기까지 각각의 모든 단계에서 주의가 필요하다.

1) 식품의 구입

식품 구입은 신선한 식품의 선택이 중요하며, 유통기한과 함께 식품성분과 영양성분을 확인한 후에 구입해야 한다. 또한 필요한 양만큼 구입하고 고기나 생선 등 육즙이 있는 식품은 개별포장을 통한 교차오염이 발생되지 않도록 주의가 필요하다. 시장이나 마트에서 식품을 구매할 경우에, 식품구매 순서는 쌀이나 통조림 등 냉장이 필요 없는 제품을 먼저 구입한 후에 과일과 채소를 구입하고, 냉장이 필요한 햄이나 요

쌀, 통조림 등 냉장이　　　과일, 채소　　　햄, 요구르트 등　　　육류　　　어패류
필요 없는 제품　　　　　　　　　　　　냉장 가공식품

그림 3-9　식중독 예방을 위한 장보기

자료: 식품의약품안전처, 중앙어린이급식관리지원센터

거트의 가공식품, 육류, 어패류의 순으로 구입한다. 구입한 식재료는 집에 도착하는 즉시 냉장과 냉동고 및 상온보관으로 구분하여 정리·보관한다.

2) 구입 식품의 보관

채소와 과일은 이물질 제거 후 투명한 용기에 담아서 냉장(7~10℃) 보관하고 5일 이내에 사용하는 것이 좋다. 생선류는 씻어서 한번 사용할 만큼 용기에 담아 보관하고, 냉장(4℃)에서는 1~2일 이내에, 냉동(-18℃)에서는 5~30일 이내에 사용하는 것이 적합하다. 육류나 가금류도 한번 조리할 양만큼 용기에 따로 보관하며, 냉장(4℃)에서는 2~3일 이내에, 냉동(-18℃)에서는 5~30일 이내에 사용하도록 한다. 달걀은 채소와 직접 닿지 않도록 주의하여 냉장에서 7~14일 정도 보관하는 것이 적합하다. 우유는 미개봉의 경우 7일 정도 냉장(10℃)에서 보관이 적합하나 유통기간의 확인이 필요

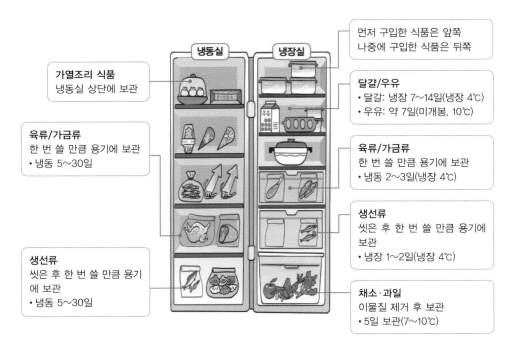

그림 3-10 식품 보관법

하다. 일반적으로 냉장고에 먼저 구입한 식품은 앞쪽에, 나중에 구입한 식품은 뒤쪽에 보관하며, 전체 용량의 70% 이하로 채우는 것이 좋다.

3) 조리 시 복장 및 준비

조리하는 사람은 머리카락을 단정하게 하고, 손에 반지나 시계 등의 액세서리 및 손톱의 매니큐어를 제거한 후에 조리 준비에 임하는 것이 식품위생을 위한 기본 자세이다. 머리카락이나 손톱 아래의 오염원, 매니큐어 등은 물리적 위해요소로서 식품의 조리과정에서 오염원으로 작용할 수 있기 때문이다. 또한 식품을 조리하기 전이나 식사 전 또는 화장실 다녀온 후 등에는 반드시 손을 씻는 것이 중요하다.

4) 조리 준비

식품의 조리 준비 단계로써 조리대 위나 싱크대의 청결에 주의하고, 행주 및 수건이 깨끗한지 확인한다. 그릇 세정제와 손 세정제가 준비되어 있는지 확인도 필요하다. 조리 전에 반드시 손을 깨끗이 씻은 후 조리 작업이 이루어져야 하며, 칼과 도마는 고기용, 생선용, 채소용으로 각각 구분하여 사용하여야 안전하다. 생선이나 고기를 자른 칼과 도마는 과일이나 채소 같이 생으로 먹는 식품에 사용하지 않도록 주의가 필요하

작업 시작 전, 작업 공정 바뀔 때, 화장실 이용 후, 배식 전 등　　칼, 도마, 행주 등은 식품별로 구분하여 사용　　지하수는 반드시 끓여서 사용

그림 3-11 식품 조리 시 위생
자료: 식품의약품안전처

며, 만약 한개의 도마로 조리해야 할 경우에는 채소, 육류, 어류의 순으로 사용하도록
한다. 냉동식품의 해동 시에는 냉장고나 전자레인지를 사용하는 것이 좋고, 물을 사용
할 경우는 식품을 밀폐용기에 넣어 밀봉한 후 흐르는 물로 해동해야 영양손실을 막
을 수 있다. 조리할 만큼의 양만 해동하고 해동이 끝나면 바로 조리한다. 행주, 칼, 도
마, 식기 등은 잘 씻은 후 뜨거운 물로 소독한다.

5) 식품 조리

식품의 조리 시에는 비가열조리식품을 먼저 손질한 후에 가열조리식품을 손질하는
순서로 진행하는 것이 바람직하다. 가열조리식품 중 육류 등은 충분히 가열하여 중심
부 온도가 75℃에서 1분 이상, 어패류는 85℃에서 1분 이상 되도록 가열하는 것이 안
전하다. 전자레인지를 사용할 경우는 전자레인지용 용기와 뚜껑을 사용하여 조리한
다. 닭고기는 해동을 위하여 전자레인지를 사용할 수 있으나 조리용으로는 사용하지
않도록 주의한다.

채소, 과일은 깨끗한   생식을 삼가고 중심 온도   조리도구는 끓이거나   주변 환경
물로 세척하기   85℃ 1분 이상 가열하기   염소 소독하기   청결히 하기

그림 3-12 식품 조리 시 주의사항

자료: 식품의약품안전처

6) 식사 준비와 식사

조리된 음식은 깨끗한 식기에 먹을 만큼의 양만 담아 식탁에 놓는다. 따뜻한 음식

은 60℃ 이상, 찬 음식은 5℃ 내외가 되도록 하는 것이 좋으며, 모든 음식은 상온에서 장시간 방치하지 않도록 주의한다. 유해균은 상온에서 급격하게 증식되기 때문이다. 식사 시에 마시는 물은 끓여 마시는 것이 안전하다. 식사를 하는 사람은 식사 전에 손세정제를 사용하여 손을 30초간 깨끗이 씻고 식사를 시작하는 것이 안전하고 바람직하다.

7) 식사 후 남은 음식

식사 시에는 먹을 양만 그릇에 담아 먹는 것이 중요하고, 가정에서 식사 후에 남은 음식은 깨끗한 보관용기에 각각 따로 담아 밀폐 후 바로 냉장 보관하며, 냉장고에서 오래 보관하지 않도록 주의한다. 조리하여 식탁에 제공되지 않고 남은 음식은 식힌 후 바로 깨끗한 밀폐용기에 넣어 냉장 보관하고 다음 식사에 사용하도록 한다. 냉장고에서도 세균은 서서히 증식하므로 너무 오래 보관하지 않는다. 냉동에서는 세균의 증식이 정지되나 사멸은 되지 않으며, 영양성분의 변화가 일어나므로 오래 보관하지 않는 것이 중요하다.

8) 식중독 예방을 위한 위생수칙

2007년도에 식품의약품안전청은 학교, 보육시설 급식소 등 집단급식소의 식중독 집중관리에 나섰으며, '급식소에서 지켜야 할 식중독 예방 위생 수칙'을 포스터(그림 3-13)로 제작하여 배포하였다. 또한 식중독 예방을 위한 중점관리 사항 관련 포스터(그림 3-14)도 제작하였는데, 이는 가정 내·외에서 조리 시에 일어날 수 있는 식중독을 예방하기 위한 위생수칙에도 해당한다.

(1) 일반 위생수칙

식중독 예방을 위한 6가지의 위생수칙은 다음과 같다. 첫째, 조리 시작 전, 조리과정, 화장실 이용 후, 배식 전 등에 손 씻기의 생활화이다. 올바른 손 씻기 방법은 그림 3-15에 제시되어 있다. 둘째, 조리 시에 깨끗한 복장 유지 등을 통한 개인 위생관리를 철저히 하는 것이다. 조리 시 복장 및 준비는 앞에서 언급되어 있다. 셋째, 조리수와 식수는 수돗물 등의 깨끗한 물을 사용해야 하며, 지하수는 반드시 끓여서 사용한다. 지하수의 경우는 수질검사를 통과한 음용수를 사용해야 한다. 넷째, 항상 깨끗하게 유지하는 조리실 내부 청결이다. 다섯째, 유통기한이 지난 식재료 등의 의심 식자재는 사용 금지이다. 여섯째, 생어패류와 편육류 등 계절별 우려식품의 사용 자제이다.

그림 3-13 식중독 예방을 위한 일반 위생수칙
자료: 식품의약품안전처

(2) 중점관리 사항

식중독 예방을 위한 3가지 위해요소의 중요 관리점(그림 3-14)은 다음과 같다. 첫째는 과일이나 채소 등의 세척을 철저히 하는 것이다. 식용 차이염소산나트륨 소독액을 깨끗한 물에 100ppm 농도가 되도록 만들어서 채소나 과일을 3~5분간 담근 후에 흐르는 물로 3회 이상 헹군다. 가정에서는 소독액 대신 식초물에 채소를 담근 후에 세척하여도 무방하다. 둘째는 가열 조리와 보관 온도 및 시간 관리 엄수이다. 조리 시에 내부 온도가 육류는 74~75℃에서 1분 이상, 생선은 85℃에서 1분 이상 되도록 조리한다. 조리된 음식을 보관할 경우는 더운 음식의 경우는 60℃ 이상에서, 찬 음식은 4℃ 이하에서 보관한다. 또한 냉장고나 냉동고의 온도가 적절하게 유지되는지 주기적으로 온도를 관리한다. 셋째로 식품별로 도마와 칼 등을 구분하여 사용함으로써 교차오염의 방지이다. 칼과 도마 등은 색을 달리하여 채소용, 육류용, 생선용으로 나누어 사용하는 것이 교차오염의 방지를 위하여 좋다. 만약 하나의 칼과 도마를 사용해야 한다

소독액을 만들고 3~5분간 담근 후　　　• 조리: 74℃, 1분 이상　　　　　　　칼, 도마, 행주 등은
흐르는 물에 3회 이상 헹굼　　　　　• 보관: 더운 음식은 60℃ 이상,　　　식품별로 구분하여 사용
　　　　　　　　　　　　　　　　　　　　찬 음식은 4℃ 이하
　　　　　　　　　　　　　　　　　• 주기적 온도 관리

그림 3-14 식중독 예방을 위한 중점관리 사항
자료: 식품의약품안전처

면 채소, 육류, 어류의 순으로 사용하도록 한다. 또한 식재료가 달라질 때마다 깨끗하게 세척한다.

(3) 올바른 손 씻기

식중독 예방을 위해서는 손 씻기를 습관화해야 하며, 올바른 방법으로 손 씻기가 이루어져야 한다. 올바른 손 씻기 방법의 6단계는 다음과 같다. 1단계로 손바닥으로 거품을 낸다. 2단계로 거품이 난 상태에서 손바닥과 손등을 문지르고, 3단계로 깍지 끼고 비비며, 4단계로 엄지손가락을 돌리며, 5단계로 손톱으로 문지른다. 6단계로 흐르는 물로 헹군다. 이러한 손 씻기 작업은 30초 이상 세정제(비누 등)를 사용하여 손가락, 손등까지 깨끗이 씻고 흐르는 물로 헹구어야 한다.

손바닥으로 거품을 낸다.

손바닥, 손등을 문지른다.

깍지 끼고 비빈다.

엄지손가락을 돌린다.

손톱으로 문지른다.

흐르는 물에 헹군다.

그림 3-15 올바른 손 씻기 방법
자료: 식품의약품안전처

3. 식품 표시와 영양성분 표시

1) 식품 표시

우리가 구매하는 식품의 포장에는 식품 표시가 제시되어 있는데, 이는 소비자에게 올바른 정보를 제공하고 위생적 취급과 안전성 확보 및 허위광고 등으로부터 소비자를 속이는 행동의 방지를 위한 유통질서를 확립하고자 하는 목적이 있다. 식품 표시제는 식품의약품안전처 고시 '식품 등의 표시기준'에 따른 표시사항에 근거하여 제시하도록 관리하는 제도이다. 표시의 기준은 제품명, 식품 유형, 내용량, 원재료명 및 함량, 제조원 명칭 및 소재지, 유통기한, 포장 재질, 품목보고번호, 기타 주의사항 등이 있다. 따라서 식품을 구매할 경우에는 식품 표시를 확인하고 구입하는 것이 바람직하다.

제 품 명	전통너비아니
축산물가공품의 유형	분쇄가공육제품(비살균제품)(가열하여 섭취하는 축산가공품)
내 용 량	800g
원재료명 및 함량	돼지고기(국산)64.36%, EM양념소스[정제수 백설탕,액상과당,대파(국산), 혼합간장[탈지대두(외국산:인도산 중국산, 미국산등), 효모추출분말], 소스류[정제소금(국산), 벌꿀, 카라멜색소, 잔탄검] 독일 line빵가루[화]빵용가루2[밀(미국산:캐나다산)], 화인빵용가루1[밀(미국산:캐나다산)],소고기[호주산3.96%, 조직대두단백,떡갈비,비짓녕, 양파, 대파
	알레르기 유발물질 우유, 대두, 밀, 토마토, 쇠고기, 돼지고기 함유
포 장 재 질	비닐~폴리에틸렌(PE)
제 조 원	(주)케이프라이드[강원도 횡성군 우천면 우천제2농공단지로 65~50]
유 통 기 한	별도표기일까지
보 관 방 법	냉동보관(-18℃이하)
품목보고번호	201400379022172
	·이 제품은 알러지 유발물질인 돼지고기,쇠고기,닭고기,밀,대두,계란,우유,토마토, 고등어, 아황산류를 사용한 제품과 같은 제조시설에서 제조하고 있습니다. ·본 제품은 공정거래위원회고시 소비자 분쟁해결 기준에 의거 교환 및 보상 받으실 수 있습니다. ·반품 및 교환처 : 구입처 및 본사 (주)케이프라이드 (1800~6550),www.kpride.com] ·부정, 불량 축산물 신고는 국번없이 1399 ·이미 냉동된바 있으니 해동 후 재냉동하지 마시기 바랍니다.

그림 3-16 식품 표시

2) 영양성분 표시

영양성분 표시는 가공식품의 포장에 영양정보를 표시한 것이다. 현재 우리나라에서는 총 내용량에 대한 열량, 나트륨, 탄수화물, 당류, 지방, 포화지방, 트랜스지방, 콜레스테롤, 단백질의 영양소 성분에 대해 표시를 의무화하고 있다. 영양성분 표시는 다음의 3단계로 확인하면 된다.

· 1단계는 1회 제공량과 총 제공량을 확인하는 것이다. 그림 3-17의 예에서 총 제

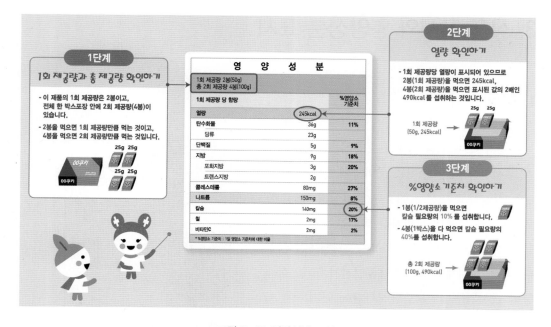

그림 3-17 영양성분 표시
자료: 식품의약품안전처, 스마트 건강지킴이 영양 표시

공량은 1박스 안에 쿠키 4봉이 있으며, 1회 제공량은 2봉이다. 만약 4봉을 먹는다면 2회 제공량을 먹는 것이다.

- 2단계는 열량 확인이다. 그림 3-14의 쿠키를 2봉(1회 제공량) 먹으면 245kcal, 4봉(2회 제공량) 먹으면 2배인 490kcal를 섭취하는 것이다.

- 3단계는 관심 있는 영양소와 % 영양소 기준치의 확인이다. % 영양소 기준치는 1회 제공량의 양을 먹었을 때 하루에 필요한 영양성분의 몇 %를 섭취하게 되는 것인지를 나타내는 것으로, 1일 영양소 기준치표(표 3-3)에 대한 상대적 %를 의미한다. 예로 아래 쿠키 2봉을 먹으면 칼슘 140mg을 먹게 되므로 하루 기준치(700mg)의 20%를 섭취하게 되는 것이나, 만약 4봉(한 박스)을 먹으면 하루 기준치의 40%를 섭취하는 것이다. 또한 콜레스테롤의 경우 과자 2봉을 먹으면 콜레스테롤 80mg을 섭취하게 되므로 하루 기준치(300mg)의 27%에 해당하는 콜레스테롤을 섭취하는 것이나, 만약 과자 4봉을 먹으면 콜레스테롤 160mg으로써 하루 기준치의 54%를 섭취하는 결과를 가진다.

표 3-3 1일 영양소 기준치표

영양소	기준치	영양소	기준치	영양소	기준치
탄수화물(g)	328	철분(mg)	15	판토텐산(mg)	5
식이섬유(g)	25	비타민 D(μg)	5	인(mg)	700
단백질(g)	60	비타민 E(mg α-TE)	10	요오드(μg)	75
지방(g)	50	비타민 K(μg)	55	마그네슘(mg)	220
포화지방(g)	15	비타민 B_1(mg)	1.0	아연(mg)	12
콜레스테롤(mg)	300	비타민 B_2(mg)	1.2	셀렌(μg)	50
나트륨(mg)	2,000	나이아신(mg NE)	13	구리(mg)	1.5
칼륨(mg)	3,500	비타민 B_6(mg)	1.5	망간(mg)	2.0
비타민 A(μg RE)	700	엽산(μg)	250	크롬(μg)	50
비타민 C(mg)	100	비타민 B_{12}(μg)	1.0	몰리브덴(μg)	25
칼슘(mg)	700	비오틴(μg)	30		

＊ 비타민 A, 비타민 D, 비타민 E는 기준치표에 따른 단위로 표시하되 괄호를 하여 IU단위로 표시할 수 있다.

자료: 식품의약품안전처

영양성분 표시 이외에도 '무', '저', '고', '함유' 등의 용어를 사용하여 영양 강조표시를 사용하는 제품들이 있다. 이는 영양소 함량 강조표시 세부기준(표 3-4)에 맞도록 제조나 가공을 통하여 해당 영양소 함량을 제거하거나 낮추거나 또는 높인 경우에 사용할 수 있다. 예를 들어 '저지방'의 용어를 사용하려면 제품에 함유된 지방량이 100g당 3g 미만이거나 또는 100mL당 1.5g이어야 한다. '무지방'의 용어를 사용하려면 식품 100g 또는 100mL당 0.5g 미만이어야 가능하다. 단백질 식품의 경우에 '고단백'의 용어를 사용하려면 식품 100g당 1일 영양소 기준치의 20% 이상 함유하거나, 액체 식품의 경우 식품 100mL당 1일 영양소 기준치의 10% 이상일때 또는 식품 100kcal당 1일 영양소 기준치의 10% 이상일 때 표시가 가능하다.

표 3-4 영양소 함량 강조 표시 세부기준

영양성분	강조 표시	표시 조건
열량	저	식품 100g당 40kcal 미만 또는 식품 100ml당 20kcal 미만일 때
	무	식품 100ml당 4kcal 미만일 때
지방	저	식품 100g당 3g 미만 또는 식품 100ml당 1.5g 미만일 때
	무	식품 100g당 또는 식품 100ml당 0.5g 미만일 때
포화지방	저	식품 100g당 1.5g 미만 또는 식품 100ml당 0.75g 미만이고, 열량의 10% 미만일 때
	무	식품 100g당 0.1g 미만 또는 식품 100ml당 0.1g 미만일 때
트랜스지방	저	식품 100g당 0.5g 미만일 때
콜레스테롤	저	식품 100g당 20mg 미만 또는 식품 100ml당 10mg 미만이고, 포화지방이 식품 100g당 1.5g 미만 또는 식품 100ml당 0.75g 미만이며, 포화지방이 열량의 10% 미만일 때
	무	식품 100g당 5mg 미만 또는 식품 100ml당 5mg 미만이고, 포화지방이 식품 100g당 1.5g 또는 식품 100ml당 0.75g 미만이며, 포화지방이 열량의 10% 미만일 때
당류	무	식품 100g당 미만 식품 100ml당 0.5g 미만일 때
나트륨	저	식품 100g당 120mg 미만일 때
	무	식품 100g당 5mg 미만일 때
식이섬유	함유 또는 급원	식품 100g당 3g 이상 또는 식품 100kcal당 1.5g 이상일 때
	고 또는 풍부	식품 100g당 6g 이상 또는 식품 100kcal당 3g 이상일 때
단백질	함유 또는 급원	식품 100g당 1일 영양소 기준치의 10% 이상, 식품 100ml당 1일 영양소 기준치의 5% 이상일 때 또는 식품 100kcal당 1일 영양소 기준치의 5% 이상일 때
	고 또는 풍부	식품 100g당 1일 영양소 기준치의 20% 이상, 식품 100ml당 1일 영양소 기준치의 10% 이상일 때 또는 식품 100kcal당 1일 영양소 기준치의 10% 이상일 때
비타민 또는 무기질	함유 또는 급원	식품 100g당 1일 영양소 기준치의 15% 이상, 식품 100ml당 1일 영양소 기준치의 7.5% 이상일 때 또는 식품 100kcal당 1일 영양소 기준치의 5% 이상일 때
	고 또는 풍부	식품 100g당 1일 영양소 기준치의 30% 이상, 식품 100ml당 1일 영양소 기준치의 15% 이상일 때 또는 식품 100kcal당 1일 영양소 기준치의 10% 이상일 때

4. 국가 인증 농식품 인증마크

국가 인증 농식품 인증마크는 일정한 안전기준을 통과한 농산물과 식품의 생산 또는 공급 농가나 기업에 국가가 인증마크를 부여하는 제도이다. 농식품 수입 개방, 차별화된 농가소득 안정, 제품의 품질 경쟁력 향상, 소비자 보호의 목적으로 1992년 농식품 인증이 도입되었고 점차 다양화된 인증제로 발전되었다.

1) 농축산물 관련 인증마크

표 3-5 농수산물 관련 친환경 관련 인증마크

유기농 인증제도	유기농산물 (ORGANIC) 농림축산식품부	유기합성 농약과 화학비료를 일체 사용하지 않고 재배
	유기축산물 (ORGANIC) 농림축산식품부	유기농산물의 재배, 생산 기준에 맞게 생산된 유기사료를 급여하면서 인증 기준을 지켜 생산한 축산물
무농약 인증제도	무농약 (NON PESTICIDE) 농림축산식품부	유기합성 농약을 일체 사용하지 않고 화학비료는 권장 시비량의 1/3 이내 사용
무항생제 인증제도	무항생제 (NON ANTIBIOTIC) 농림축산식품부	항생제, 합성 항균제, 호르몬제가 첨가되지 않은 일반사료를 급여하면서 인증 기준을 지켜 생산한 축산물
유기가공식품 인증	유기가공식품 (ORGANIC) 농림축산식품부	인증 받은 유기농산물 등을 이용하여 제조·가공하고, 첨가물은 유기가공식품 제조에 허용되는 물질을 용도와 조건에 맞게 사용
무농약원료 가공식품인증	무농약원료 가공식품 (NON PESTICIDE FOODS) 농림축산식품부	인증 받은 무농약농산물 등을 이용하여 제조·가공. 원료에 대한 구입·사용 내역과 무농약원료가공식품의 생산·판매내역 관리

　　농축산물 관련 인증마크로는 친환경 인증마크와 품질특성 인증마크로 나눌 수 있다. 농축산물 관련 친환경 인증 표시로는 유기농 인증제도로 유기농산물과 유기축산물에 대한 인증이 있으며, 또한 무농약 인증제도(친환경 농산물)와 무항생제 인증제도(친환경 축산물)를 통하여 품질을 관리하고 있다. 농림축산식품부에서는 다양한 인증마크를 통일화 작업으로 정리하여 2014년 1월 1일부터 공통표지 의무화를 통하여 소비자가 쉽게 이해할 수 있도록 하였다. 각각의 특징은 표 3-5에 제시되어 있다. 또한 품질특성 인증마크(표3-6)는 우리 전통식품에 대하여 정부가 품질을 인증하는 전통식품 품질 인증과 지리적 우수한 명성의 식품 품질에 대한 등록 및 표시를 인증하는 지리적 표시제 그리고 동물복지 축산농장 인증과 저탄소 농축산물 인증 등이 있다. 이들 품질특성 인증마크에 대한 특성이 표 3-6에 제시되어 있다.

표 3-6 품질특성 인증마크

전통식품 품질 인증	전통식품 (TRADITIONAL FOOD) 농림축산식품부	• 국내산 농산물을 주원료로 사용하여 제조, 가공, 조리하여 맛, 향, 색에서 우리 고유한 특성을 나타내는 우수한 전통식품에 인증을 부여하는 제도 • 한과류, 약식, 된장, 고추장, 간장, 청국장, 김치류, 누룽지, 식혜, 수정과, 대추차, 삼계탕 등 84품목이며, 2015년 기준 품질인증제품은 758건
지리적 표시 인증	지리적표시 (PGI) 농림축산식품부	• 우수한 지리적 특성을 가진 식품의 지리적 표시를 등록하고 보호하는 제도 • 보성 녹차가 2002년 제1호로 등록하였으며, 고창 복분자주, 순창 전통 고추장, 횡성 한우, 의성 마늘 등이 등록되어 있음. 매년 등록이 증가 추세
동물복지 축산농장 인증	동물복지 (ANIMAL WELFARE) 농림축산식품부	• 동물복지 기준에 따라 인도적으로 동물을 사육하는 소, 돼지, 닭, 오리 농장에 대해 국가에서 인증하고 인증 농장에서 생산되는 축산물에 인증을 부여하는 제도 • 2012년 산란계, 2013년 돼지, 2014년 육계, 2015년 한육우, 젖소, 염소, 2016년 오리 등 7개 동물 종을 인증하고 있음
저탄소 농축산물 인증	저탄소 (Low Carbon) 농림수산식품부	• 저탄소 농업기술(농업생산 전반에 투입되는 비료, 농약, 농자재 및 에너지 절감을 통해 온실가스 배출을 줄이는 영농 방법 및 기술)을 활용하여 생산 전 과정에서 온실가스 배출을 줄인 농축산물에 인증을 부여하는 제도 • 해당 품목의 전국 5년 평균 온실가스 배출량과 비교하여 배출량이 적은 경우 인증 부여

2) 식품 관련 인증마크

식품 관련 인증마크는 건강기능식품 인증마크, GMP 인증마크, 어린이 기호식품 품질 인증마크, 식품 안전 관리 인증마크 등이 있으며, 이들 마크는 식품의약품안전처에서 담당하고 있다. 각각의 인증마크의 종류와 특성은 표 3-7에 제시되어 있다.

표 3-7 식품 관련 인증마크

건강기능식품 인증		식품의약품안전처에서 건강기능식품 제조업소 중 우수한 건강기능식품 제조 기준 적용 업소에 인증을 부여하는 제도
GMP 인증		식품의 안정성과 유효성을 품질면에서 제조·관리 기준 전반의 품질 관리가 우수한 업소에 GMP(Good Manufacturing Practice) 인증을 부여하는 제도
어린이 기호식품 품질 인증		어린이의 기호식품(과자, 초콜릿, 탄산음료 등과 같이 어린이가 선호하거나 자주 먹는 음식물로, 범위는 식품위생법에서 고시) 중 안전과 영양에 관한 기준과 식품첨가물 사용 관련 기준에 적합한 제품의 제조, 유통, 판매를 권장하는 환경을 위하여 운영
식품 안전 관리 인증		해썹(HACCP, 식품안전관리 인증)은 식품의 원재료 생산부터 제조, 가공, 보존, 유통, 최종 소비자가 섭취하기 전까지 전 과정에서 발생할 수 있는 각종 위해요소를 체계적으로 관리 및 차단하기 위한 위생 시스템으로써 식품 안전 관리 인증마크가 부착된 식품은 위생 관리 체계를 거친 제품이라고 볼 수 있음

5. 식품첨가물

식품첨가물은 식품을 제조, 가공, 조리, 보존하는 과정에서 감미, 착색, 표백, 산화 방지 등의 목적으로 식품에 사용하는 물질을 의미한다. 기구·용기·포장을 살균·소독하는 데 사용되어 간접적으로 식품에 옮아갈 수 있는 물질도 식품첨가물에 포함된다. 식품첨가물의 기준과 규격은 식품위생법 제7조에 근거하고 있다.

식품첨가물의 구비 조건은 인체에 해롭지 않아야 하고, 체내에 축적되지 않아야 하며, 적은 양을 사용해도 효과가 있어야 한다. 또한, 이화학적 변화에 안정해야 하며, 식품의 품질(관능성, 기능성, 저장성, 영양성 등)과 상품적 가치를 좋게 해야 한다.

일반적으로 식품첨가물의 사용은 식품의 풍미나 외관을 좋게 하는 것, 식품의 보존성을 향상시키고 식중독을 예방하는 것, 영양소를 보충하는 것, 식품의 품질을 향상시키는 것 등을 목적으로 한다. 식품의약품안전처는 2018년 1월 식품첨가물의 분류체계를 개편하여 '용도별 31개'로 분류하였으며(부록 3 참조), 국내 지정 613개 품목에 대해서는 주용도를 명시하여 각 첨가물의 사용목적을 쉽게 확인할 수 있도록 조정하였다. 소비자가 시중에서 구입하는 대표적 가공식품의 식품첨가물의 예는 아래와 같다.

• 더 맛있게 풍미 증진을 위하여: 감미료, 향미증진제, 산미료

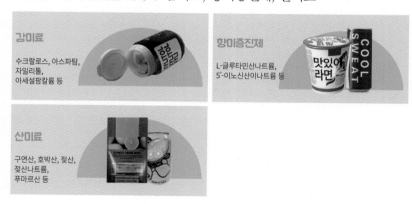

• 더 안전하게 품질 유지를 위하여: 보존료, 산화방지제

• 더 영양가 있게 영양 증진을 위하여: 영양강화제

• 더 먹음직스럽게 기호성 향상을 위하여: 착색료/착향료, 발색제/표백제

• 더 부드럽게 좋은 식감을 위하여: 유화제, 증점제

자료: 식품의약품안전처

소비자가 일상생활에서 식품의 선택과 섭취에서 특정 가공식품만 지속적으로 과량 섭취하거나 자주 섭취하다 보면 각기 가공식품에 첨가된 식품첨가물의 섭취 증가가 이루어질 수 있고, 이는 건강의 문제에 연관될 수 있다. 따라서 건강한 식생활을 위해 서는 가공식품의 선택 및 섭취를 줄이고, 가공식품의 선택 시에는 식품 표시를 읽는 습관을 가지는 것이 좋다.

CHAPTER 4

환경과 식생활

이산화탄소의 배출량이 지속적으로 늘어남에 따라 지구온난화 등 지구 환경 변화에 따른 먹거리의 위협이 증가되고 있다. 미래 세대의 가능성을 확보하기 위해 지속가능한 식생활을 정착시켜야 하며 음식의 윤리에 대한 인식과 먹거리 정의가 확보되어야 할 것이다. 지구 환경을 보호하기 위해 푸드 마일리지를 줄이고 올바른 먹거리 체계를 구축하여야 하며 우리나라의 환경에 맞는 적절한 식생활 교육의 확산이 필요하다.

1. 기후 변화와 식생활 환경의 변화

1) 기후 변화

지구의 기후는 매년 변동하고 있다. 최근 지표 부근의 대기와 바다의 평균 온도가 장기적으로 상승하는 지구 온난화가 가속화되고 있어 기후 변화는 전 세계적 이슈로 부각되고 있다. 기후 변화는 인간 또는 자연 활동에 의해 기상 현상의 복합 요소들이 평균 상태 이상 또는 이하로 변화되는 것으로 정의할 수 있다.

기후 변화는 범지구적, 세계적 규모의 기후 시스템 또는 지역적 기후가 시간의 흐름에 따라 최소 수십 년 동안 점진적으로 변화하는 것을 말한다. 유엔기후변화협약(UNFCCC)에서는 '직접적 또는 간접적으로 전체 대기의 성분을 바꾸는 인간 활동에 의한, 그리고 비교할 수 있는 시간 동안 관찰된 자연적 기후 변동을 포함한 기후의 변화'라고 설명하고 있다.

10년부터 수백만 년까지 기간 동안 대기의 평균적인 상태가 변화되는 새로운 기후 패턴을 의미하며 이러한 변화는 지구의 내부적인 작용이나 외부의 변화에 의할 수 있고 인간의 활동 변화에 의해서도 야기될 수 있다. 기후 변화의 요인을 보면 지구 해양의 변화, 만년설 등 지구의 내부적인 요인도 있으나 태양 복사, 지구의 궤도, 온실가스 등 외부적인 요인도 관여된다. 2007년 IPCC(Inter-governmental Panel on Climate

Change) WG I(Working Group I)의 제4차 평가보고서에 따르면, 20세기 후반에 나타난 지구 온난화는 인간 활동에 의해 발생했을 가능성을 90%로 추산하였다. 지구 온난화는 이산화탄소(CO_2)와 같은 온실가스 농도 증가로 인해 대기의 기온이 증가하는 과도한 온실효과(Greenhouse effect) 때문이며, 화석연료(석탄, 석유 등)의 과도한 사용으로 온실가스 배출량이 증가된 반면, 산림 훼손 등 토지 이용의 변화로 온실가스 흡수원은 축소되고 있다고 제시한 바 있다.

기후 변화로 인해 호우 증가, 가뭄 지역 증가, 태풍 강도 증가 등은 농업 생산량을 감소시키고 병충해가 증가하며 곡물 피해와 산림 파괴 등이 발생할 것으로 예측하였다. 지구의 온난화를 가속하고 있는 기후 변화는 식품 안전 관리에 있어서도 큰 영향을 주는 요소로 인식되고 있다. 기후 변화의 대표적인 현상은 온도, 습도 및 강수량 증가라고 할 수 있으며, 폭염, 홍수, 태풍, 가뭄 등의 극단적으로 심각한 재난이 자주 발생하게 된다. 이러한 온도, 습도, 강수량 등은 식품의 안전에 영향을 주는 가장 중요한 요인들이라고 할 수 있다.

특히 최근에 개최된 2019년 IPCC WG I의 기후 변화와 토지 특별보고서에 의하면 토지는 식량, 물 등을 제공하여 인류의 생존과 복지에 중요한 기반으로 기능하며, 기후 시스템에 있어서도 그 역할이 중요하고, 인간 활동에 의한 온실가스 배출량의 23%를 차지(2007~2016년 기준)한다고 보고하였다. 산업화 이전 대비, 평균 육지 표면 기온 상승(1.53℃)은 전 지구 평균 표면(육지 및 해양)의 온도 상승(0.87℃)보다 약 2배를 차지하였으며 기후 변화는 생물다양성, 인류의 건강, 식량 체계를 악화시키는데, 이 정도는 미래에 커져 어떤 지역의 경우에는 예측할 수 없는 수준의 위기에 직면할 것이라고 보고하였다. 식량 손실과 음식 낭비를 줄이거나 식습관에 영향을 주는 등 식량 체계에 대한 정책은 식량 안보와 탄소 저배출을 강화하며, 기후 변화 적응과 완화뿐만 아니라 사막화 및 토지 황폐화를 감소시키고, 공공 건강 증진에도 기여할 수 있다고 대응방안을 제시하였다.

2) 온실가스

온실가스 또는 온실기체(溫室氣體, greenhouse gases, GHGs)는 지구의 지표면에서 우주로 발산되는 적외선 복사열을 지구가 다시 흡수 또는 반사하여 지구 표면의 온도를 상승시키는 역할을 하는 특정 기체를 말한다. 두 가지 이상의 서로 다른 원자가 결합된 모든 기체가 이에 해당하는데, 다만 일산화탄소(CO), 염화수소(HCl) 등은 2개의 상이한 원자로 결합된 분자이지만 대기에서의 잔류 시간이 매우 짧아 온실효과에 거의 영향을 주지 않으므로 온실가스에서 제외한다.

지구는 태양으로부터 에너지를 받은 후 다시 에너지를 방출한다. 이때 대기 중에 있는 여러 가지 온실가스는 지구에 들어오는 단파장의 태양 복사에너지는 통과시키는 반면, 지구로부터 방출되는 장파장의 복사에너지를 흡수함으로써 지표면을 보온하는 역할을 하게 된다. 태양이나 물의 순환과 같은 많은 요소들에 의하여 지구의 날씨와 에너지 균형이 유지되지만, 온실기체가 없다면 지구의 평균 기온은 상당히 낮아질 것이다. 현대에 문제가 되는 온실기체는 수증기와 같은 자연적인 온실가스가 아니라 산업화로 비롯된 화석 연료의 과도한 사용으로 발생한 이산화탄소와 같이 인위적

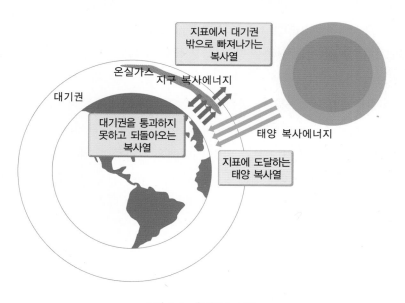

그림 4-1 온실가스 효과

표 4-1 온실가스 효과

온실가스	CO$_2$	CH$_4$	N$_2$O	PFCs, HFCs, SF$_6$
배출원	에너지 사용, 산업공정	폐기물, 농업, 축산	산업공정, 비료 사용	냉매, 세척용
국내 총 배출량(%)	88.6	4.8	2.8	3.8
온실효과 기여도(%)	55	15	6	24
지구온난화지수(GWP)	1	21	310	1,300~23,900

* GWP: 일정 기간 동안 1Kg의 온실가스가 야기하는 장파장 흡수능력(가열효과)과 이산화탄소 1Kg의 영향에 대한 비율로 측정됨

자료: 이산화탄소저감및처리기술개발사업단(http://www.cdrs.re.kr)

으로 발생한 온실기체이다.

온실가스는 인구의 증가와 산업화에 의해 배출량이 과거에 비해 급증하고 있으며 6대 온실가스로는 이산화탄소(CO$_2$), 메탄(CH$_4$), 아산화질소(N$_2$O), 과불화탄소(PFCs), 수불화탄소(HFCs), 육불화황(SF$_6$)이 있다.

기후 변화에 대응하기 위한 국제사회의 노력은 1972년 스톡홀름회의에서부터 시작되었으며 이후 1997년 선진국에 온실가스 감축 목표를 규정한 교토의정서로 본격 실행되었고, 최근 파리기후변화협약을 통해 전 세계 모든 국가가 참여하는 보편적인 체제가 마련되었다. 국가 온실가스 통계 및 환경부의 보도자료(2019년 10월)를 보면 우리나라의 온실가스 총 배출량은 1990년 292.9백만 톤CO2eq.이었으나, 연평균 3.4%씩

* 톤CO2eq.: 메탄, 아산화질소, 불소가스 등의 온실가스를 산화탄소로 환산한 배출량 단위. '이산화탄소 환산톤' 또는 '톤'으로 읽음

그림 4-2 국가 온실가스 총 배출량 및 증감률

자료: 온실가스종합정보센터, 2019년 국가 온실가스 인벤토리 보고서

꾸준히 상승해 2016년 694.1백만 톤CO2eq., 2017년 온실가스 배출량 7억 9백만 톤 CO2eq.으로, 2016년 대비 2.4% 증가하였다. 분야별 온실가스 배출 비중은 에너지 86.8%, 산업공정 7.9%, 농업 2.9%, 폐기물 2.4% 순으로 나타났다. 1인당 배출량은 2013년 13.8톤/명을 기록하고 2014년 이후 2016년까지 소폭 감소했으나, 2017년 13.8 톤/명으로 전년 대비 2.1% 증가하였다.

2. 지속가능한 식생활

1) 지속가능의 개념

지속가능성의 사전적 의미는 일반적으로 특정한 과정이나 상태를 유지할 수 있는 능력을 의미한다. 생태계가 생태의 작용, 기능, 생물다양성, 생산을 미래로 유지할 수 있는 능력으로 인간 사회의 환경, 경제, 사회적 양상의 연속성에 관련된 체계적 개념이다.

브룬트란트 보고서(Brundtland report)에 따르면 지속가능성이란 "미래 세대의 가능성을 제약하는 바 없이 현세대의 필요와 미래 세대의 필요가 만나는 것"이다. 원래 용어인 '지속가능한 발전'은 미국의 의제 21(Agenda 21) 계획에서 채택된 용어이다.

1987년 세계환경개발위원회(World Commission on Environment and Development, WCED)의 'Our Common Future' 보고서에서는 지속가능성의 환경과 개발 연계성에 대한 논의가 본격화하면서 지속가능한 발전(sustainable development)을 다음과 같이 정의하였다.

미래 세대가 자신들의 필요(needs)를 충족시킬 수 있는 능력을 저해하지 않으면서 현재 세대의 필요를 충족시키는 발전

FAO(2018)는 지속가능한 발전을 '천연자원 기반의 관리와 보존, 그리고 현재와 미래 세대를 위한 인간 욕구의 달성과 지속적인 만족을 보장하는 방법으로서의 기술적, 제도적 변화 방향'이라고 정의하고, 농업, 임업과 어업 부문에서 토지, 물, 식물과 동물의 유전자원을 보존하는 지속가능한 발전은 환경적으로는 저하되지 않고 기술적으로 적절하며, 경제적으로 실행할 수 있고 사회적으로 수용 가능한 것이라고 하였다. 결국 지속가능성은 생명을 유지하기 위해 지구 생태계의 능력을 약화하거나 다른 사람들의 복지를 희생시키지 않고 인권과 복지를 보장하는 것으로 온전한 환경, 사회 복지, 경제 회복 및 거버넌스를 포괄하는 다차원적 개념이라고 할 수 있다.

지속가능의 구성 요소는 사회, 경제, 환경 등 큰 세 가지 영역으로 구분한 뒤 융합적으로 접근하는 형태가 일반적이라고 할 수 있다. 바릴리(Barile)는 지속가능성을 다음과 같은 세 가지 차원으로 구분하고 있다.

- 경제적 지속가능성: 시간 경과에 따른 수익성을 보장하고, 이용 가능한 자원을 효율적으로 사용할 수 있는 경제적 지속가능성
- 사회적 지속가능성: 안정, 민주주의, 참여, 정의의 조건을 보장할 뿐만 아니라 인간 복지 조건(안전, 건강, 교육)이 계층이나 성별에 따라 균등 배분이 보장될 수 있는 사회적 지속가능성
- 환경적 지속가능성: 천연자원의 품질과 재생력을 유지할 수 있는 환경적 지속가능성

2) 지속가능한 식생활

2010년 FAO(Food and Agriculture Organization, 2010)에서 열린 제1회 국제 생물 다양성 및 지속가능한 식생활에 관한 과학 심포지엄에서는 지속가능한 식생활을 다음과 같이 정의하였다.

식품, 영양, 안전, 그리고 현재와 미래 세대를 위한 건강한 삶에 기여하는 환경에 거의 영향을 미치지 않는 식생활

지속가능한 식생활은 생물다양성과 생태계를 보호하고 존중하고 문화적으로 받아들일 수 있고, 접근성이 좋고 경제적으로 공평하고 감당할 수 있으며, 영양에서도 적절하고 안전하며 건강하여 천연자원과 인적 자원을 최대한 좋게 만드는 것이다.

유엔은 지속가능한 목표(UN SDGs, Sustainable Development Goals, 2015)를 발표하였으며 17개 목표(Goals) 및 169개 세부목표(Targets)를 제시하였다. 제2목표 '기아 종식, 식량 안보와 농업 증진'을 보면 기아를 종식하고 식량 안보 및 영양 개선과 지속가능한 농업을 증진한다이며, 제3목표 '보건 및 웰빙 증진'을 보면 모두를 위한 전 연령층의 건강한 삶을 보장하고 웰빙을 증진한다. 이 중 두 번째는 기아의 종식, 식량 안보 확보, 영양 상태 개선 및 지속가능 농업 촉진이다. 자연은 농업 활동을 지원하고 식품 안전과 영양에 기여하면서 식량의 직접적인 원천이 되며, 수분, 토양 형성, 영양분 순환, 물의 조절 등과 같은 일련의 생태계 서비스를 제공해준다. 또한, 세계 인구의 증가와 소비 패턴의 변화는 2030년까지 20억 명의 사람들을 위한 식량을

그림 4-3 지속가능한 발전의 목표

자료: 유엔 글로벌콤팩트(http://unglobalcompact.kr/about-us/sdgs)

요구하면서도 현재와 미래 세대가 잘 살 수 있는 천연자원 기반을 보존하고자 한다. 이는 농업의 지속 불가능한 확장이 토양 침식, 농업 구조를 통한 수질 오염, 온실가스 배출 등과 같은 심각한 환경 문제를 일으키기 때문이다.

이처럼 기후 변화와 가뭄, 산사태, 홍수와 같은 자연재해가 식량 안보에 큰 영향을 미치기 때문에 식량 수확의 품질과 양을 높이기 위해서는 재해 위험 관리, 기후 변화 적응 및 완화 등과 같이 지속가능한 발전으로 가야 한다.

3) 국가 식생활 교육 정책과 지속가능한 식생활의 추진

2009년 9월 식생활 교육지원법이 시행되었으며 이 법에 따라 '제1차(2010~14년)와 제2차(2015~19년) 기본계획'을 수립해 국가 식생활 교육 정책을 추진하였다. 식생활 교육지원법은 농림축산식품부 관장으로 국가 및 지자체 단위식 생활교육위원회를 설치하고 5년마다 식생활 교육 기본 계획을 수립하며 식생활 교육기관 및 식생활 교육 지원센터의 지정을 추진하였다. 식생활 교육지원법상의 식생활 교육이란 개인 또는 집단으로 하여금 올바른 식생활을 자발적으로 실천할 수 있도록 하는 교육을 말한다.

• 환경: 식품 순환 과정에서 환경에 미치는 영향을 최소 화하는 식생활 실천
• 건강: 건강한 삶을 위해 신선하고 안전한 제철 식재료 를 활용한 균형 잡힌 한국형 식생활 실천
• 배려: 생산·유통·소비·폐기 등 식생활 전(全) 과정에 대한 체험을 바탕으로 자연과 타인에 대한 배려와 사 회적 취약계층을 포용하는 식생활 실천

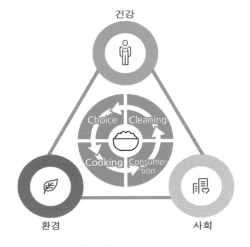

그림 4-4 식생활 교육 3차 기본계획의 지속가능한 식생활의 추진

　　2020년 1월 농림축산식품부는 식생활 교육 제3차 기본계획을 발표하고 지속가능한 식생활을 확산하기 위해 농업·환경의 공익적 가치에 대한 교육과 취약계층의 식생활 개선과 영양 안전망 확충을 위한 농식품 지원과 식생활 교육 연계의 필요성을 제시하였다. 보도자료에 의하면 '지속가능한 식생활'이란 식품의 순환 과정 속에서 국민의 건강뿐 아니라 사회의 지속가능성에 기여하는 식생활을 의미하며, 식생활은 건강(영양) 차원을 넘어 농업·환경·사회 등 다양한 사회적 가치의 실현에 기여하는 개념으로 확장하는 것을 의미한다고 하였다. 식생활 교육 제3차 기본계획에서 지속가능한 식생활은 3가지의 핵심 가치인 환경, 건강, 배려를 통하여 추진될 것이다.

　　농업과 환경이 갖는 공익적 가치 이해를 위해 텃밭 가꾸기, 생산 현장 체험이 연계된 교육을 활성화하고 학교 주변 도시 텃밭 조성을 계획하고 있다. 또, 지역 로컬푸드 직매장에서 지역별 대표 전통식품을 홍보·전시하고, 먹거리 교육 문화시설, 조리 공간 등 다양한 식생활 교육·체험 공간으로 활용하는 계획을 제시하였다.

3. 먹거리 정의와 푸드 플랜

1) 먹거리 정의

　　먹거리 정의(food justice)는 우리나라에서는 먹거리 정의, 식품 정의, 음식 정의, 식량 정의란 표현으로 사용되고 있다. 먹거리 정의 개념은 분배적 정의에 중점을 두는 경우가 대부분이며, 다른 관점으로는 참여적 정의에 관심을 두는 경우가 있다. 먹거리 정의는 경제적 형평과 사회 계층에 관계없이 모든 사람이 굶주리는 것을 넘어 양적, 질적으로 적절하고 충분한 먹거리를 사회로부터 보장받아야 한다는 먹거리 기본권(right to food)에 철학적 기반을 두고 있다. 현재의 먹거리 체계는 지불 능력이 있는 소수의 계층만이 선택 가능하고 접근할 수 있는 부정의한 상태로 규정하고 있다. 이와 같은 문제의식 속에서 먹거리 문제를 개인 선택의 문제가 아니라 사회적 환경과

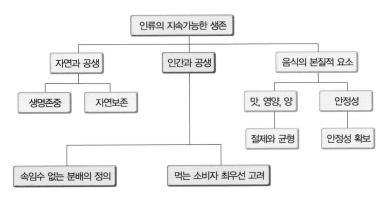

그림 4-5 인류의 지속가능한 생존과 음식윤리의 관계
자료: 김석신(2016)

구조의 문제에서 발생하는 것으로 인식하고, 국가와 사회의 적극적인 개입을 통해서 그 근본적인 문제를 해소할 수 있다. 결국 먹거리 사막이 커지는 것을 막고 건강한 먹거리 기본권을 세울 수 있도록 먹거리 정의가 필요하다고 할 수 있다.

먹는 문제는 개인의 기호 차원을 넘어 건강 및 생존과 관련될 뿐 아니라 식량 주권과 같은 정치적 문제, 세계화와 자유무역 같은 경제학적인 문제, 효율성, 동물 복지, 지속가능성, 인간의 건강, 사회적 연대 같은 가치들이 함축되어 있다. 음식의 안전성, 로컬푸드 운동, 슬로푸드 운동, 유전자재조합식품, 먹거리 정의 운동이 제기될 수 있다. 특히 먹거리 정의 운동은 먹거리의 전 과정에서 발생하는 불평등, 불공정 문제를 지적하고 이를 시정하려는 운동이다.

2) 음식 윤리

최근 음식과 관련한 문제들이 발생하면서 윤리적 성찰이 요구되고 있다. 먹거리 생산에서는 노동자의 처우 문제, 육류의 생산 과정에서 발생하는 동물 윤리적인 문제, 육류의 안전성 문제 등이 제기되고, 유통 및 소비 부분에서는 신선한 먹거리 접근권의 제한, 대형 유통 시스템이 가진 식품의 규격화, 신속화, 대량화를 가져왔지만 그에 대한 부작용으로 인해 먹거리 부정의 문제가 발생하고 있다.

음식 윤리는 '음식과 관련된 윤리 또는 윤리적 고려'이다. 음식 윤리의 궁극적인 목적은 '인류의 지속가능한 생존'이며, 이를 위해서는 음식이 필수적이다. 따라서 음식을 만들고 팔고 먹는 행위와 음식은 인류의 지속가능한 생존에 반드시 도움을 주어야 하며, 해를 끼쳐서는 안 된다. 인류의 지속가능한 생존을 위해서는 자연과의 공생, 인간과의 공생, 음식의 본질적 요소의 충족이 필요하다. 음식의 윤리적인 쟁점은 채식주의와 육식, 공장식 축산과 유기농 축산, 유전자재조합식품에 대한 안전성, 세계 기아의 원인과 해법, 공정무역과 윤리적 소비, 로컬푸드와 슬로푸드에 대한 논의 등 다양하다.

3) 푸드 시스템과 푸드 플랜

먹거리 문제를 해결하고, 모든 시민들의 먹거리 기본권, 건강권, 환경 책임을 동시에 달성하기 위해 제시된 것이 '지속가능한 먹거리 체계'이다. 건강한 먹거리의 사회적 공급과 이용을 도모하는 것으로 단순한 먹거리의 공급 체계가 아니라 먹거리를 둘러싼 사회적, 경제적 문제를 시정하고자 하는 계획적인 사업과 활동을 포함하는 것이다. 일반적으로 푸드 시스템은 먹거리 관련 '생산-가공-분배-접근-소비-조리-재활용-거버넌스'의 순환적 활동으로 정의하면, 먹거리와 관련된 생산(producing), 가공(processing), 유통(distribution), 접근(access), 소비(consumption), 조리(cooking), 음식폐기물 관리(waste management) 등을 둘러싼 활동이라고 할 수 있다.

먹거리 문제는 단순히 농산물과 식품을 어떻게 조달할 것인가에 그치지 않고 양적·질적 보장과 인간의 기본권으로 먹거리 존엄성(food dignity)의 회복을 강조하며 선진국의 많은 대도시와 지방 정부들은 오래 전부터 먹거리 전략 계획을 수립하고 있다.

2015년 10월 이탈리아 밀라노에서 개최된 2015 국제 엑스포는 '생명 에너지, 지구 식량 공급'을 주제로 '도시먹거리정책협약(Milan Urban Food Policy Pact)'을 발표하였다. 도시먹거리정책협약은 세계 140개 도시(지역) 대표가 모여 푸드 시스템과 푸드 플랜의 실행을 위한 공동의 행동과제를 논의, 실천과제로 제안하였으며, 우리나라는 서울, 대구, 여수시가 참여하였다.

　도시먹거리정책협약에서 제시한 지속가능한 먹거리 체계란 포용적이고 회복력이 있으며 안전하고 다양한 먹거리 체계, 인권에 기초하여 모든 시민에게 제공되는 건강하고 적절한 가격의 먹거리 체계, 기후 변화의 향에 적응하는 동시에 이를 완화시키면서 낭비를 최소화하고 생물다양성을 보존하는 것을 말한다. 지속가능 식생활이란 건강하고 안전하며 문화적으로 적절하고 환경적으로 친화적이며 인권에 기반한 식생활을 강조하였다.

　2017년 6월에 서울시가 '서울 먹거리 마스터플랜'을 수립해 발표한 것을 시작으로 경기 화성시, 충남 아산시와 홍성군, 전북 완주군, 세종시가 푸드 플랜 수립을 시작했다. 2017년 11월 2일 서울시는 시민의 안전하고 건강한 먹거리 전반에 대한 정책자문, 시민참여 활성화를 위해 전국 최초로 시민주도형 '서울특별시 먹거리시민위원회'를 출범하고 먹거리 마스터플랜을 본격 실행하였다.

　푸드 플랜은 일정한 지역에서 먹거리의 공급과 소비체계를 종합적으로 검토하고 균형된 시각에서 먹거리를 공급하고 이용하는 체계를 계획을 통해서 보완하고 균형을 찾겠다는 의도와 의지의 표현이다. 푸드 플랜은 일반적으로 다음과 같은 네 가지의 지향과 가치를 가지는 것으로 파악할 수 있다.

　첫째, 푸드 플랜은 건강한 먹거리의 사회적인 공급과 이용을 도모하는 것으로 안전한 생산 시스템으로 먹거리를 생산하여 이를 적정한(affordable) 방식으로 가공하고 유통하는 체계를 통해 지역경제의 강화를 지향하고 있다. 둘째, 푸드 플랜은 지역 생산·지역 소비의 로컬푸드를 지향하고 있는데, 지역 생산(grow local)과 지역 소비를 촉진하여 지역 주민의 참여를 통해 관계를 맺고 적정한 공급과 이용 체계를 확립, 지역순환경제 활성화를 지향하고 있다. 셋째, 푸드 플랜은 먹거리 존엄성(food dignity)의 회복을 강조하고 있는데, 먹거리에 있어 차별받지 않을 권리가 먹거리 존엄성으로 커뮤니티 푸드 시스템은 사회적 약자를 배려하는 사회적 연대의 지역단위 실천을 지향하고 있다. 넷째, 푸드 플랜은 환경에 대한 배려에 중점을 두는 것으로 먹거리의 생산−가공−유통 과정에서 친환경성과 음식물 쓰레기의 저감 및 재활용 등 사용 이후 처리를 통해 지속가능한(sustainable) 사회를 지향하고 있다.

표 4-2 전 세계 주요 도시들의 먹거리 계획과 정책 관련 사례

지역	유형	연도	주요 콘셉트	플랜 형태	목표
영국 런던	대도시	2006	healthy and sustainable food	전략계획 실행계획 (2007)	건강, 환경, 문화, 경제, 식량자급
영국 플리머스	중소 도시	2011	sustainable food city	먹거리헌장 실행계획 (2011~2014)	• 활발한 지역경제 • 모든 시민의 건강과 웰빙 복원력 있고 굳게 뭉친 지역공동체 • 평생학습과 숙련 • 생태발자국의 감축
네덜란드 암스테르담	대도시	2007	healthy, sustainable, regional	전략계획	로컬푸드 공급, 건강한 식습관, 도농균형, 농업 경관 보전
캐나다 토론토	대도시	2010	healthy and sustainable food	전략계획	주민지원, 지역경제, 기아근절, 노동연결, 정보제공
캐나다 벤쿠버	대도시	2010	sustainable, resilient, healthy regional food system	전략계획	• 가까운 먹거리의 생산능력 증대 • 지역 경제에서 먹거리 부문의 역할 증진 • 건강하고 지속가능한 먹거리 선택 • 모두에게 건강하고 문화적으로 다양하며 적절한 가격의 먹거리 제공 • 생태적으로 건강한 먹거리 체계
미국 뉴욕	대도시	2010	sustainable food system	정책보고서	기아와 비만 퇴치, 지역농업과 식품 제조 활성화, 폐기물과 에너지 소비 절감 등 12개 목표
미국 시애틀	대도시	2007 2010	Local Food Action Initiative 도시농업과 로컬푸드	의회결의안 법률	사회정의, 환경적 지속가능성, 경제 발전, 긴급 상황 대비
이탈리아 피사	중소 도시	2011	healthy and sustainable food	먹거리헌장 먹거리 계획	• 지속가능성에 기초한 지역의 음식문화 증진 • 음식, 건강, 환경 간의 관계에 대한 시민 이해 증진 • 식습관 개선과 폐기물 감축을 위한 시민 혁신 증진 • 로컬푸드 공급 역량 강화 • 먹거리 보장을 위한 정책의 혁신과 통합 촉진
브라질 벨로리존테	대도시	1993	healty food for all	정책	먹거리 빈곤의 퇴치, 지역 농민 보호

(계속)

지역	유형	연도	주요 콘셉트	플랜 형태	목표
스웨덴 말뫼	중소 도시	2010	policy for sustainable development and food	정책 계획	이산화탄소 배출 감축, 유기농 공급 증진. 제철 로컬푸드 공급 증진, 공정무역 공급 증진

자료: 황영모 외. 푸드 플랜 시대 지역단위 푸드 플랜의 방향과 전략. 전북연구원 144. 이슈브리핑, p.13.
허남혁. 선진국의 도시 먹거리 계획: 캐나다 토론토 사례를 중심으로. 세계와 도시, 2013, 3: p.31.

4. 푸드 마일리지와 탄소발자국

1) 푸드 마일리지

푸드 마일리지(food miles)는 식품이 생산될 때부터 소비자에게 도달할 때까지의 이동 거리를 말한다. 푸드 마일리지는 지구 온난화에 미치는 영향을 포함하여 식량의 환경 영향을 평가할 때에 사용되는 하나의 요소이다. 푸드 마일리지는 식품의 이동거리를 제시하여 소비자가 이를 보고 판단하게 하는 하나의 척도로써 소비자와 생산자가 서로 알고 있는 상태에서 식품과 함께 신뢰까지 구축하는 시스템을 가진 것이다.

1994년 영국 환경운동가 팀랭(Tim Lang)이 창안한 것으로 음식 재료가 생산, 운송, 소비되는 과정에서 발생하는 환경 부담의 정도를 나타내는 지표다. 푸드 마일리지는 식품 수송량(t)에 생산지로부터 소비지까지의 수송거리(km)를 곱한 것을 말한다.

식품수송 거리에 따른 탄소 배출량의 차이를 통해 푸드 마일리지 개념을 다시 확인해 본 예가 있다. 밀의 원산지에 따른 식빵(320g)의 푸드 마일리지를 계산해 보았더니, 국내산 밀은 해남(376km)에서 오면 푸드 마일리지는 0.094km이고 이로 인한 온실가스 배출량이 16g인데, 미국산 밀의 경우 20,096km를 건너와서 푸드 마일리지는 5.024km이고 온실가스 배출량은 246g이다. 따라서, 미국산 대신 국내산 밀로 만든 식빵을 먹을 경우 온실가스 배출이 230g 감량된다.

2012년 국립환경과학원이 발표한 자료에 따르면, 2010년 우리나라 국민 1인당 푸드 마일리지는 7,085t·km로 일본 5,484t·km/인, 영국 2,337t·km/인, 프랑스 739t·km/인에 비해 가장 높은 수치였을 뿐 아니라 739톤·km를 기록한 프랑스의 10배나 높은 수준이다. 한국의 식품 수입에 의한 1인당 이산화탄소 배출량은 142kgCO₂/인으로

푸드 마일리지 산정 방법

- 푸드 마일리지 산정: 푸드 마일리지(t·km) = (Qi, j × Dk)
  - Qi, j 원산지 i로부터 소비지로의 품목 j의 수송량(ton) / Dk 원산지 k로부터 소비지까지의 수송 거리(km) / M 원산지 수
- 푸드 마일리지를 이용한 CO_2 배출량 산정
  - CO_2 배출량(kg) = 푸드 마일리지(t·km) × 수송 수단별 CO_2 배출계수(kg/t·km)
- 수송거리 산정
  - 수출국에서 수출항까지의 거리는 수출국 수도에서 대표 수출항까지의 직선거리로 산정, 수출항에서 수입항까지의 거리는 해상 수송거리로 산정
  - 동일 대륙 내 육로로 연결되어 있는 국가간 수입은 양국 수도의 직선거리로 산정
- 대상품목: 곡물, 유량종자, 축산물, 수산물, 야채·과실, 설탕류, 커피·차·코코아, 음료, 기타 등 9개 품목

주요 국가별 푸드 마일리지

국가별 1인당 푸드 마일리지　　(단위: t·km/인)

연도	한국	일본	영국	프랑스
2001	5,172	5,807	–	–
2003	3,456	5,671	2,365	777
2007	5,121	5,462	2,584	869
2010	7,085	5,484	2,337	739

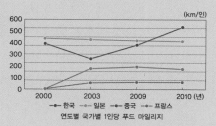

연도별 국가별 1인당 푸드 마일리지

1인당 CO_2 배출량　　(단위: kgCO₂/인)

연도	한국	일본	영국	프랑스
2001	106	134	–	–
2003	104	125	104	85
2007	114	127	108	91
2010	142	123	95	96

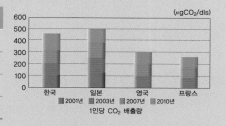

1인당 CO_2 배출량

2001년 106kgCO₂/인 대비 34% 증가했으며, 특히 곡물 수입에 의해 27kgCO₂/인 증가한 것으로 나타났다. 반면, 일본과 프랑스는 각각 123kgCO₂/인, 96kgCO₂/인으로, 일본은 2001년 대비 감소 추세이며 특히 우리나라는 1인당 이산화탄소 배출량 역시 조사대상국 중 1위이며, 영국의 95kgCO₂/인 대비 약 1.5배 수준인 것으로 확인되었다.

2) 탄소발자국

탄소발자국(carbon footprint)은 인간이나 동물이 걸을 때마다 발자국을 남기는 것처럼 우리가 생활하면서 직접 또는 간접으로 발생시키는 온실가스(특히 이산화탄소, CO₂)의 총량을 의미한다. 밥상의 탄소발자국은 음식의 전 과정, 즉 농산물의 생산, 수송 및 음식의 조리, 폐기 과정에서 발생하는 온실가스 발생량을 뜻한다. 비슷한 개념으로 개인 및 단체의 생활을 위해 소비되는 토지의 총 면적을 계산하는 '생태발자국'이 있다. 푸드 마일리지가 단순히 농산물의 중량에 운송거리를 곱하여 표시하는 데 비해 탄소발자국은 농산물이 생산되어 최종 소비자에게 도달되어 소비되고 폐기되기까지 전 과정에서 모든 배출원을 통해 직접, 간접으로 배출된 온실가스의 총량을

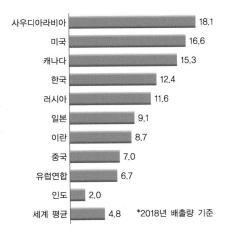

그림 4-6 각 국가별 인구 1인당 탄소 배출량

자료: 글로벌 카본 프로젝트(2018)

나타낸다.

2019년 9월 언론보도에 의하면 한국의 인구 1인당 이산화탄소 배출량이 사우디아라비아, 미국, 캐나다에 이어 세계에서 네 번째로 많은 것으로 조사되어 탄소 배출 절감책이 시급한 것으로 드러났다. 지구 온실가스 배출량과 원인을 추적하는 비영리단체 글로벌 카본 프로젝트(GCP)에 따르면 2018년 한 해 동안 전 세계에서 배출된 이산화탄소는 모두 368억 3,100만 톤으로 전년 대비 2.1% 늘었다. 이는 1900년(19억 5,700만 톤)과 비교하면 18.8배 급증한 수치다. 특히 지난해 한국의 1인당 탄소 배출량은 12.4톤으로 세계 평균(4.8톤)의 2.5배를 넘어 사우디아라비아, 미국, 캐나다에 이어 네 번째로 많았다. 한국은 이산화탄소 연간 배출 총량에서도 중국, 미국, 유럽연합(EU), 인도 등에 이어 상위 7위권을 기록했다.

탄소발자국을 알기 쉽게 하기 위해 상품에 탄소 라벨링(carbon labelling)을 실시하고 있다. 즉 탄소발자국은 환경성적표지 환경영향 범주 중 하나로 제품 및 서비스의 원료 채취, 생산, 수송·유통, 사용, 폐기 등 전 과정에서 발생하는 온실가스 발생량을 이산화탄소 배출량으로 환산하여 라벨 형태로 제품에 표시한다.

탄소 라벨링 제도는 2007년 영국에서 제조업체와 유통업체가 모여 카본 트러스트(CArbon Trust)로 탄소 감축 라벨을 인증 받은 것으로부터 시작되었다. 탄소발자국 제도는 영국, 스웨덴, 미국, 캐나다. 일본 등으로 확산하였으며 우리나라는 2009년부터 탄소성적표시제로 시행에 나서게 되었다. 탄소표시제를 통하여 식단에 사용하는 재료가 이산화탄소를 얼마나 배출하였는지 확인할 수 있도록 하여 이산화탄소 배출량이 큰 식품은 피하고 친환경적인 상품을 구매하도록 소비자를 유도하고 있다.

우리나라의 탄소발자국 인증제도를 보면 1단계 탄소발자국 인증, 2단계 저탄소 제품 인증으로 구성되며 탄소발자국 인증은 제품 및 서비스의 생산부터 폐기까지의 과정에서 발생되는 온실가스 배출량을 산정한 제품임을 정부가 인증하고 있다. 저탄소 제품은 동종 제품의 평균 탄소 배출량 이하(탄소발자국 기준)이면서 저탄소 기술을 적용하여 온실가스 배출량을 4.24%(탄소 감축률 기준) 감축한 제품을 대상으로 정부가 인증하는 것이다. 저탄소 소비문화 확산을 유도하여 시장 주도의 온실가스 감축을 도모한다는 취지로 도입되었으며, 저탄소 인증 제품은 친환경상품에 포함하여 공공기관 우선구매 등의 인센티브가 주어진다. 탄소성적표시 인증 대상은 국내에서 판매되

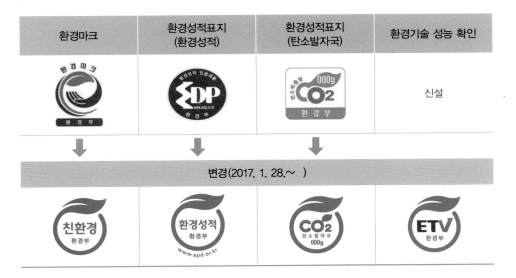

그림 4-7 친환경 제품의 로고
자료: 환경부, 친환경제품 찾기 어렵지 않아요, 로고가 통합됩니다

는 제품을 기준으로 수입품도 대상에 포함된다.

2018년 1월부터 환경부는 친환경 제품의 대표 인증인 환경마크와 환경성적표지의 로고를 통합한 있다. 환경마크와 환경성적표지는 제품의 환경성에 대해 정부가 인증하는 법정인증 표시이다.

5. 로컬푸드 운동

푸드 마일리지를 감축하기 위한 다양한 활동을 전개할 필요가 있다. 생산과정이나 소비과정에서 수송거리를 단축하는 하는 로컬푸드 운동이 대안으로 제시되고 있다.

푸드 마일리지와 탄소 배출량을 줄이기 위해 소비지에서 가까운 곳에서 생산한 식품을 소비하자는 로컬푸드 운동이 활성화되고 있다. 로컬푸드는 local(지역)과 food(음식)의 합성어로 장거리 운반을 거치지 않은 지역 농산물, 즉 생산지에서 가까운 거리에서 소비되는 식품을 의미한다.

로컬푸드는 운송거리가 짧기 때문에 운송수단에 의해 발생하는 온실가스의 발생을 줄이게 되고 소비자는 안전하고 질 좋은 농산물을 구입할 수 있다는 것이 최대 장점이다. 또한 생산자는 안정적으로 다양한 농산물을 생산할 수 있어 지역경제를 활성화하고 지속가능한 농업을 실현할 수 있다.

로컬푸드란 반경 50km 이내에서 생산된 지역 농산물로 정의할 수 있으며, 근거리 지역에서 생산된 신선한 먹거리를 먹을 수 있을 뿐만 아니라 운송비 및 유동비를 줄일 수 있다는 장점이 있다. 식품의 수입 의존을 줄이고 가능한 국내 생산으로 전화되어야 하며 국내 농산물의 유통도 광역 유통에서 지역 유통으로 전환하여 푸드 마일리지를 줄이는 소비자의 선택이 필요하다. 또한 친환경 농업이나 지역순환형 농업을 실시하면서 먹거리의 국내 생산을 확대하여야 할 것이다.

로컬푸드 운동(local food movement)은 영국에서 시작된 민간주도의 운동이며 미국의 100마일 다이어트 운동, 일본에서는 지산지소운동과 유사하다. 로컬푸드 운동은 먹거리 이동거리(food miles)를 최소화하는 것을 지향하는 것으로 지역의 농민이 생산해서 가까이에 있는 지역 주민들이 소비하도록 하는 단거리 공급을 추구한다.

생산자와 소비자 간의 사회적 거리(social distance), 생산지와 소비지 간의 물리적 거리(physical distance), 그리고 농식품의 자연적 거리(natural distance)를 줄인다는 의미가 있다. 농산물의 안전성 투명성이 높아지고 환경오염이 줄어들며, 사회적 거리가 감소함으로써 생산자와 소비자의 신뢰감이 증가된다. 또한 자연적 거리가 줄어들게 되면서 자연의 원리에 순응하는 순환적인 농업을 만들어갈 수 있다.

로컬푸드 운동은 지역에서 생산된 먹거리를 지역에서 소비하는 것을 장려하는 소비문화 운동으로서 지역 먹거리 운동이라고 말할 수 있다. 지역에서 생산된 농산물로 학교급식을 하는 등 공동체 지원농업(CSA:Community Supported Agriculture), 직거래 장터(Farmers' Market)를 개설하여 지역에서 생산된 농산물의 거래를 활성화한다. 특히 미국의 경우 비영리법인(Strolling of the Heifers)에서 로컬푸드 추진 실적 등을 지표화하는 로커보어 지수를 측정하였으며 2012년부터 직거래 실적 등 7개 지표를 합산하여 주(州)별 로커보어 지수를 매년 측정·발표함으로써 지역별 로컬푸드 확산을 장려하고 있다. 미국은 로컬푸드를 장려하기 위해 2010년부터 결식아동을 위한 급

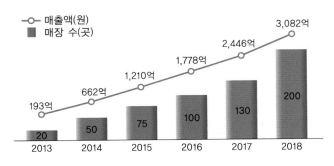

그림 4-8 로컬푸드 매장의 성장세
자료: 농협경제지주

식프로그램을 법령(The Healthy Hunger-Free Kids Act of 2010)에 따라 '농장에서 학교로(Farm to School)' 프로그램을 통해 로컬푸드의 공급을 확대한 바 있다.

학교급식은 로컬푸드 실천의 장으로서 자녀들에게 건강하고 안전한 먹거리를 제공하고 싶은 부모들의 바람을 충족한다. 어려서부터 먹거리에 관심을 가지고 건강에 신경을 쓰게 되어 식생활 교육의 측면에서도 중요하다. 또한, 학생들이 성인이 되어서도 지역 농산물의 소비자가 된다는 면에서의 파급효과가 크므로 학교급식의 로컬푸드 이용은 국가적인 지원체계를 통하여 확산되어야 한다. 우리나라도 WTO 정부조달협정 개정('16.1.14 발효)에 따라 공공급식에 국산 또는 지역 농산물 우선 사용 권리를 획득하는 등 기반을 확보한 바 있다.

최근 지자체에서 로컬푸드 매장의 지원이 잇따르고 있으며 완주군 등 성공한 로컬푸드 매장이 급성장하고 있다. 농림축산식품부 보고에 의하면 우리나라의 경우 로컬푸드 직매장의 활성화와 더불어 2013년 32개소 업소당 평균매출은 9.9억 원이었으며 2016년 148개소 업소당 평균매출은 17.3억 원, 2018년 229개소 업소당 평균매출은 19억 원이었다. 또한 농협의 로컬푸드 직매장은 양적 성과에 걸맞게 질적 성장까지 돋보이면서 생산농민 자신이 직접 가격을 결정하고 판매와 재고관리까지 수행하는 직거래 방식의 농식품 판매장 형식을 유지하고 2018년 기준 전국 농협 로컬푸드 직매장은 모두 200개소, 연간 매출액은 3082억 원에 달한다.

전북 완주에서 '08년 '약속프로젝트 5개년 계획'의 일환으로 전면적인 로컬푸드 실현을 내세우며 마을·공동체 육성사업과 맞물려 추진한 바 있다. 로컬푸드 직매장에

완주 로컬푸드 해피스테이션
직매장 외에 레스토랑(행복정거장), 영농가공·체험장, 농촌정보센터 등을 갖춘 복합공간

세종 싱싱문화관
싱싱밥상(로컬푸드 식당), 요리교실 실습장, 교육장 등을 두고 팜투어 등을 병행하여 로컬푸드 문화 확산

그림 4-9 로컬푸드 매장의 복합적 기능

레스토랑, 로컬 요리교실, 먹거리 교육·문화시설 등 다양하고 복합적인 기능을 추가하며 단순히 지역농산물의 판매처에서 나아가 지역농산물을 활용한 다양한 체험·교육을 통한 '로컬푸드 식문화' 공유·확산의 중요한 거점으로 확대되는 경향을 보여주고 있다.

최근 로컬푸드 운동의 방법으로서 도시농업을 활성화하고 있다. 학교나 가정의 빈터에 텃밭을 만들거나 아파트의 베란다에 텃밭을 만들어 채소 등을 직접 생산하는 것을 장려하고 있다. 로컬푸드 운동은 이미 선진국에서 다양한 도시농업 프로그램을 통해 정착 단계에 들어서 있고 도시의 녹지 보존 인식을 가지고 있다. 도시농업은 도시와 마을 내에서 식량을 재배 및 수확하고 가공·유통까지 이르는 모든 농업 활동을 말한다. 다원적 기능은 ① 신선하고 안전한 농산물 공급, ② 휴식·여가·정서 함양, ③ 농업에 대한 체험기회 제공, ④ 어린이 학습기회 제공, ⑤ 지역에 아름다운 경관 형성, ⑥ 시가지의 과밀 방지, ⑦ 농업과 관련한 전통문화 유지·계승, ⑧ 생물다양성 유지 등이다.

도시 농업의 국외 정책적 지원을 보면 영국은 얼로트먼트법(1908), 독일은 클라인카르텐법(1961), 일본은 시민 농원정비촉진법(1990), 한국은 도시농업의 육성 및 지원에 관한 법률(2011)을 제정하여 도시농업을 지원하고 있다. 영국의 도시농업은 얼로트먼트법(Small Holdings and Allotments Act, 1908)의 추진으로 도시농업의 우수사례를 보여주는데, 얼로트먼트(분할 대여된 농지)는 개인적 소비를 위한 작물 재배를 위해 개인에게 임대해 주는 토지로서 시민농장 또는 주말농장이란 뜻을 가진다. 사회·경제적 측면에서 도시 농업의 활성화를 꾀하고 있으며 영국 런던에서는 도시 내에 텃밭을 가꾸고 있으며 런던 가구의 15%가 자신의 집 정원에서 농사를 지을 정도로 로컬푸드 운동이 활성화되어 있다.

도시농업은 다양한 형태로 발전하고 있는데, 도시민에게 신선한 농산물을 제공하는 산업형 농업을 비롯하여, 텃밭농원, 체험농원, 가정텃밭, 베란다농업, 옥상농원 등과 같은 체험형 농업으로 분화하고 있다. 학교 텃밭 가꾸기 체험활동은 자연의 이치와 순환을 통해 바른 식생활과 인성을 키우고, 전통 식문화를 계승·발전시키는 능력을 배양할 수 있다. 또한, 농촌 현장체험 기회로 농어촌 및 생산자에 대한 배려와 감사의 마음을 배양할 수 있다. 농업활동이 이루어지는 농촌의 모든 자원을 바탕으로해 학교교육과 연계된 교육프로그램 전반에 걸친 활동을 정기적으로 제공하는 교육의 장을 말한다.

6. 음식물 쓰레기 저감화

음식물 쓰레기란 식품의 생산, 유통, 가공, 조리과정 중에 발생하는 농수축산물 쓰레기와 먹고 남은 음식물 쓰레기를 의미한다. 최근 음식물 쓰레기가 식량자급률, 식량안보, 환경문제 등과 연관되면서 음식물 쓰레기 줄이기에 대하여 국내외적으로 관심이 높아지고 있다. 음식물 쓰레기는 사회적, 도덕적, 경제적, 환경적 문제를 야기한다. 음식물 처리과정에서뿐만 아니라 생산, 수입, 유통, 가공 및 조리단계에서 버려지는 음식물 쓰레기로 인하여 에너지가 낭비되고 온실가스가 배출되며, 악취 발생과 고농도의 폐수는 수질과 토양을 오염시킨다.

음식물 쓰레기는 수거를 통하여 대부분 자원화과정을 거치는데 이 중 47%가 사료화 과정을, 44%가 퇴비화 과정을, 나머지 9%는 하수 병합 처리 및 연료화 과정을 거쳐 자연으로 돌아간다. 이 과정에서 막대한 에너지가 소비되고, 그로 인한 온실가스 배출 또한 증가하므로 가장 근본적인 해결방법은 음식물 쓰레기의 발생을 감소하는 것이다.

환경부와 한국환경공단에서 전국 폐기물 발생 및 처리 2018년 자료를 보면 폐기물 발생량은 446,102톤/일이며, 폐기물 종류별 구성비는 건설 폐기물 46%, 사업장 배출 시설계 38%, 생활계 폐기물 13%, 지정 폐기물 3% 순으로 보고되고 있다. 특히 '18년도 생활계 폐기물 발생량은 56,035톤/일으로 보고되고 있으며 종량제 방식의 배출량은 25,573톤/일, 45.7%이며, 재활용 가능 자원 분리 배출은 15,985톤/일, 28.5%이며, 음식물류 폐기물은 14,477톤/일, 25.8%를 각각 차지한다고 보고되고 있다.

2018년 자료에 의하면 음식물 쓰레기는 경제적 낭비일 뿐만 아니라 처리 비용도 연간 8천억 원 이상이 소요되고, 처리 시 악취 및 온실가스 등이 배출된다. 음식물 쓰레

표 4-3 생활계 폐기물의 2018년도 배출 현황

구 분		'13	'14	'15	'16	'17	'18
총계		48,728	49,915	51,247	53,772	53,490	56,035
종량제 방식에 의한 혼합 배출	소계	22,292	22,264	23,170	24,965	24,638	25,573
	종이류	5,383	5,410	5,445	5,631	5,194	5,185
	플라스틱류	3,126	3,370	3,739	4,312	4,601	4,884
	유리류	499	536	623	561	608	739
	금속류	347	392	448	434	400	931
	기타	12,937	12,556	12,915	14,027	13,835	13,834
재활용 가능자원 분리 배출	소계	13,935	14,429	13,857	14,418	14,452	15,985
	종이류	4,128	4,485	4,514	4,603	4,151	4,281
	비닐류 (합성수지류)	1,335	1,431	1,454	1,710	2,169	2,315
	플라스틱류	1,239	1,237	1,200	1,133	1,251	1,491
	기타	7,233	7,276	6,689	6,972	6,881	7,898
음식물류 폐기물 분리 배출	소계	12,501	13,222	14,220	14,389	14,400	14,477

* 플라스틱류는 종량제 방식에 의한 혼합 배출 및 재활용 가능 자원 분리 배출의 플라스틱류 합계임

자료: 환경부, 환경공단, 전국 폐기물 발생 및 처리 현황(2018년도), 2019

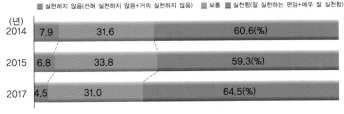

* 성인 1,000명, 청소년 200명을 대상으로 추진된 결과임

그림 4-10 음식쓰레기 줄이기 실천율(2014~2017)
자료: 2017년 국민식생활실태조사

기 양은 세대수 증가 및 생활수준 향상(식자재 다양화, 푸짐한 상차림) 등의 이유로 매년 증가 추세에 있다. 전체 음식물 쓰레기 중 약 70%는 가정 및 소형 음식점에서 발생하며, 대형 음식점에서 16%, 집단 급식소에서 10%, 유통단계에서 4% 정도가 발생되는 것으로 보고되고 있다.

2017년 국민식생활실태조사에서 나타난 음식물 쓰레기 실천율을 보면 성인은 음식물 쓰레기 줄이기에 대해 '실천한다'고 응답한 비중이 64.5%로 절반 이상을 보였으며 여성(72.6%)이 남성(56.6%)보다 음식물 쓰레기를 줄이기 위해 더 노력하고 있고, 60대 이상(79.3%)에서 실천율이 가장 높다고 조사되었다. 음식물 쓰레기는 경제적 낭비일 뿐만 아니라 처리 비용도 연간 8,000억 원 이상이 소요되고, 처리 시 악취 및 온실가스 등이 배출된다. 환경과 경제적 측면에서 음식물 쓰레기를 줄이는 것이 매우 중요하다.

음식물 쓰레기를 버린 만큼 부담금을 내는 음식물 쓰레기 종량제는 2013년 6월부터 시작되었으며 종량제 시행지침은 2018년 개정되었다. 종량제의 방식은 RFID(Radio Frequency IDentification) 기반 방식, 칩(스티커) 방식, 종량제 봉투 방식(예외적으로 사용, 추후 환경 부담이 적은 방식으로 전환 예정)으로 구분되어 있다. 음식물 쓰레기 악취 저감 효과가 뛰어난 무선인식시스템(RFID) 방식은 버리는 사람의 정보가 입력된 교통카드 등 전자태그를 통해 배출 정보를 수집하고 배출 무게를 측정해 수거료를 부과하는 방식이며 점차 확대되고 있는 상황이다.

음식물 쓰레기의 분리 배출 요령을 보면 원칙적으로 최대한 수분을 제거하고 김치, 된장 등 소금 성분은 물로 헹구어 배출하며, 흙이 묻은 음식물 쓰레기는 흙을 제거한 후 배출해야 한다. 음식물 쓰레기 분리 시 가연성 쓰레기봉투에 배출해야 할 것은 다음과 같다.

- 채소류: 쪽파, 대파, 미나리 등의 뿌리, 고추대, 양파 껍질, 옥수수 껍질, 옥수수대, 마늘 껍질, 마늘대
- 과일류: 호두, 밤, 도토리, 땅콩, 코코넛, 파인애플 등의 딱딱한 껍데기, 복숭아, 살구, 감, 망고 등 핵과류의 씨
- 곡류: 보리, 쌀, 콩 등의 왕겨
- 육류: 소, 돼지, 닭 등의 털 및 뼈다귀

그림 4-11 서울특별시 강남구의 생활 쓰레기 배출 안내자료

자료: 강남구청 홈페이지(http://www.gangnam.go.kr/board/waste/list.do?mid=FM011109)

- 어패류: 조개·소라·전복·꼬막·굴 등의 패류 껍데기, 게·가재 등의 갑각류 껍데기, 생선 큰 뼈, 복어내장
- 기타: 달걀(닭, 오리, 메추리 알 등) 껍질, 젓갈류, 김치, 차류(녹차, 보리차) 티백, 한약 찌꺼기

지자체별로 생활 쓰레기 및 음식물 쓰레기의 배출 방법을 적극적으로 홍보하고 있다. 그림 4-11은 강남구에서 제시하고 있는 생활 쓰레기 배출 및 음식물 쓰레기 배출 홍보자료이다.

음식물 쓰레기를 효율적으로 줄일 수 있는 방안을 보면, 가정의 경우 필요한 품목을 미리 메모한 후 식재료를 구매하고, 조리 시 계량컵을 사용하여 가족 식사량에 맞게 조리한다. 식재료 껍질은 육수 등으로 활용하며, 배출 시에는 물기를 최대한 제거하여야 한다. 음식점의 경우 식품 보관량 및 잔반 발생량을 고려하여 식재료를 구매하고, 주 메뉴 이외의 반찬 수를 적고 간소하게 올리며, 요리사 및 종업원 교육을 통해 감량 유도하여야 한다. 집단 급식소의 경우 식사 인원을 체계적으로 산정하여 식재료를 구매하고, 선호 메뉴판을 반영하여 식단을 구성하며, 홍보 및 교육을 통하여 꾸준히 감량을 유도해야 한다.

주목받는 식사법, 마크로비오틱

마크로비오틱(Macrobiotic)은 'macro(큰)'와 'bio(생명)', 'tic(학문)'의 합성어로, 생명을 거시적으로 보면서 자연에 적응하고, 평안하게 사는 생활방식을 일컫는다. 건강한 육체와 정신, 질병은 먹는 것과 환경에서 비롯되는 것이라는 생각이 바탕이 되어 현미·잡곡·채식 중심의 자연 식단을 기본으로 한다.

마크로비오틱의 원점은 일본 메이지 시대의 의사인 이지즈카 사겐(Sagen Ishizuka, 1850~1910)이 제창한 식양학(食養學)에 있다. 그의 이론은 그가 활동하던 식양회의 미국·유럽 지회까지 퍼지게 된다. 식양회의 회장으로 활약한 사쿠라자와 유키카즈(Yukikazu Sakurazawa, 1893~1966)는 1953년 무렵부터 유럽을 중심으로 마크로비오틱을 표방하는 연구단체와 레스토랑 등을 전파시켰다. 마크로비오틱 표준식을 제창한 구시 미치오(Michio Kushi, 1926~2014)는 1949년 미국으로 건너가 존 레논, 마돈나 등의 유명인과 친분을 쌓고 식사 지도를 맡아 화제가 되기도 했다. 한국의 경

(계속)

우 2013년 일본의 국제식학협회(IFCA)와 가맹을 맺고 마크로비오틱 전문기관인 한국 마크로비오틱 협회가 설립되었다.

마크로비오틱은 장수식(長壽食) 또는 자연식 식이요법이라는 의미로도 쓰이지만 서구인들에게는 '동양적 식사법'을 지칭하는 말로 인식되어 있다. 이 실천의 기본은 첫째로, 음양조화(陰陽調和), 즉 사람의 몸은 음과 양의 에너지 균형으로 구성되어 있으며 동양의 자연사상과 음양원리에 뿌리를 두고 있는 식생활법이다. 둘째로 자신이 사는 곳에서 제철에 나는 음식을 먹어야 한다는 의미인 신토불이(身土不二), 셋째로 어떤 음식이든 껍질이나 뿌리·씨까지 버리는 부분 없이 모두 먹자는 일물전체(一物全體)를 강조하며 식품을 통째로 먹어야 식품 고유의 에너지를 섭취할 수 있다고 주장한다. 이 식사법의 기본은 육식을 자제하고 무농약이나 유기농법의 곡류나 채소를 중심으로 식사하는 것을 말한다. 유기농 음식이 생산농법에 주로 초점을 맞추고 있는 반면에 마크로바이오틱은 재료 선택은 물론 조리법·활용법까지도 자연친화적인 것을 강조하고 있다.

마크로바이오틱 조리법은 다음과 같은 특징이 있다.

- 동물성보다는 식물성 재료를 사용하는데, 우유, 달걀, 육류, 설탕 대신 두부, 통밀가루, 조청이나 메이플 시럽 등을 사용한다.
- 곡류는 현미, 통밀가루 등 통곡의 형태로 사용하고 채소와 과일을 다양한 용도로 풍부하게 활용한다.
- 채소는 모든 부분을 사용하는데, 양파나 파의 경우 겉껍질만 제거하고 머리 부분은 살려서 사용한다.
- 조리에 사용하는 기름은 올리브유나 현미유를 사용하고 화학 성분이 없는 천연조미료만으로 조리한다.
- 조리기구도 전자레인지나 전기밥솥, 코팅 프라이팬은 피하고 압력솥, 찜통 등을 사용한다. 조리할 때는 이리저리 뒤적이지 말고 살짝 찌거나 삶는다.

MEMO

CHAPTER 5

제철 농식품

제철 농식품은 계절에 따라 기후에 맞는 작물이 제철에 대해 스스로 면역력을 가지며 잘 자라는 식품이다. 농약이나 화학비료를 전혀 사용하지 않거나 최소량만 사용하여 수질이나 환경을 보호하면서 국민건강을 안전하게 지킬 수 있을 뿐 아니라, 재배를 위한 특별한 시설이 필요하지 않아서 더 저렴한 가격으로 공급이 가능하다. 친환경 식생활을 이해하는 전반부에서는 제철 농식품과 지속가능한 친환경 농업기술과 저탄소 농축산물 인증에 대해 알아본다. 친환경 식생활의 중요성을 식량안보 측면과 국민건강 측면으로 나누어 살펴보며, 제철 농식품 소비 및 친환경 식생활 확대 방안으로 시스템 구축과 국내외 친환경 식재료 활용 사례 및 식생활 교육 내용을 알아본다.

1. 제철 농식품의 이해

요즈음은 대부분의 농식품이 제철이 따로 없이 인위적인 방법으로 하우스에서 재배되어 연중 시장에 나오고 있다. 이러한 농식품은 아무래도 제철 식품에 비해 싱겁거나 향과 맛이 덜할 뿐 아니라 면역을 높이는 첨가물이나 비료가 많이 사용되어 일손이 더 들어갈 수밖에 없다. 반면에 제철 농식품은 기후에 맞는 작물이 스스로 면역력을 가지며 잘 자란다. 그러다 보니 농약이나 화학비료를 전혀 사용하지 않거나 최소량만을 사용하므로 수질이나 환경을 보호하면서 국민건강을 안전하게 지킬 수 있을 뿐 아니라, 재배를 위한 특별한 시설이 필요하지 않아서 더 저렴한 가격으로 공급이 가능하다. 제철에 햇빛을 충분히 받고 자란 농식품은 자라난 토양이 건강하여 인간에게 유용한 미생물들이 잘 생존되어 있고 충분한 광합성으로 비타민 무기질, 식이섬유, 전분 등 영양성분이 풍부하고 맛과 향도 다른 때에 비해 훨씬 좋다.

인간에게 유용한 미생물들을 통칭하는 이엠(EM)은 'Effective Micro-organisms'의 약자로서 유용 미생물군(群)이란 뜻이다. 일반적으로 EM에는 인류가 오래 전부터 식품 발효 등에 이용해 왔던 미생물들을 포함하고 있어 항산화 작용을 하거나 항산화 물질을 생성하며, 이를 통해 서로 공생하며 부패를 억제한다. 특히 이런 EM의 특성을 활용한 EM농법은 이미 선진국에서 자연 생산에 근접한 미래형 친환경 농법으로 인정받고 있으며 우리나라에서도 이미 수십 년 전부터 여러 곳에서 EM을 먹을거리 농사에 활용하고 있는 이들이 많이 늘어나고 있다.

1) 저탄소 농축산물 인증제

FTA 협상 등 국제 농업교역 여건 변화와 농업 위기 속에서 우리나라에서도 농업 분야에서 지구 온난화의 주범인 온실가스 배출을 감축하면서 이를 마케팅에 활용하거나 농가 소득으로 연결시킬 수 있도록 저탄소 농축산물 인증제도가 시행되고 있다. '저탄소 농축산물 인증제'는 농축산물 생산과정에서 지열 히트펌프 설비, 목재 펠릿, 바이오가스 열병합 발전, 순환식 수막 재배 등을 활용하여 화석연료를 대체하거나 이용을 줄이고, 녹비작물을 활용하여 화학비료를 대체하는 등의 지속가능한 저탄소 농업기술을 적용하여 온실가스 배출을 줄이며, GAP 인증을 받은 친환경 안심 농축산물을 대상으로 '저탄소 인증'을 부여하여 농축산물의 유통·소비의 활성화를 유도하는 제도이다.

지열 히트펌프

목재 펠릿

바이오가스 플랜트

순환식 수막 재배

완효성 비료

그림 5-1 저탄소 친환경 농업기술의 예
자료: 농림축산식품부 보도자료, 2017

　　이 제도는 농림축산식품부가 2012년부터 도입하여 시범사업을 시행하였으며 2015
년부터 법적 근거에 기반을 둔 제도로 운영하고 있다. 저탄소 농축산물 인증제는 저
탄소 농업기술을 적용하여 생산 또는 유통하고 있는 농가, 작목반, 영농조합법인, 농
업회사법인 및 그 대리인, 도농업기술원, 농업기술센터 등 농업기관, 농협, 지자체 등
을 대상으로 하고 있다. 인증 대상은 식량작물, 채소, 과수, 특용작물, 쌀, 쌈채, 복숭
아, 참깨 등 41종이 2015년 인증제를 시범사업으로 추진하여 2019년 현재 동물복지
달걀 등을 포함한 다양한 축산물에까지 친환경 인증이 진행되고 있다.

　　바이오가스플랜트 열병합 발전기에서 돼지 분뇨를 이용한 전기와 열 생산 사례를
보면 저탄소 농업 기술을 잘 알 수 있다. 이 발전기 시설에서 돼지 분뇨를 산소가 없
는 공간에 모은 다음 혐기성소화라는 과정을 거치는데, 이 과정 중 미생물에 의해 분
해되는 메탄 발효 과정에서 전기와 열을 만들어 내고, 이러한 발전기를 통해 전기와
난방을 스스로 해결하는 마을을 스마트 마을이라 한다. 돼지 분뇨를 그대로 방치하
면 메탄과 아산화질소가 대기로 방출되고 이런 가스들이 지구 온난화를 만드는 힘은
이산화탄소에 비해 각각 21배 및 310배나 더 높은 것으로 알려져 있다. 이런 바이오
가스플랜트 열병합 발전기(combined heat & power: CHP)와 같은 에너지화 시설은
100개당 연간 양돈 분뇨 365만 톤을 처리할 수 있고, 연간 약 20만 톤의 온실가스를

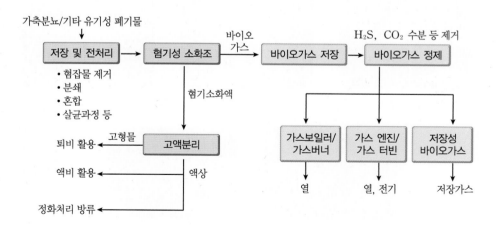

그림 5-2　바이오가스 생산공정 및 에너지 전환 개념도

자료: 김창현, 윤영만, 바이오가스 생산시설을 이용한 가축분뇨 자원화 연구동향, 농어촌공사, 2007

감축할 수 있다고 한다. 처리 과정을 거쳐 나온 축산 분뇨의 부산물은 좋은 퇴비로 활용하고 액체 성분은 유기농 액비로 사용할 수 있다.

저탄소 농축산물 인증 절차를 보면 인증기관의 장은 인증 심의 결과 적합 판정을 받은 품목에 대해 인증서를 교부하도록 되어 있고 인증 유효기간은 2년이다.

인증농업인은 인증 받은 농축산물에 대해 인증 표시를 하여야 하며 표시사항은 품목의 포장 또는 용기 등에 소비자가 쉽게 식별할 수 있는 위치에 표시하고 매년 1회 이상 사후 관리 결과에 따라 인증 취소 등 적합 조치를 받게 된다.

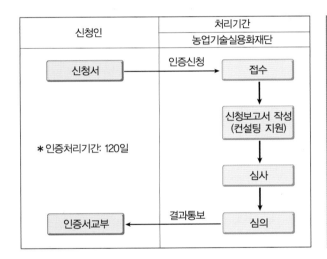

그림 5-3 저탄소 농축산물 인증 신청 절차 및 인증서의 예

자료: 2017 농림축산식품부 공고 제2017-18307호

저탄소 농축산물 인증에 의한 친환경 농산물로 대변되는 제철 농식품은 우리 농업의 생존력 강화와 소득 안정을 위한 농업 생산환경을 지키는 대안적 필수요소이자 국민 건강의 근간이 되는 산업으로 인식해야 할 중요한 부분이다. 또한 낮은 식량 자급률로 대부분의 먹을거리를 수입에 의존하는 현 상황에서 식량안보 차원에서 농가와 소비자가 서로 지속가능한 농업을 보호하기 위해서 저탄소 농축산물과 제철 농식품 관련 생산과 공급 체계 및 유통 환경 변화가 필요하다.

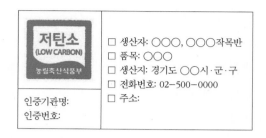

그림 5-4 저탄소 농축산물 인증표시 방법의 예
자료: 2017 농림축산식품부 공고 제2017-307호

2) 농식품 체계와 유통환경 변화

농식품 체계란 먹을거리가 생산, 가공되고 유통, 소비에 이르는 포괄적인 체계를 의미한다. 전통적 농식품 체계는 시대에 따라 변화하여 세계 농식품 체계로 대변되는 현대의 농식품 체계와 구별되고 있다. 전통적인 농식품 체계에서는 주로 지역 내에서 소비되는 농산물의 소규모 생산이 이루어졌고 먹을거리의 소비는 계절과 수확량의 영향을 크게 받았으며, 소비자의 지위에 따라서 선택이 제한되기도 하였다. 반면 현대의 농식품 체계에서는 계절에 관계없이 언제든지 쉽게 먹을거리를 접할 수 있으며, 지구 반대편에서 재배된 먹을거리들이 식탁을 가득 채우기도 한다. 지불 능력만 있다면 과거에 비해 다양한 먹을거리의 선택이 가능해진 것이다.

자본주의의 발전과 함께 등장한 현대의 세계 농식품 체계에서는 농업 생산을 공장에서의 제품 생산으로 보고 있으므로 공업과 같은 수준의 효율성과 합리성을 추구하는 산업형 농업이 중요하다. 산업형 농업에서는 시장 경쟁력을 확보하기 위한 전문화와 대규모 영농 규모 확대를 위한 단일 작물의 재배가 유리하며, 단위 면적당 많은 산출을 내기 위해 비료와 농약을 사용하거나 자본집약적이고 경쟁력 향상을 위한 산업형 농업 발전과 함께 유전자 조작 기술이나 동식물에 대한 성장호르몬의 주입 등이 이용되고 있다. 이러한 특징을 가진 산업형 농업의 증가는 세계 농식품 체계를 변화시켜 계절과 관계없이 국내에서 열대과일을 포함한 풍족하고 다양한 먹을거리를 접할 수 있도록 만들어준 반면, 지속가능성 측면에서 여러 문제를 발생시켰다.

산업형 농업에 의한 단일작물의 대규모 재배는 농산물의 대량생산을 이루어냈으나, 수급의 불균형으로 생산된 농산물의 가격이 크게 하락하거나 규모의 경제를 실현하지 못하는 소농은 도태되고 대농만 살아남게 되어 농업의 근간이 되는 가족농의 쇠퇴가 일어나기도 하였다. 지역 혹은 국가 내에서 부족한 양을 수입하고 남는 양을 수출·수입하기보다는 '식량 맞교환' 현상으로 먹을거리의 불필요한 수송과 처리 비용이 늘어나 총체적인 자원 낭비문제뿐 아니라, 농약과 비료에 대한 지나친 의존, 먹을거리의 장거리 수송과 대규모 식품가공으로 인한 온실가스의 배출, 대규모 단작화로 인한 지력 약화, 토양 황폐, 생물학적 및 유전학적 다양성의 약화 등 부정적 환경문제도 나타나고 있다. 또한 세계 농식품 체계는 비교우위의 농산물 생산을 집중시키면서 전통적으로 재배되던 작물보다 이윤이 되는 일부 작물이 주로 재배되고 이와 관련된 농사문화, 식문화도 변화하여 지역 고유 농업이 위축되고 농산물 생산의 다양성이 크게 줄어들게 되는 한편, 지역 향토 음식에도 부정적인 영향을 미치게 된다. 영농, 투입재, 농산물 소비 등 관련 지출이 지역 내에서 순환되지 않고 도시나 외국으로 빠져나가면서 농촌 경제가 불안해지고 농가들의 파산, 탈농, 이농 등의 문제가 생길 수도 있다. 우리 농식품의 경쟁력 제고와 국민건강을 위하여 친환경 제철 농산물 식품의 소비와 친환경 식생활 확대 방안 등을 강구하고 이를 위해 식생활 교육을 활용할 필요가 있다.

2. 제철 식품의 중요성

1) 온실가스 배출과 제철 식품

가까운 제철 농산물이 온실가스 배출을 억제할 수 있다. 제철에 생산되는 농산물을 선택하여 밥상을 차리면 자연스레 생산과정에서 석유, 전기, 가스 등이 필요 없으므로 온실가스(이산화탄소) 배출을 억제할 수 있다. 제철 농업 실천과 제철 농산물 선

표 5-1 노지재배와 가온(촉성)재배의 CO2 배출량 비교

구분	지역	노지재배(a)	가온재배(b)	(b / a)	b − a
토마토(1kg)	전국	42.0	1,948.1	46.4	1,906.2
오이(750g, 5개)	전국	50.8	1,584.7	31.2	1,534.0
참외(2kg)	전국	205.2	5,579.9	27.5	5,374.7
수박(7kg)	경남	461.3	7,346.1	14.5	6,838.3
고추(300g)	경남	201.7	1,943.7	9.6	1,742.1
딸기(1kg)	전국	189.6	9,069.1	47.8	8,879.5

자료: 농촌진흥청, 농축산물 소득자료(2010), 에너지관리공단, 탄소중립프로그램

택은 이산화탄소 배출을 억제하여 지구온난화를 막는 데 일조할 수 있다. 농촌진흥청 '농축산물 소득자료'에 나와 있는 품목별 광열동력 내용과 에너지관리공단의 '탄소중립프로그램'의 주요 에너지별 열량(순발열량) 및 이산화탄소 배출 계수 등을 기초자료로 하여 노지재배와 가온(촉성)재배의 이산화탄소 배출량을 시산하여 비교한 결과, 가온(촉성)재배가 노지재배에 비해 이산화탄소 배출량이 딸기와 토마토 40배 이상, 오이 30배 이상, 참외 20배 이상, 수박 10배 이상 더 많은 것으로 나타났다. 노지재배 딸기와 토마토 1kg을 선택하면 가온재배보다 이산화탄소 배출량을 8,880g과 1,906g을 줄일 수 있고, 노지재배 오이와 참외는 가온재배보다 1,534g과 5,375g 줄일 수 있다고 한다. 또 노지재배 수박과 고추는 가온재배보다 이산화탄소 배출량을 6,838g과 1,742 g을 줄일 수 있다고 한다.

2) 식량안보

식량을 자급하지 못한다는 것은, 삶의 기반을 외국에 의존하여 국제적으로 식량 위기가 닥치거나 식량 무기화 현상이 나타날 수도 있으므로 식량안보 차원에서도 식량 자급률을 높이는 것이 중요하다. 우리나라의 식량 자급률은 2009년대 56.2%에서 2014년 49.8%까지 떨어졌다. 곡물 자급률은 2017년 23.4%로 감소하였으며 쌀 자급률

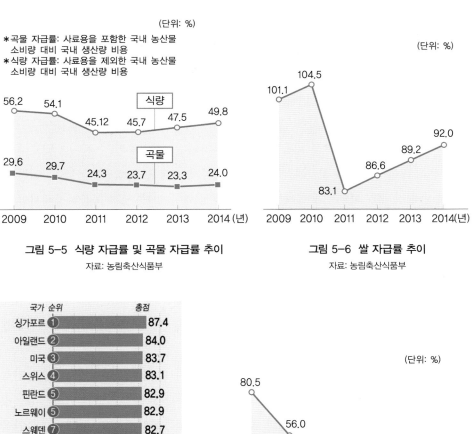

(단위: %)

* 곡물 자급률: 사료용을 포함한 국내 농산물 소비량 대비 국내 생산량 비용
* 식량 자급률: 사료용을 제외한 국내 농산물 소비량 대비 국내 생산량 비용

식량

56.2 54.1 45.12 45.7 47.5 49.8

곡물

29.6 29.7 24.3 23.7 23.3 24.0

2009 2010 2011 2012 2013 2014 (년)

그림 5-5 식량 자급률 및 곡물 자급률 추이

자료: 농림축산식품부

(단위: %)

101.1 104.5 83.1 86.6 89.2 92.0

2009 2010 2011 2012 2013 2014(년)

그림 5-6 쌀 자급률 추이

자료: 농림축산식품부

국가	순위	총점
싱가포르	①	87.4
아일랜드	②	84.0
미국	③	83.7
스위스	④	83.1
핀란드	⑤	82.9
노르웨이	⑤	82.9
스웨덴	⑦	82.7
캐나다	⑧	82.4
네덜란드	⑨	82.0
오스트리아	⑩	81.7
한국	㉙	73.6

0 20 40 60 80 100

그림 5-7 세계 식량안보지수 순위

자료: 이코노미스트 인텔리전스 유닛(EIU)

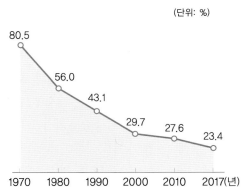

(단위: %)

80.5 56.0 43.1 29.7 27.6 23.4

1970 1980 1990 2000 2010 2017(년)

그림 5-8 우리나라의 곡물 자급률

자료: 농림축산식품부

은 2010년 104.5%에서 2011년 83.1%로 감소하고 2014년 92.0%로 서서히 증가하였다. 세계 경제를 이끄는 나라 7개국인 G7에 12개의 신흥국·주요경제국 및 유럽연합(EU)을 더한 20개의 국가 및 지역 모임인 G20 국가 중에서 한국의 식량안보지수는 100점 만점에 32.2점으로 16위이다.

곡물류 중 감자와 고구마, 쌀의 자급률은 비교적 양호한 상황이나 보리는 2010년부터 25% 아래로 떨어졌고 콩은 2013년 17.3%로 1984년 이후 최저치를 기록했다. 옥수수와 밀은 거의 전적으로 수입에 의존하는 실정으로 밀 자급률이 2013년에 0.7%를 기록하였다. 식량의 낮은 자급률은 곡류뿐 아니라 과일류(2012년 14.4%), 우유류(2012년 3.0%)에서도 눈에 띄게 감소했으며 이에 따라 2015년 식량 자급률 목표치를 설정한 바 있다. 일본은 곡물 자급률이 우리나라와 같이 최하위 수준으로 낮으나 해외 농업과 곡물유통망을 확보하여 우리나라에까지 곡물을 판매하는 이른바 식량 자주율 100% 이상을 확보하고 있다. 우리나라의 해외 농업과 세계 곡물시장에서의 선물거래 능력은 거의 제로 상태이다. 따라서 세계 식량위기가 닥치면 우리는 중남미나 아프리카 지역과 별반 다르지 않게 그 파고에 그대로 노출될 형편이다. 경제협력개발기구(經濟協力開發機構, Organization for Economic Co-operation and Development; OECD)가 한국을 식량안보 취약국으로 분류하고 경고하는 이유이다. 이에 우리는 현재 대단히 취약한 식량안보에 대한 중요성을 인식하고 식량자급실천 국민운동에 적극 참여할 필요가 있다.

한국의 식량안보에 당면한 현재의 위기를 개선하기 위해 국민이 실천해야 할 가장 중요하고 우선되어야 할 사항은 신선한 제철 음식과 근처 식품(지역 식품)을 먹는 것이다. 국내산 제철 농식품의 안전성과 품질을 높여 식품산업에 대한 소비자의 불안을 불식하고, 제철 식품 소비의 중요성과 생산 증대의 필요성을 국민에게 숙지시켜 식량 자급률을 향상시키는 것이 중요하다.

3. 제철 식품과 국민 건강

1) 영양 섭취와 제철 식품

우리나라는 사계절이 뚜렷하고 계절에 생산되는 제철 식품(계절 식품)은 가장 맛이 있고 영양가도 많으며 연중 가장 많이 출하되어 값이 싸서 경제적이다.

우리나라의 전통 식생활은 동물성과 식물성이 약 2:8의 비율로 구성되어 있다. 주식인 곡물로 탄수화물을 보충하고, 생일이나 잔치에 주로 먹던 적은 양의 고기로 단백질이나 지방을 보충했으며, 계절마다 제철 채소로 만든 많은 양의 채소 반찬으로 우리 몸에 필요한 비타민과 무기질, 식이섬유를 보충해 왔다.

오늘날 경제성장과 함께 식생활이 서구화되면서 비만 인구의 증가와 더불어 만성질환의 유병률이 날로 증가하고 있다. 이러한 질병유병률에 영향을 미치는 가장 큰 원인으로 열량, 지질, 당류 등의 과다 섭취와 비타민, 무기질 등의 부족 섭취 등 영양의 불균형을 초래하는 식생활의 요인들을 생각해볼 수 있다. 질병관리본부 국민건강영양조사 자료를 분석한 결과 영양소별 에너지 섭취율은 1969년의 경우 탄수화물 80.3%, 지방 7.2%, 단백질 12.5%였으나 2013년에는 탄수화물 64.1%, 지방 21.2%, 단백질 14.7%로 지방이 차지하는 비율이 3배로 늘었다. 최근 식생활의 변화를 찾아보면 탄수화물에 의한 에너지 섭취 비율은 점차 감소하고 있으며, 지질에 의한 에너지 섭취 비율은 점차 증가하고 있다. 이러한 추세가 이어진다면 에너지 적정비율에서 벗어날 수도 있을 것으로 우려된다. 이러한 변화는 탄수화물 급원인 곡류를 포함한 식물성 식품 섭취량은 감소한 반면에 지질 급원인 육류를 포함한 동물성 식품 섭취량은 증가하였기 때문으로 여겨진다. 과일이나 채소류가 재배되는 시기, 생선의 산란 시기 등 제철에 나오는 식품은 영양분이 풍부하고 다른 때보다도 맛이 뛰어나다고 알려져 있다. 2014년 영국 영양학 저널에 의하면 유기농 제철작물은 해충에 맞서는 성분인 페놀과 폴리페놀을 더 많이 만들게 되고, 그래서 항산화 화합물이 더 많이 생긴다고 한다. 그 결과 유기농 과일과 채소는 항산화제를 20~40% 정도 더 많이 함유하게 되므로 동일한 양으로 칼로리를 추가로 섭취하지 않으면서도 하루에 과일과 채소를 2인분 정도 더 먹는 효과가 생긴다. 항산화제 외에는 영양학적 장점이 과학적으로 밝혀진 것은 없으나, 항산화제가 많은 제철 식품은 영양 과잉이나 불균형 등이 원인이 될 수 있는 심장병, 암, 2형 당뇨병 등을 일으킬 수 있는 체내 산화 스트레스를 낮춰 준다는 점에서 의미가 있다.

2) 제철 식품의 종류와 영양

(1) 봄

봄이 되면 얼었던 땅이 녹으면서, 겨우내 추위 속에 웅크렸던 몸도 풀리며 춘곤증이 생기는데, 여기에 대비할 수 있도록 산과 들에는 쌉쌀한 맛이 도는 봄나물이 돋아난다. 3, 4, 5월에 밥상에 올려 원기를 돋울 수 있는 향긋한 봄나물은 건강상 여러 가지 장점이 있다.

냉이는 단백질과 칼슘, 철분과 비타민 A가 많아 영양분 부족으로 춘곤증을 경험하는 이들에게 최고의 봄 제철 식품이다. 또한 냉이는 '콜린' 성분이 다량 함유되어 있어서 간의 대사활동을 촉진시켜 간 기능도 향상시킬 수 있다. 둘째로는 산채의 제왕으로 불리는 두릅이 있다. 두릅은 단백질과 무기질, 비타민 C가 특히 많은 나물로 특유의 쓴맛을 내는 사포닌 성분이 들어 있어 건강에 매우 이롭다. 두릅의 효능으로는 혈액순환을 원활하게 돕기 때문에 피로 회복에 효과적이며, 위 기능을 향상시키기 때문에 위경련, 위궤양 등 위장질환에 좋다. 달래는 비타민 C를 포함하여 단백질, 지방, 무기질 등 다양한 영양소가 풍부히 들어 있고 특히 칼슘이 많아 혈관 건강과 동맥경화 관리에 좋다. 참취나물은 전국의 산에서 자생을 하기 때문에 가장 흔하게 볼 수 있는 나물로 칼륨이 매우 풍부하며 아미노산, 비타민 C처럼 영양분이 골고루 함유되어 있다. 근육통, 관절통, 요통, 두통에 효과적이며 칼륨이 많아 염분을 배출하는 효능도 있다. 만성기관지염처럼 인후 부위에 질환을 앓고 있는 사람들에게도 매우 좋다.

그 외 봄철에 수확하는 농산물로는 쑥, 민들레, 씀바귀, 질경이, 비름나물, 유채나물, 봄동, 원추리, 표고버섯, 산마늘, 가죽나물, 물쑥, 보리순, 다래순, 죽순, 고사리, 고비, 더덕, 돌미나리, 양파, 부추, 돌나물, 참나물, 양배추, 방풍나물, 톳, 풋마늘대, 마늘쫑, 순무, 원추리, 상추, 양상추, 머위잎, 죽순, 그린아스파라거스, 고구마순, 완두콩, 껍질콩, 더덕, 딸기, 앵두, 파, 껍질콩, 통밀, 통보리(보리현미) 등이 있다. 미국의 〈타임〉지는 10대 항암식품으로 마늘, 토마토, 녹차, 견과류, 콩, 양배추, 적포도주, 버섯, 생강, 해조류를 선정한 바 있다. 다양한 색깔의 채소와 과일에는 각종 비타민과 무기질뿐만 아니라 안토시아닌, 라이코펜, 베타카로틴, 플라보노이드, 이소플라본 등의 피토케미칼이 들어 있는데, 이들은 체내에서 항산화제, 암생성 및 발달 억제, 발암물질 해독

표 5-2 우리나라 대표 제철 식품

	봄(3, 4, 5월)	여름(6, 7, 8월)	가을(9, 10, 11월)	겨울(12, 1, 2월)
채소	달래·냉이(3, 4월), 쑥(3월), 두릅(4, 5월), 씀바귀(3, 4월), 양배추, 풋마늘, 더덕(1, 2, 3, 4월), 고사리, 파, 죽순, 봄동, 우엉(1, 2, 3월), 미나리, 부추, 취나물(3, 4, 5월)	가지, 감자(6, 7, 8, 9월), 고구마(8, 9, 10월) 복분자(6, 7, 8월), 깻잎, 도라지(7, 8월), 양파, 오이, 콩, 열무, 피망, 버섯류, 애호박, 부추, 양배추, 토마토·옥수수(7, 8, 9월), 참나물(8, 9월)	감자(6, 7, 8, 9월), 고구마(8, 9, 10월), 참나물(8, 9월), 당근, 토란, 은행(9월), 배추(11, 12월), 무·늙은호박(10, 11, 12월) 고구마줄기, 송이버섯, 양상추, 토마토·옥수수(7, 8, 9월)	배추(11, 12월), 무·늙은호박(10, 11, 12월), 당근, 우엉(1, 2, 3월), 더덕(1, 2, 3, 4월), 연근, 브로콜리, 시금치
과일	딸기(1, 2, 3, 4, 5월), 한라봉(12, 1, 2, 3월), 매실(5, 6월), 방울토마토	포도(8월), 자두(7, 8월), 매실(5, 6월), 수박(7, 8월), 참외(6, 7, 8월), 복숭아(7, 8월), 블루베리(7, 8, 9월)	은행(9월), 유자(11, 12월), 귤·석류(9, 10, 11, 12월), 감, 사과,(10, 11, 12월) 배(9, 10, 11월), 블루베리(7, 8, 9월)	귤·석류(9, 10, 11, 12월), 사과,(10, 11, 12월), 유자(11, 12월), 딸기(1, 2, 3, 4, 5월), 한라봉(12, 1, 2, 3월), 레몬
어패류	꽃게, 쭈꾸미(3, 4, 5월), 미더덕(4월), 멍게(5월), 다슬기(5, 6월), 조기, 굴비, 대합, 바지락(2, 3, 4월), 키조개(4, 5월), 참다랑어(4, 5, 6월), 붕어, 장어(5, 6월), 숭어, 소라(3, 4, 5, 6월), 꼬막·도미(11, 12, 1, 2, 3월)	장어(5, 6월), 다슬기(5, 6월), 전복(8, 9, 10월), 참다랑어(4, 5, 6월) 조기, 소라(3, 4, 5, 6월), 갈치(7, 8, 9, 10월), 우럭, 해파리, 성게, 해삼, 새조개	갈치(7, 8, 9, 10월), 게(9, 10월), 전복(8, 9, 10월), 고등어(9, 10, 11월), 굴·대하·광어·가자미(9, 10, 11, 12월), 오징어, 전어, 해삼·꽁치(10, 11월), 홍합(10, 11, 12월), 삼치(10, 11, 12, 1, 2월), 키조개, 미꾸라지, 임연수어, 꼬막·도미(11, 12, 1, 2, 3월), 가리비(11, 12월), 과매기(11, 12, 1월)	굴·대하·광어·가자미(9, 10, 11, 12월),, 홍합(10, 11, 12월), 삼치(10, 11, 12, 1, 2월), 가리비(11, 12월), 과매기(11, 12, 1월), 낙지, 대구, 명태(12, 1월), 아귀(12, 1, 2월), 가자미, 양미리, 병어, 재첩, 청어, 꼬막·도미(11, 12, 1, 2, 3월), 바지락(2, 3, 4월)

등의 기능을 한다.

채소나 과일뿐만 아니라 수산물도 제철에 먹으면 훨씬 맛도 좋고 영양도 풍부하다. 봄에 나는 수산물은 소라, 쭈꾸미, 꼬막, 바지락, 도미, 참다랑어, 미더덕, 키조개, 멍게, 장어, 다슬기 등이 있다. 한편 제철 식품의 영양성분이 풍부한 증거로서 봄철 식품의 계절별 영양소 함량을 비교하였을 시 사계절 중 봄철 딸기의 지방, 비타민 C, β-카로틴 함량이 가장 높게 나타났다고 보고된 바 있고, 부추의 경우 봄철 부추가 다른 계절 부추에 비해 수분, 단백질, 지방, 비타민 C의 함량이 가장 높게 나타났다고 보고되기도 하였다.

(2) 여름

여름은 무더위 속에 땀을 많이 흘리는 계절로 그에 맞춰 서늘한 기운을 지닌 식품들이 제철을 이루는데, 대표적인 것이 여름 과일이다. 초여름에는 매실, 복숭아, 토마토, 한여름에는 더위를 식혀 주는 참외와 포도, 수박이 나와 더위에 지친 몸을 시원하게 해준다. 수박과 참외는 90% 이상이 수분으로 갈증 해소와 해열에 좋다. 단맛을 내는 과당과 포도당, 비타민도 다량 함유되어 있어 피로 회복에 좋고 당분 흡수가 빨라 저혈당, 탈수 증상 치료에도 효과적이다.

수박의 베타카로틴, 라이코펜 성분은 암과 노화를 예방하는데 도움을 주고 시트룰린 성분은 이뇨작용을 활발히 해 노폐물 배출에 효과적이다. 복숭아는 흡연자에게 좋은 과일로 주석산, 사과산, 구연산 등 다양한 유기산이 있어 흡연 욕구를 감소시킬 뿐더러 니코틴 등 담배의 독 제거에 좋다. 식이섬유도 풍부해 변비를 해소하고 대장암 예방에도 효과가 있다. 포도는 포도씨에 풍부한 폴리페놀과 붉은 색소인 안토시아닌은 혈전이 생기는 것을 막아 심장질환과 뇌졸중 예방에 효과적이다. 또 피로 해소에도 좋은데, 특히 눈의 피로를 푸는 데 도움이 된다. 이 밖에 포도에는 펙틴, 타닌 등이 풍부해 장 운동 증진 효과가 있어 변비 해소에 탁월하다. 매실은 피로 회복에 효과적인 구연산이 많고, 식이섬유인 펙틴도 풍부하다. 매실은 산도가 높아 위장에서 살균작용을 하는 덕분에 식중독 예방에 좋다. 일본인이 생선회를 먹을 때 매실장아찌(우메보시)를 함께 먹는 이유도 여기에 있다. 자두는 말릴수록 비타민 A, B, E 등이 많아져 말려 먹으면 더 좋은 과일 중 하나이다. 말린 자두에는 심장 질환 예방에 효과적인 안토시아닌은 물론, 베타카로틴이 당근보다 더 많이 들어 있다. 칼슘, 철분이 많아 골다공증뿐 아니라 빈혈 치료에도 효과적이다.

과일뿐만 아니라 햇마늘, 가지, 깻잎, 콩잎, 고춧잎, 열무, 얼갈이, 상추, 당귀, 청경채, 고수, 오이, 노각, 가지, 애호박, 감자, 풋고추, 꽈리고추, 붉은고추, 미나리, 고구마줄기, 호박잎, 연잎, 피망, 파프리카, 아보카도, 부추, 감자, 머위대, 양상추, 양배추, 옥수수, 쪽파, 도라지, 개미취, 모시대와 같은 여름 채소는 여름에 떨어진 소화력을 높이고 수분 대사를 좋게 해준다. 보리나 녹두, 메밀과 같은 곡식도 여름 건강을 지켜주는 소중한 제철 음식이다.

(3) 가을

가을이 되면 오곡백과가 무르익고 날씨가 차츰 서늘해진다. 열매를 맺은 후의 천지 만물은 조금씩 움츠러들며 겨울을 대비한다. 사람의 몸과 마음도 자주 가라앉고 피부가 쉽게 거칠어지며 감기 같은 호흡기 질환에 잘 걸린다. 이럴 때는 가을이 제철인 잣이나 은행, 밤, 도라지, 무, 파, 버섯을 많이 먹으면 큰 도움이 된다.

은행은 당질, 지방질, 단백질이 풍부하며, 카로틴, 비타민, 칼슘, 철분이 많아 혈관 확장을 돕고 천식, 가래, 기침, 결핵 등 기관지 및 호흡기 질환에 효과적이다. 또한 혈액 노화 방지, 고혈압에 좋으며 감기 예방과 기력 회복에도 효과적이다. 버섯은 면역 기능 강화는 물론, 항암 효과와 각종 성인병 예방에 좋다. 단, 버섯은 습을 조절해주는 효능이 있어 마른 사람보다는 살집이 있으면서 몸이 무겁고 눕기를 좋아하는 사람에게 더 어울리는 재료이다. 밤은 기운을 도와주고 장과 위를 든든하게 하며 배고프지 않게 한다고 《본초학》에도 소개되어 있으며, 굵은 씨알 속에 여러 가지 영양소가 골고루 들어 있다. 체내에서 과다 발생한 활성산소를 제거해주며, 비타민 C가 풍부해 피부미용뿐 아니라 피로 완화, 감기 예방 등에도 효과가 있다. 가을이 제철인 연근 등의 뿌리채소는 우리의 몸을 따뜻하게 보호해준다.

과일로는 9월 말, 10월 중순이 제철인 감이 폐가 건조해지는 것을 막아주고, 가래를 삭히는 등의 효능이 있다. 배는 예로부터 속을 파내고 도라지와 꿀을 채운 후 중탕으로 달여 그 물을 약처럼 먹었을 만큼 감기 초기에는 이것만으로 가래와 기침이 가라앉고 몸 안의 열을 식힐 수 있다. 석류는 수렴 작용을 하여 이질, 설사, 대하, 하혈 등에 응용되어 왔는데, 최근 연구에서는 에스트로겐과 미네랄이 풍부해 노화를 예방해주는 것으로 밝혀져 큰 인기를 얻고 있다. 그 외 현미, 검은콩(서리태), 흰콩(메주콩), 강낭콩, 팥, 녹두, 수수, 율무, 조, 기장, 참깨, 들깨, 검은깨, 호도, 땅콩, 인삼, 더덕, 토란, 브로콜리, 샐러리, 아욱, 노지당근, 근대, 고구마, 단호박, 호박, 토란, 마, 양파, 홍고추, 사과, 대추, 도토리, 무화과, 국화도 빼놓을 수 없는 보약이다. 이런 식품들은 가을에 약해지기 쉬운 호흡기의 기능을 높이고 중풍과 같은 혈관 질환을 예방해 준다.

가을은 제철 수산물도 많이 나는 계절이다. '갯벌의 산삼'이라고 불리는 낙지는 기력이 부족해 일어나지 못하는 소에게 낙지 서너 마리만 먹이면 거뜬히 일어난다는 속설이 전해질 정도로 대표적인 스태미나 음식이다. 가을 보양식으로 꼽히는 대하는 고

단백 저칼로리 식품으로 피부 미용에도 좋고 칼로리도 높지 않아 특히 여성에게 인기가 좋다. 칼슘 함유량이 높아 골다공증 예방에 탁월한 한편, 껍질에 함유된 키토산은 노화 방지 효능도 있다. 가을 생선 중 가장 많이 알려진 전어는 DHA, EPA 등 불포화지방산이 풍부하여 동맥경화, 뇌졸중 등 성인병 예방에 효과적이고, 단백질이 분해되면서 생성되는 글루타민산과 핵산 또한 풍부하여 두뇌기능과 간기능 강화에도 효과적이다. 또 칼슘과 인의 함유량이 각각 100g당 210mg, 317mg으로 다른 생선에 비해 높은 편이고 비타민 D, E가 들어 있어 흡수율을 향상시키는 데다가 뼈째 먹을 수 있어 어린이들의 성장 촉진과 골다공증 예방에 도움을 준다. 미꾸라지는 타우린이 들어 있어 간장을 보호하고 혈압을 내리며 시력을 보호하는 작용을 하고, 불포화지방산 비율이 높아 성인병 예방에도 효과적이다. 전어와 마찬가지로 불포화지방산이 풍부하고, 뼈째 먹을 수 있어 칼슘의 급원으로도 매우 중요하다. 그 밖에 가을 제철 식품인 게, 고등어, 굴, 광어, 전복, 갈치, 해삼, 꽁치, 홍합, 삼치, 꼬막, 가리비, 과메기 등도 가을에 섭취하면 좋다.

(4) 겨울

겨울에는 기운이 서늘한 보리 대신 현미와 함께 조와 수수 같은 성질이 따뜻한 잡곡을 많이 먹는 것이 좋다. 채소도 잎채소보다는 가을에 거둔 뿌리채소를 많이 먹어야 몸이 따뜻해진다. 육류 또한 몸에 열을 내주기 때문에 다른 계절에 비해 좀 더 먹어도 된다. 겨울만 되면 몸이 냉해지거나 자주 감기에 걸리는 사람들은 조나 팥처럼 더운 성질의 곡식으로 죽을 쑤어 먹으면 좋다. 동짓날 찹쌀로 빚은 새알심을 넣은 팥죽을 먹는 풍습은 계절을 나는 지혜로운 풍습이다.

햇빛에 말린 묵나물이나 김장김치로 부족하기 쉬운 비타민을 보충하는 것 또한 매우 현명한 선택이다. 나물이나 채소는 보통 찬 성질이 있지만, 햇빛에 말리거나 소금에 절이면 몸을 따뜻하게 하는 식품으로 변하기 때문이다. 그러니 굳이 비닐하우스에서 재배한 채소를 찾을 필요가 없다.

겨울의 대표적인 과일은 귤, 유자, 한라봉 등이 있다. 귤은 팩틴 성분이 대량 함유되어 있어 담즙 배설을 촉진하는 효과가 있다. 간의 콜레스테롤 수치도 억제해주며 칼슘과 포타슘 성분은 혈압을 낮춰준다. 겨울철 귤은 비타민 C가 풍부하여 피부 노화 예방에도 효과가 있고 귤 껍질의 리모넨 성분은 보습 효과도 탁월하며 몸의 면역력을 강화시키고 스트레스도 완화시켜주는 효능이 있다.

이와 같이 계절에 따라 수확되는 제철 농식품에는 사람이 그 계절을 나는 데 필요한 기운과 영양이 골고루 담겨 있다. 제철 식품의 계절별 영양소 비교연구에서 여름 제철 식품의 영양성분을 비교하였을 때, 여름 오이 및 애호박에서 수분, β-카로틴 함량이 사계절 중 가장 높았으며, 버섯은 단백질 함량이 여름에 가장 높다고 보고되었다. 가을 및 겨울 식품의 계절별 영양소 함량을 비교하였을 때, 가을 및 겨울 사과, 배는 배추와 무 당근에서는 다량의 비타민 C와 β-카로틴, 소량의 단백질, 지방 함량이 제철인 가을 및 겨울에 가장 높게 나타났다. 겨울 식품인 귤, 시금치, 브로콜리는 비타민 C와 β-카로틴 함량 및 소량인 단백질, 지방 함량이 제철인 겨울에 가장 높았다고 보고되어 제철 식품을 섭취하는 것이 자체적으로 가장 영양가가 높은 때의 식품을 섭취하는 것이라 할 수 있겠다. 제철에 나지 않은 음식은 일단 생산되기 위해 농약이나 비료가 꼭 필요할 뿐 아니라 비닐하우스에서 재배한 것은 노지에서 태양에너지를 받으면서 자란 것과 달리 비닐을 한 겹 덮을 때마다 태양에너지로 인한 광합성 작용이 30%나 감소하기 때문에 제철이 아닌 때에 나오는 채소나 과일은 맛과 영양이 크게 떨어지는 데다가 가격 또한 비싸다. 반면에 제철 식품은 잘 이용하면 적은 비용으로 충분히 약이 되는 밥상을 차릴 수 있다. 따라서 제철 식품을 이용할 수 있도록 소비자의 제철 식품에 대한 교육 및 홍보, 접근성, 마케팅 등의 다각적 노력을 통하여 국민의 입맛과 건강을 지키는 것이 매우 중요하다.

4. 제철 농식품 소비 및 친환경 식생활 확대 방안

1) 시스템 구축

제철 농식품 사용은 국민건강 증진과 급변하는 농업환경의 안정화를 위해 필요한 요소이며 이의 사용 증대를 위하여 법령 정비, 전문 인력 충원, 체험공간 마련, 정보 제공 확산으로 구분하고, 각 부문의 연계를 통해 제철 농식품 사용 증대 방안을 위한 인프라 등의 시스템을 구축해야 한다.

친환경적인 제철 농산물의 인식에 대하여 여론조사를 하게 되면 "가장 좋은 농산물"이라는 응답이 가장 많은 비율을 차지하는데, 제철 농산물은 안전성이 기본적으로 확보한 농산물로써 일반적인 영양적 가치와 관능성에 대한 부분에 대해서는 소비자들의 인식과 비대칭성을 보이고 있음을 알 수 있다. 즉 소비자는 제철 농산물 구입 전 또는 구입 후에도 해당 품목이 가진 기능이나 효용을 확인 할 수 없고, 해당 농산물의 정보 보유량 또는 정보의 질(안전성과 환경성 등)은 오직 생산자만이 알 수 있다. 따라서 소비자가 알 수 있는 정보는 매우 제한적이므로 생산자와 소비자 간 관련 정보는 비대칭적이라 할 수 있다. 이에 제철 농식품 사용을 증대하여 지속가능한 제철 농식품 산업 구조 마련, 환경 개선에 기여, 국민 건강증진에 기여하는 것을 목표로 하여 건강한 사회와 지속가능한 푸드시스템을 구축할 필요가 있다.

2) 식생활 교육

제철 농산물에 대한 가치의 인식은 경험과 상당한 학습효과를 통해 이루어질 수 있으며, 특히 안전성과 영양적 가치 등은 제철 농산물을 구입한 후에도 소비자의 신뢰도 확보에 어려움이 있다. 소비자가 제철 식품을 직접 구매하는 경우 외관과 신선도에 대해서는 구매 전 확인이 가능하나, 맛, 영양가, 안전성, 친환경성에 대해서는 가격대비 그 효율성에 대한 정보가 매우 미흡하다고 볼 수 있다. 제철 농산물을 꾸러미 등으로 간접구매하는 경우 외관, 신선도조차도 정보가 미흡할 수 있어 제철 농산물에 대한 제품별, 시기적 정확한 정보와 교육이 없는 경우에는 제철 식품에 대한 확신과 재구매 의지를 가질 수 없을 수 있다. 이와 같은 경우에는 소비자, 구매요청자, 공급자의 눈높이에 맞는 지속적인 교육과 정보 제공이 필요하며 공급자(생산자 포함)와의 상호 소통과 상황적 협의가 매우 중요하다.

국민건강과 지구환경을 지키고 식량자급 기반을 넓히기 위해서는 먹거리 선택과 건강·농업·환경 문제의 밀접한 관계성을 소비자 의식 속에 체험적 식생활 교육을 통해 인식되도록 해야 한다. 세 살 버릇 여든까지 간다는 속담은 식습관에도 해당한다고 할 수 있다. 어려서부터 제철 식품을 이용한 음식을 편식하지 않고 고루 먹는 꾸준한 식습관 형성이 필요하며, 소비자와 생산자의 거리를 좁히면서 스스로 선택하는 먹을거리가 환경을 보호하고 식량자급 기반이 될 뿐 아니라 자신의 건강 유지·증진시켜 평생의 바람직한 식생활과 식습관의 형성이 될 수 있는 체계적 식생활 교육이 요구된다.

5. 제철 식품의 활용 우수 사례

1) 시절식 조리체험 교육

시식은 춘하추동 계절에 따라 나는 제철 식품으로 만드는 음식을 말하며 절식은 다달이 있는 명절에 차려 먹는 음식을 말한다. 우리나라 사람들은 명절과 생일 등 통과의례일에 차려 먹는 육류를 통해 양질의 단백질을 보충하였으며, 제철 식재료로 만든 떡, 제철 과일 등을 통해 탄수화물과 비타민 등 몸의 성장발달과 인체대사에 필요한 영양성분을 섭취하였다. 이러한 시식과 절식의 풍습은 사계절 자연의 변화에 순응하며 살아온 우리 민족 문화의 한 특징이기도 하다. 이와 같이 우리나라는 예로부터 표 5-3과 같은 24절기와 명절에 제철 식품을 이용하여 계절 감각을 살린 음식을 만들어 먹으면서, 음식과 약은 그 근원이 동일하다는 약식동원(藥食同源)의 의미를 담아 몸을 보양하였다.

최근 '제철 식재료에 대한 이해'를 주제로 제철 식재료의 특성에 대한 교육과 다양한 종류의 제철 음식(밥, 나물, 김치, 떡, 음료, 세시음식 등) 조리 체험이 농림축산식품부의 식생활 교육 지정기관에서 진행되고 있기도 하다.

표 5-3 한국의 시절과 시절식

월	명절 및 절후 명	음식의 종류
1월	설날	떡국, 만두, 편육, 전유어, 육회, 느름적, 떡찜, 잡채 배추김치, 장김치, 약식, 정과, 식혜, 수정과, 강정, 시루떡 세찬상
	정월 대보름	오곡밥, 9가지 묵은 나물(여름 더위를 타지 않음), 김구이나 배추 삶아 밥쌈(복쌈: 1년간의 복을 싸서 밖으로 흩어지지 않게 함), 귀밝이술(청주 한 잔을 데우지 않고 마셔 1년 내내 귀가 밝기를 기원), 약식, 유밀과, 원소병, 부름, 나박김치
2월	중화절(2월 1일)	노비의 날 송편 만들어 노비에게 나이만큼 주었던 날
	한식: 동지부터 105일째 양력 4월 4, 5일	찬 음식 먹는 날 메밀국수 약주, 생실과(밤, 대추, 건시), 포 (육포, 어포), 절편 등으로 다례드림
	입춘: 음력 12월말 정월 초, 양력 2월 4, 5일	오신반: 눈 밑에서 갓난 파 갓 당귀(승검초) 순무(무) 생강의 채소 무친 매콤한 나물 – 비타민 보충 춘곤증 이김
3월	삼짓날 음력 3월 3일 (성묘일)	약주, 생실과(밤, 대추, 건시), 포(육포, 어포), 절편 화전(진달래), 조기면, 탕평채, 화면, 진달래화채
4월	초파일 (석가탄일)	느티떡, 쑥떡, 국화적, 양 색 주 약, 생실과, 숭어회 화채(가련수정과, 순채, 책면), 도미회, 미나리강회, 도미찜
곡우	음력 3월 중	비 내려 못자리 내는날 나무에 물올라 위장병에 좋은 고로쇠수액 즐김 알배기조기, 봄조개는 가을 낙지라는 대합탕 도미전 등 민물고기회 혹은 탕
5월	단오(5월 5일)	1년 중 가장 양기 왕성한 날 여름시작 증편, 수리취떡, 생실과, 앵두편, 앵도화채, 제호탕(갈증해소한방음료) 창포, 준치만두, 준치국
6월	유두(6월 보름) 동쪽으로 흐르는 물에 머리 감는다는 뜻 물맞이	수단(水團), 건단(乾團), 유두면, 상화병(霜花餅), 연병(連餅), 수교위, 밀쌈 밀가루로 만든 유두면 먹으면 여름 내내 더위를 먹지 않는다고 함
7월	칠석(7월 7일)	깨절편, 밀국수 밀전병, 조악, 규아상, 흰 떡국, 깻국탕, 영계찜, 어채, 생실과(참외), 참외
	백중날(7월 15일)	일손 놓고 쉬는 날 채소, 과일, 술, 밥 등 100가지 실과 차리고 초연 행사함
	삼복	증편, 봉숭아화채, 복죽, 개장국, 장엇국, 육개장, 삼계탕, 임자수탕, 개고기 등 더운 음식 여름 한더위에 먹고 이열치열로 몸을 다스림
8월	한가위(8월 보름)	토란탕, 가리찜(닭찜), 송이산적, 잡채, 햅쌀밥, 배숙, 김구이, 나물, 생실과, 송편, 밤단자, 배화채
9월	중양절(9월 9일) 가장 큰 양수인 9가 중복	삼짓날 왔던 제비 강남 가는 날, 국화주, 국화전, 화채, 양고기면, 꽃떡, 특히 면은 백면, 가을의 정취를 더해주는 계절의 풍요로움으로 오락 위주
10월	무오일	무시루떡, 감국전, 무오병, 유자화채, 생실과, 단군이 하늘 문을 열고, 세상으로 내려와 우리 민족의 조상이 되었다는 달, 10월은 상달이라 하여 1년 중 가장 좋은 달로 생각, 10월 상달의 떡은 추수 감사의 뜻이 담긴 절식, 대추, 감, 밤도 저장하여 두면서 겨울 채비

(계속)

월	명절 및 절후 명	음식의 종류
11월	동지(양력 12월 22, 23일)	1년 중 밤이 가장 길고, 낮이 가장 짧은 날, 아세 또는 작은 설이라 부르기도 함, 동지 팥죽을 쑤어 먹어야 나이를 한 살 더 먹는다고 함 팥죽, 동치미, 생실과, 경단, 식혜, 수정과
12월	그 믐	골무병, 조약, 정가, 잡과, 식혜, 수정과, 떡국, 만두, 골동반(비빔밥), 완자탕, 갖은 전골, 장김치, 섣달 그믐날 저녁에 남은 음식을 해를 넘기지 않는다는 뜻으로 비빔밥을 만들어 먹음

자료: 김혜영, 푸드 코디네이션 개론, 효일

2) 학교 급식에 제철 농식품 활용

제철 농식품은 학교 급식에서도 활발히 활용되고 있다. 나주시에서 2003년 9월 전국 최초로 학교 급식 조례를 제정한 이후 전국적인 학교 급식 조례제정운동으로 확대되었고, 2008년 말 현재 전국 광역자치단체와 기초자치단체 230곳에서 관련 조례가 제정·시행되어, 2004년부터 지역 내 모든 초·중고교에 지역산 친환경 식재료를 현물 공급하는 데 지원하고 있다. 2008년 말 지원 대상은 보육시설과 유치원을 포함하여 모두 122개 학교에 지원 대상 학생 수는 약 1만 5천 명이었고 2011년에는 학교급식의 제철 농식품으로서 친환경 농산물 식재료비에 9억 8천만 원을 지원한 바 있으며 이는 현재까지 꾸준히 증가하고 있다.

3) 농산물 꾸러미

농산물 꾸러미는 제철 농산물을 직접 소비자에게 보내주는 시스템으로 농가에서 발송 품목을 주도적으로 꾸린다는 점이 기존 농산물 직거래와 가장 큰 차이점이다. 농산물 꾸러미에는 기본 채소는 물론이고 제철에 나는 특별한 먹거리가 담겨 있으며 달걀과 두부, 제철 채소 6~10종 선에서 꾸러미를 꾸리는데, 소량 다품종 구성이라 다양한 채소를 맛볼 수 있다. 제철 채소라 채소 본연의 풍미를 느낄 수 있는데다 영양가도 풍부하여 이유식 하는 아기가 있는 가정에서 재구매율이 높다. 농산물 꾸러미는 대개 회원제로 운영되며, 가격은 대형마트 친환경 코너의 농산물보다는 저렴하고, 일반 채소보다는 조금 비싼 수준이다. 농산물 꾸러미는 유기농, 저농약, 무농약 친환경 재배를 기본 원칙으로 하지만 농민들이 복잡한 서류를 작성하며 유기농 인증 절차를 받는 것이 어려워 유기농 인증을 받지 못한 곳도 많다. 유기농 인증 비용은 지자체에서 전액 지원해주는 방식 대부분이다. 서류상의 인증보다는 사람간의 신뢰를 바

꾸러미 업체

건강밥상꾸러미(www.hilocalfood.com)

전북 완주군에서 운영하는 꾸러미. 지방자치단체에서 발 벗고 나서 시작한 꾸러미 사업으로 모범적인 케이스로 손꼽힌다. 3, 6, 12개월 단위로 받는 꾸러미와 1개월 단위로 받아보는 꾸러미가 있다. 유정란, 두부, 콩나물 등과 제철 채소 8~12가지를 기본 구성으로 하며, 여기에다 각종 곡류, 가공류(떡국 떡, 가래떡, 조청, 누룽지) 등을 연중 계획에 맞춰 보내준다.

흙살림 연구소(www.heuk.or.kr)

우리나라 민간 최초의 친환경 유기농 업체인 흙살림에서 만든 꾸러미로 지난 2009년 꾸러미 사업을 시작해 최근 2~3년새 빠른 성장세를 보이고 있다. 콩나물, 감자, 무항생제 방사 유정란 등 친환경 유기농산물로 이루어진 생활꾸러미와 친환경 과일을 모은 과일 꾸러미, 친환경 쌀과 토종 잡곡 세트로 구성된 쌀꾸러미 등 다양한 아이템을 다룬다.

백화골 푸른밥상(naturefarm.tistory.com)

전북 장수의 귀농 부부가 운영하는 채소 꾸러미로 지난 2006년도부터 일찍이 유기농산물 제철 꾸러미 가족회원제를 운영해오고 있다. 2000평 밭을 일구며 110여 가족 회원을 둔 농가로 소박하면서도 정감어린 꾸러미라는 평을 받으며 꾸준히 단골 회원을 늘려가고 있다. 우프(WWOOF; wiling Workers On Organic Farms) 농가로 선정되어 소비자가 직접 방문해볼 수 있는 것도 특징이다. 우프 농가란 유기농 농장에서 일손을 도와주는 대신 숙식을 제공받는 것을 말한다. 농가는 일손이 생기고 여행자는 적당한 노동을 경험하면서 색다른 문화 체험도 할 수 있다. 세계적으로 조직된 네트워크라 한국 농촌을 경험하고 싶어 하는 외국인도 많이 찾는다.

언니네 텃밭(www.sistersgarden.org/)

2009년 여성농민회 주도로 발족한 텃밭 꾸러미 공동체이다. 친환경재배로 생산된 제철농산물과 자연을 파괴하지 않는 전통적인 자연채취 방식으로 이루어진 먹거리, 두부, 유정란을 비롯한 건강 먹거리를 제공한다. 곡류, 간식류, 반찬류 등이 적절히 조합된 꾸러미로 주 4회 제철 먹거리를 배송받는다. 도시 소비자에게 건강한 먹거리를 제공하는 것은 물론, 정기적인 소비자 교육과 농촌체험을 통해 농업 농촌에 대한 이해도 돕고 있다.

탕으로 하며 실제로 어느 지역의 누가 무엇을 재배하는지 농부의 실명과 연락처까지 있는 데다 소비자가 생산자의 마을을 방문할 수 있는 시스템도 마련되어 있어 믿고 구입한다.

채소 꾸러미를 이용하면 당장 필요한 먹거리가 어느 정도 확보되기 때문에 과소비를 줄일 수 있고 생산자와 소비자 간의 직거래 방식이기 때문에 그해 작황이 다소 좋지 않더라도 중간 상인이나 유통업체를 거치는 단계가 적어 가격 변동으로부터도 안정적인 구조이기도 한 장점이 있다. 농산물 꾸러미는 지난 2009~2010년경 조금씩 보급되기 시작해 최근 널리 알려졌으며 소비자와 생산자, 도시와 농촌을 잇는 중간 고리 역할은 농민단체나 지방자치단체가 맡고 있다. 농산물 꾸러미는 오랜 시간 생산자와 소비자 간에 쌓인 탄탄한 신뢰를 바탕으로 생산 농가와 소비자의 직접적 소통과 관계를 기반으로 한 먹거리로 통하며 제철 농식품의 긍정적 활용 사례가 되고 있다.

4) 농가맛집

농가맛집은 농촌진흥청에서 지원하는 농촌형 외식사업장으로, 지역 농산물을 활용, 음식관광 활성화를 위한 향토음식 지원화 사업으로 선정된 곳을 말한다. 농가맛집의 정보는 농업기술포털인 농사로의 웹사이트(http://www.nongsaro.go.kr/portal/ps/psz/psza/contentMain.ps?menuId=PS03968&pageUnit=8)에 잘 나와 있다.

사회환경과 식생활 및 식품 소비의 메가트렌드 변화는 외식 및 간편식 선호, 건강식 친환경 기능성 식품 선호, 디자인, 브랜드 품격 중시, 농식품 생산자와 소비자를 연결하는 식문화 공간, 제공받는 가치에 대한 합당한 지불, 스마트폰에 의한 소비자 참여 보편화의 특징을 가지고 농가맛집은 그 성장을 거듭하는 실정이다. 친환경 농가맛집의 대표적인 음식철학은 농경문화에서의 상부상조 정신과 화합정신을 표현하고 향토음식과 전통적 식문화를 많은 사람에게 알리고자 하는 사명감으로 운영된다.

5) 국외 사례

제철 농식품의 소비자 직거래는 국내뿐 아니라 국외에서도 생산자에게 소득 안정과 증대에 기여하고 한편으로는 농업 환경에 대한 관심과 재인식의 기회로 교육적인 효과도 크다. 또, 농산물을 단순히 사고파는 것만이 아닌 이를 통해 지역공동체의 정신과 문화를 이해하고 참여할 수 있는 하나의 문화의 장이 되고 있다.

슬로푸드 운동을 시작한 이탈리아에서는 '그로서란트(Grocerant)'의 운영을 통해 제철 식품의 소비를 장려하고 있다. 슬로푸드란 국가별·지역별 특성에 맞는 다양한 전통음식이나 자연의 순리에 따라 제철에 생산한 먹을거리를 총칭한다. 슬로푸드를 중심으로 1986년에 전통음식 보존 등의 가치를 내걸고 미각의 즐거움을 강조하는 슬로푸드 운동을 시작한 이탈리아에서는 최근 바쁜 직장생활과 외식의 증가로 신선한 제철 식재료(그로서리)와 음식점(레스토랑)을 결합한 그로서란트에서 식사를 해결하는 경우가 늘어나고 있다. 그로서란트는 레스토랑과 식료품 가게로 나뉜 식품·유통 업계가 하나로 합쳐지는 새로운 비즈니스 모델로서 환경오염과 유전자 변형 농산물에 대한 우려 때문에 내가 먹는 식품에 대해 더 정확히 알고 싶어하는 성향이 강한 젊은 세대들을 중심으로 그 수요가 전 세계적으로 증가하고 있다. 그로서란트는 편리한 환경 속에서 친환경 양질의 식자재를 이용한 음식을 생산하는 과정을 고객이 직접 볼 수 있다는 장점이 있다. 이탈리아에서 시작한 '먹다(Eat)'와 '이탈리아(Italy)'를 합친 '이탈리(Eataly)'라고 하는 그로서란트는 우리나라와 미국을 포함한 전 세계에 약 39 개 매장이 성공적으로 운영되고 있다. 기존의 유기농 제철 식재료를 판매하는 미국 최대의 친환경 식품 유통체인 홀푸드(Whole Foods)에서 식료품 판매와 레스토랑 비율이 3 대 1인 것과는 달리 이탈리는 1 대 3 정도로, 식사 기능의 레스토랑의 비중이

그로서란트

식료품점인 그로서리(Grocery)와 레스토랑(Restaurant)의 합성어로 다양한 친환경 식재료를 판매하고, 그 식재료를 이용한 음식을 맛볼 수 있는 신개념 식문화 공간이다. 장보기와 식사를 한 장소에서 해결할 수 있다.

더 크다.

친환경, 건강 지향적 식품 선호도가 증가하는 미국에서는 1970년대 후반부터 생산자와 소비자의 직거래가 나타났고 지역에 따라 제철 농식품의 구매가 가능한 '파머스마켓'의 직거래 장터가 꾸준히 증가하고 있다. 미국 농무부에 의하면 파머스마켓은 1994년 1,755개에서 해마다 증가하여 2010년 3월 6,132개에 이르렀고 이는 2009년에 비해 16% 증가한 수치이며, 매출액은 2005년 이후 매년 10억 달러 이상이 거래되고 있다. 제철 농식품의 직거래 장터가 각광받으면서 꾸준히 증가하는 것은 무엇보다 소비자에게 신선하고 질 좋은 농산물을 빠르게 제공할 수 있기 때문이다. 가격경쟁 측면에서는 직거래를 통하여 중간상인의 마진을 없애고 소비자와 생산자 모두에게 경제적 혜택이 된다는 장점도 있다. 또한, 세계 최대 온라인 몰인 아마존이 2017년 미국을 대표하는 친환경 슈퍼마켓인 홀푸드마켓을 매수 합병했다. 변화하는 식재료 외식 시장 트렌드에 맞게 아마존의 고객 분석 능력과 물류 시스템 활용으로 홀푸드마켓의 유기농 친환경 식품들이 훨씬 경쟁력 있는 가격으로 소비자에게 다가가며 증가하는 외식 및 건강 관심 증가 트렌드에 잘 대응하고 있다.

제철 농식품을 이용한 친환경 식생활은 국내외적으로 활발하게 진행되고 있으며 소비자는 출처가 분명한 신선하고 안심할 수 있는 농산물을 구입하여 자신과 가족의 건강을 지키고자 한다. 다양한 친환경 식재료를 생산자가 직접 판매하고, 그 식재료를 이용한 음식을 동일한 장소에서 맛볼 수 있는 건강친화적인 레스토랑 등의 수요가 증가하면서 생산자와 소비자가 직접 교류를 통해 지역농업의 발전을 가져올 수 있을 뿐 아니라 식량안보 차원에서 식량 자급률을 높일 수 있고 더 나아가 지구 환경보존과 지역공동체의 발전을 기대할 수 있다.

저염, 저당, 저지방의 식사 관리

적절한 영양 섭취는 영양 부족을 막을 수 있을 뿐 아니라 영양 과잉으로 인한 비만이나 만성질환을 예방할 수 있다. 이를 위해서는 다양한 식품을 선택하여 적절한 양을 섭취하고 균형 잡힌 식생활을 실천해야 한다. 현대인은 달고 짜게 먹는 식습관과 지방과 기름의 함량이 높은 음식을 선호하는 경향으로 인해 고혈압, 당뇨, 비만 등 다양한 만성질환에 시달리고 있다. 잘못된 식습관에서 기인한 질병들은 식습관을 개선하면 발병과 진행을 예방할 수 있다. 그러므로 건전한 식생활을 누리기 위해 우리가 일상적으로 먹는 식품과 그 식품에 함유된 영양소가 건강에 미치는 효과를 올바른 지식으로 습득하는 것이 중요하다. 본 장에서는 나트륨, 당, 지방의 기능, 적정섭취량 및 섭취 실태를 알아보고, 저염, 저당, 저지방의 식사 관리 방법에 대해 살펴보기로 한다.

1. 나트륨

나트륨은 우리가 음식을 통해 매일 섭취하는 소금인 염화나트륨의 구성성분이다. 소금은 나트륨과 염소가 4:6의 비율로 구성되어 있어 소금 1g을 섭취하면 나트륨 약 400mg을 섭취하게 된다. 소금은 우리 몸에 없어서는 안 될 필수 영양소이다. 고대의 역사를 살펴보면, 소금은 매우 귀한 물질이었고 소금을 급여로 받기도 하였다. 소금을 얻기 위해 교역로가 발달하였으며, 전쟁을 하기도 하였다. 그러나 지금은 매우 흔하고, 가공식품의 발달로 사람들은 점점 지나친 양을 섭취하게 되었다.

1) 나트륨의 기능

우리가 섭취한 나트륨은 대부분 흡수되어 세포외액에서 수분 평형과 산·염기 평형을 이루는 데 중요한 역할을 한다. 이 외에도 근육 수축, 신경 전달, 글루코오스와 같은 영양소의 흡수에 관여한다.

식품에 나트륨을 첨가하면 풍미를 증진시키고 음식의 조직을 변화시키며 보존성을 높여 준다. 따라서 자연식품은 나트륨 함량이 낮은 데 비해, 가공식품은 나트륨 함량이 높다. 우리가 섭취하는 나트륨의 약 90% 이상이 가공식품과 외식 음식에서 온다.

2) 나트륨과 건강 문제

(1) 고혈압
일반적으로 나트륨을 많이 섭취하면 혈압이 높아지며, 나트륨 섭취량을 줄이면 혈압을 낮출 수 있다. 혈압을 정상 범위로 유지하는 것은 심혈관 질환, 뇌졸중, 신장 질환 등을 예방하는 데 매우 중요하다.

(2) 골다공증
체내에서 나트륨이 배설될 때에 칼슘과 함께 배설되므로 골다공증의 위험이 높아진다.

(3) 심혈관 질환, 뇌혈관 질환
나트륨의 과다 섭취는 고혈압뿐 아니라 고혈압으로 인하여 혈관에 손상이 생기면서 심혈관 질환, 뇌혈관 질환 등의 발생을 높이는 데 영향을 준다.

(4) 위암
나트륨은 위점막을 자극하여 위염을 일으키고, 만성위염은 위암으로 발전되기 쉽다.

(5) 만성신부전
고혈압으로 신장의 모세혈관이 망가지면서 신장 기능이 쇠퇴한다.

그림 6-1 나트륨 함량 음식 순위

3) 나트륨 함유식품

나트륨은 자연식품보다 가공식품에 많이 들어 있다. 자연식품 중 쌀, 과일, 채소, 콩류, 육류에는 매우 적은 양이 들어 있으며, 그 다음으로는 달걀, 어패류, 우유 등의 순이다. 가공식품을 만들거나 조리할 때에 나트륨을 많이 첨가하므로, 우리가 섭취하는 대부분의 나트륨은 가공식품이나 조리식품에서 온다. 또한 가정에서의 식사나 단체급식보다 외식의 나트륨 함량이 높다. 외식 음식 중에서는 짬뽕, 우동, 간장게장, 열무냉면, 김치우동, 쇠고기육개장 등의 국물 음식에 나트륨이 많이 함유되어 있다.

그림 6-2 나트륨 배출에 좋은 음식

4) 적절한 섭취량 및 섭취 실태

소금은 나트륨과 염소 이온으로 이루어져 있으며, 소금의 약 40%가 나트륨이다. 즉 1작은술(5g)의 소금은 약 2g의 나트륨을 포함하고 있다. 나트륨의 충분섭취량은 1,500mg이지만 우리는 이보다 훨씬 많이 섭취하기 때문에 영양소 섭취기준에서는 2,000mg을 목표섭취량으로 정하였다(보건복지부, 2015).

2018년 국민건강영양조사 결과에 따르면, 우리나라 국민의 평균 나트륨 섭취량은 3,240mg으로 2008년도 4,610mg와 비교하여 많이 줄었으나, 아직까지도 목표섭취량인 2,000mg의 약 1.5배를 섭취하고 있다.

5) 나트륨 섭취를 줄이는 방법

(1) 식품 선택 시

- 국, 찌개, 탕류 등은 국물에 나트륨이 많으므로 국물보다 건더기 위주로 먹는다.
- 식품을 가공할 때 나트륨이 첨가되므로 가공식품보다는 자연식품을 선택한다.
- 양념에 재운 고기나 만들어 파는 반찬 구입을 줄인다.
- 나트륨 함량이 많은 다음의 식품들은 적게 섭취한다.
  - 된장, 고추장 등 나트륨 함량이 높은 양념류
  - 나트륨 함량이 높은 김치류, 젓갈류
  - 햄, 소시지, 베이컨 등의 훈제육류
  - 캔에 들어 있는 참치, 연어 등의 어류나 채소
  - 감자칩, 크래커 등의 짠 스낵
  - 피클, 올리브와 같이 소금물에 담겨 있는 식품
  - 가공치즈

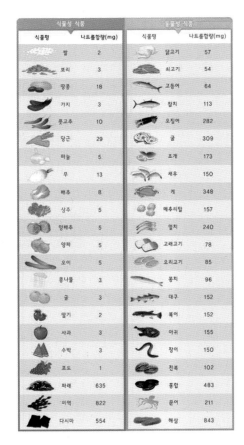

식물성 식품		동물성 식품	
식품명	나트륨함량(mg)	식품명	나트륨함량(mg)
쌀	2	닭고기	57
보리	3	쇠고기	54
땅콩	18	고등어	64
가지	3	참치	113
풋고추	10	오징어	282
당근	29	굴	309
마늘	5	조개	173
무	13	새우	150
배추	8	게	348
상추	5	메추리알	157
양배추	5	멸치	240
양파	5	고래고기	78
오이	5	오리고기	85
콩나물	3	꽁치	96
귤	3	대구	152
딸기	2	북어	152
사과	3	아귀	155
수박	3	장어	150
포도	1	전복	102
파래	635	홍합	483
미역	822	문어	211
다시마	554	해삼	843

그림 6-3 자연식품 100g에 포함된 나트륨 함량
자료: 보건복지부, 2014 국민건강통계

　－ 별도로 제공되는 양념류 및 소스류

- 영양 표시를 보고 나트륨 함량이 적은 식품(저나트륨 식품)을 선택한다.
- 견과류는 소금이 들어가지 않은 것을 선택한다.
- 과일, 채소, 우유는 나트륨 배출을 도와주므로 충분히 섭취한다.

(2) 조리 시 또는 음식 섭취 시

- 조리 시 소금이나 조미료를 많이 넣지 않는다.
  - 국물의 맛을 돋울 수 있는 천연조미료(강황가루, 버섯가루, 멸치가루, 북어가루 등)를 사용한다.
  - 고기 양념에 소금, 간장을 줄이고, 매실청, 과일즙 등을 이용한다.
- 간은 조리 후에 한다.
  - 끓고 있는 상태에서는 짠맛을 느낄 수가 없어 짜게 조리될 수 있으므로 식사에 내놓기 전에 간을 한다(짠맛 인지 가능 온도 17~42℃).
- 김치는 되도록 싱겁게 만들어 먹는다.
- 저염간장, 저염된장 등을 이용하여 조리한다.

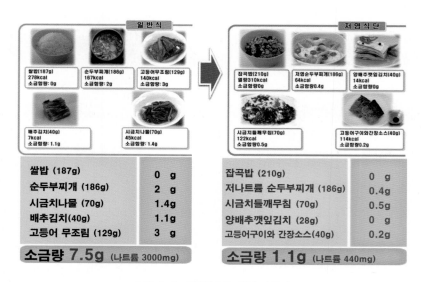

그림 6-4　저염식으로 식단 바꾸기

(100g당 Na 함량)

그림 6-5 나트륨 섭취를 줄이는 다양한 조리법

- 소금 대신 허브나 다른 향신료(후추, 카레 등)를 이용하여 조리한다.
- 비빔밥, 쌈류, 생선구이 등을 제공할 때 양념장은 따로 준비한다.
- 가공식품을 덜 먹는다.
- 염분이 많은 음식(절임음식, 젓갈류, 인스턴트 등)은 채소와 함께 먹거나 적게 먹는다.
- 외식을 줄인다.
- 외식 시 음식을 주문할 때 싱겁게 만들어 달라고 요청한다.

2. 당

1) 당류의 정의

당류(sugars)란 탄수화물 중에서 단맛을 가진 단당류와 이당류의 합을 일컫는 말로, 물에 녹아 단맛을 내는 특징이 있다. 유사한 개념으로 총 당류(total sugars)는 식품에 존재하는 천연당(natural sugar)과 가공, 조리 시에 첨가한 첨가당(added sugar)

을 합친 것을 의미한다. 유리당(free sugar)은 가공, 조리 시에 첨가되는 단당류, 이당류와 꿀, 시럽, 과일주스에 존재하는 당을 의미한다. 천연식품 중에는 과일과 우유에 당류가 많이 들어 있으며, 음료, 가공식품에는 첨가당이 많이 들어 있다.

2) 당류의 기능

일반적으로 우리가 섭취하는 총 에너지의 50~70%는 탄수화물이 차지하며 1g당 4kcal의 에너지를 공급한다. 특히 뇌는 포도당만을 에너지원으로 사용한다. 당은 주로 간과 근육에 저장되며 많은 양의 당을 섭취 시 지방으로 전환되는 과정을 겪는다. 당류는 달콤한 맛으로 인해 음식을 맛있게 느끼게 한다. 잼을 만들 때에 첨가하는 것은 당도를 높여 미생물의 성장을 억제한다. 초절임, 과일식초 등 산도가 높은 음식에 넣으면 산과 균형을 맞추어 맛을 좋게 한다. 당류는 식품의 조직에도 영향을 주어 빵을 만들 때에는 수분을 조절하여 더 오랫동안 신선함을 유지시킨다. 또, 빵이나 과자의 조직을 좀 더 부드럽게 해준다. 이스트의 먹이가 되어 빵이 잘 부풀게 도와주기도 한다.

3) 당류의 건강 문제

(1) 충치

당류는 적은 양이라도 자주 먹을수록, 입 안에 오래 머물수록 충치의 위험이 커진다. 구강 내 세균은 당류를 잘게 잘라서 산성 물질을 만들고, 산성은 치아의 에나멜 표면을 녹여 구멍이 나게 한다. 캐러멜과 같은 끈적끈적한 식품은 치아에 붙어서 세균이 지속적으로 작용할 수 있도록 하며 탄산음료나 스포츠 음료, 오렌지 주스 등은 음료 자체가 산성이므로 치아의 에나멜 침식을 더욱 촉진한다. 충치를 예방하기 위해서 불소가 함유된 치약을 사용하거나 치아의 불소 도포 등의 방법이 있기는 하나, 단 음식을 섭취한 직후 양치질하는 것을 생활화하는 것이 중요하다.

(2) 비만

첨가당의 섭취가 증가하면 비만의 위험이 높다. 당류가 첨가된 음료를 많이 섭취하는 어린이와 청소년은 적게 섭취하는 어린이들에 비해 체중이 많이 나간다. 당류가 첨가된 음료는 높은 칼로리를 제공하지만, 필수 영양소는 적게 제공한다. 또한 비만은 고혈압, 고지혈증, 심장 질환, 뇌졸중, 당뇨병 등의 위험요인이 된다.

(3) 당뇨병 및 대사증후군

당뇨병은 체내에서 탄수화물의 대사가 정상적으로 일어나지 않는 질환이다. 연구 결과에 의하면 당 첨가 음료를 섭취하면 혈당이 매우 빨리 상승하고 당뇨병 발생의 위험도가 증가한다. 혈당지수(GI: glycemic index)란 식품 섭취 후 혈당 상승 정도를 나타낸 것으로 혈당지수가 낮을수록 당뇨병 환자에게 좋다. 즉 백미나 흰 빵에 비해 잡곡밥이나 전곡류 빵을 섭취하는 것이 혈당 상승 정도를 감소시킬 수 있으므로 GI가 낮은 식품을 선택하여 섭취하도록 한다. 당류를 많이 섭취할 경우 에너지를 생성하고 남은 과잉의 당은 지방 합성에 사용되므로 혈중 중성지방이 높아지기도 한다. 이는 심장 질환의 위험요인이 될 수 있으며, 대사증후군 발생위험도도 증가하는 것으로 보고되었다. 고지혈증을 포함한 대사증후군 예방을 위해 탄수화물은 총 열량의 60% 전후로 섭취하는 것이 좋으며, 이때 단순당보다는 복합당 형태의 당을 섭취한다.

(4) 유당불내증

유당이 함유된 우유나 유제품 등을 섭취했을 때 복통, 설사, 가스 등을 유발하는

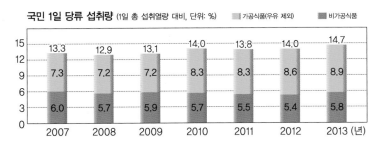

그림 6-6 국민 1일 당류 섭취량

자료: 식품의약품안전처

것으로 락타아제(lactase)가 결핍되거나 퇴화되어 유당이 소화 흡수되지 못해 생기는 증상이다. 유당불내증의 경우 우유 섭취를 금지하거나 락타아제가 처리된 우유를 섭취한다. 우유에는 유당 외에도 칼슘, 비타민 B_2, 단백질 등의 영양소가 풍부하므로 우유를 따뜻하게 조금씩 다른 음식과 함께 섭취한 후 증상을 관찰하고, 증상이 완화되면 양을 늘려나간다.

4) 당류의 적정섭취량 및 섭취 실태

2015년 영양소 섭취기준에서는 총 당류 섭취량을 총 에너지 섭취량의 10~20%로 제한하고, 특히 첨가당은 총 에너지 섭취량의 10% 이내로 섭취하도록 권장한다. 총 당류의 에너지 섭취비율이 20% 이상인 집단에서는 단백질, 지방질, 나트륨, 니아신의 섭취가 유의적으로 감소하고 대사증후군의 위험도가 증가하였다.

1일 평균 당류 섭취량은 2007년 59.6g에서 2013년 72.1g으로 연평균 3.5% 증가하였고, 가공식품을 통한 섭취량은 2007년 33.1g에서 2013년 44.7g으로 연평균 5.8% 증가하였다. 국민 평균 당류 섭취량은 아직 섭취기준을 초과하지 않았으나 증가 추세에 있고, 어린이·청소년·청년층(3~29세)의 가공식품을 통한 당류 섭취량은 이미 기준을 초과한 상태이다.

2013년 국민건강영양조사 결과를 활용하여 우리나라 사람들의 당류 섭취량을 평가한 결과, 총 당류 섭취의 주요 급원식품은 가공식품으로 주요 급원은 음료류, 빵·과자·떡류·설탕 및 기타 당류 순이었고, 음료류 중 주요 급원은 탄산음료, 과일·채소음료, 커피 순이었다. 당류 섭취 중 과일을 통한 섭취량은 점점 감소 추세에 있는 반면(2007년 27.5% → 2013년 21.9%), 음료류를 통한 섭취량은 증가하고 있다(2007년 14.6% → 2013년 19.3%).

5) 당류 섭취를 줄이는 방법

(1) 간식 선택 시

간식으로 섭취하는 가공식품, 즉 과자류, 음료류, 아이스크림, 빵류, 초콜릿류 등에는 당이 많이 첨가되어 있다. 따라서 과일이나 고구마, 옥수수 등의 자연식품을 섭취하는 것이 좋다. 가공식품 중에서 간식을 선택할 때에는 영양 표시에 있는 열량과 당류의 함량을 확인하여 함량이 낮은 것을 선택하는 습관을 갖는다. 식품의약품안전처에서는 고열량 저영양 식품의 기준을 정하여 확인할 수 있도록 하고 있다. 또한 다음과 같이 당이 적은 식품으로 대체하여 섭취하는 것이 바람직하다.

- 탄산음료, 과채음료 등 당을 첨가한 음료수 대신 물을 섭취한다.
- 신선한 식재료를 사용하여 본연의 맛을 살려 조리한다.
- 과일맛 우유 등의 당을 첨가한 우유보다는 흰 우유를 선택한다.
- 통조림 과일이나 과일주스보다는 생과일을 섭취한다.
- 가공식품을 구입할 때는 당류의 함량을 꼭 확인하여 당 함량이 적은 식품을 선택한다.

영양정보	총 내용량 640 g(80 g X 8컵) 1컵 (80 g)당 65 kcal	
1컵당	1일 영양성분 기준치에 대한 비율	총 내용량 당
나트륨 60 mg	3%	480 mg 24%
탄수화물 9 g	3%	72 g 22%
당류 6 g	6%	48 g 48%
지방 1.9 g	4%	15.2 g 28%
트랜스지방 0 g		0 g
포화지방 1.2 g	8%	9.6 g 64%
콜레스테롤 10 mg	3%	80 mg 27%
단백질 3 g	5%	24 g 44%
칼슘 100 mg	14%	800 mg 114%

1일 영양성분 기준치에 대한 비율(%)은 2,000 kcal 기준이므로 개인의 필요 열량에 따라 다를 수 있습니다.

그림 6-7 영양정보의 예

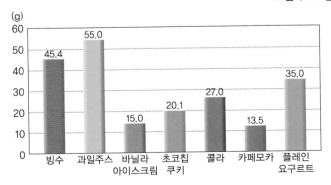

그림 6-8 음식별 1회 분량에 담긴 당 함량

자료: 식품의약품안전처

(2) 조리 시 또는 음식 섭취 시

- 신선한 식재료를 사용하여 본연의 맛을 살려 조리한다.
- 조리 시에는 당의 함량을 줄인다.

혈당지수

- 혈당지수(Glycemic index, GI)는 음식 섭취 후 혈당 증가치를 같은 양의 포도당의 혈당 증가치와 비교하여 백분율로 나타낸 수치이다.
- 포도당 50g을 섭취한 후 2시간 내 혈당 상승 값을 100으로 했을 때, 식품별로 탄수화물 50g이 포함된 양을 섭취한 후 2시간 동안의 혈당 상승 값을 포도당과 비교한 수치이다.
  (저혈당 지수 식품: 55 이하, 중간혈당 지수 식품: 55~69, 고혈당 지수 식품: 70 이상)
- 당지수가 높은 음식은 당의 체내 흡수 속도가 빨라 이를 에너지화하는 속도도 빠르며, 이때 남는 에너지가 지방으로 축적된다. 당지수가 높은 음식을 섭취할 경우 공복감이 빨리 찾아와 과식을 초래할 수 있다.
- 당지수가 낮은 음식은 혈당을 천천히 높이기 때문에 인슐린이 천천히 분비되게 함으로써 식욕을 억제시키고 포만감을 느끼게 한다.

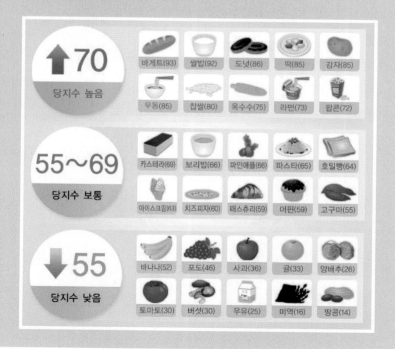

– 설탕을 물엿이나 올리고당으로 바꾸어 같은 양을 사용한다.
- 올리고당 사용 시 조리의 마지막에 첨가한다.
- 설탕 대신 단맛을 가진 양파, 파프리카, 단호박, 고구마, 대추, 사과, 배 등의 식재료를 사용한다.
- 음식을 설탕을 찍어 먹지 않는다.
- 커피나 차를 마실 때 설탕을 적게 넣는다.
- 음식의 단맛은 상대적으로 상온에서 더욱 달게 느끼므로 따뜻하게 배식한다.
- 케첩 등의 소스는 음식에 직접 부어 배식하지 않고 찍어 먹을 수 있도록 한다.

3. 지방

1) 지방의 정의

물에는 녹지 않고 유기 용매에 녹는 물질을 지방이라고 하며, 상온에서 고체 형태인 지방(fat)과 액체 형태인 기름(oil)이 있다. 최근 식생활이 서구화되면서 비만, 암, 동맥경화증 등의 만성 퇴행성 질환이 증가하고 있는데 이는 지방의 섭취 증가와 관련이 있다. 따라서 지방을 적절히 섭취하고 섭취하는 지방의 종류에도 관심을 두어야 한다.

2) 지방의 기능

지방은 다른 영양소에 비해 단위 무게당 제공하는 에너지가 높아(9kcal) 매우 효율적인 에너지 영양소이다. 피하지방은 추위로부터 우리 몸을 보호하며, 장기를 둘러싸고 있어 외부 충격에서 보호해준다. 세포막의 주요 성분인 인지방질을 구성하여 세포

표 6-1 지방의 종류

	특징	분류
지방산	• 지방의 구성성분 • 지방산의 길이 및 이중결합 위치에 따라 종류가 다양	• 길이에 따라: 짧은사슬지방산, 중간사슬지방산, 긴사슬지방산 • 이중결합 수에 따라: 포화지방산, 불포화지방산, 다가불포화지방산 • 이중결합 위치에 따라: ω9 지방산, ω6 지방산, ω3 지방산
중성지방	지방산은 대부분 글리세롤과 결합하고 있음	
인지질	지방산, 글리세롤, 인산이 결합하며 여기에 염기가 연결되어 있는 형태	연결된 염기에 따라: 포스파티딜세린, 포스파티딜에탄올아민, 소프사티딜콜린(레시틴), 포스파티딜이노시톨
콜레스테롤	동물 조직에서 널리 발견되며 특히 뇌, 신경조직에 높은 농도로 존재	섭취하는 동물성 식품에서 얻거나 신체 내에서 새롭게 합성되는 형태

막의 유동성과 탄력성에 기여한다. 또한 지용성 비타민은 지질에 녹아 있는 상태로 소화 흡수되므로, 지방의 섭취가 적어지면 흡수율도 저하된다. 지방질 중 리놀레산, 리놀렌산 등 필수지방산은 프로스타글란딘의 전구체로 작용하여 발열, 통증, 염증, 혈액 응고 등에 중요한 기능을 한다. 지방은 탄수화물이나 단백질보다 위장관을 통과하는 시간이 길어서 포만감을 주며, 독특한 질감을 주고 맛과 향미를 제공한다.

3) 지방의 건강 문제

(1) 비만

비만은 체지방의 과잉 축적으로 발생한다. 지질은 같은 양의 탄수화물이나 단백질에 비해 2배 이상의 에너지를 공급하기 때문에 비만은 고지방 식사와 관련이 있다. 비만은 세계적인 건강 문제이며 심혈관계 질환, 제2형 당뇨병, 암과 같은 여러 질환의 발병과 관련이 있다.

(2) 고지혈증

혈액 중에 중성지방이나 콜레스테롤 등 지질 성분의 농도가 높은 상태를 의미하며 고지혈증 자체가 질병은 아니더라도 고혈압이나 심혈관계 질환의 발생에 매우 밀접한 관련이 있어 문제가 된다. 한국인은 서양인에 비해 동물성 식품 섭취 비율이 낮아서 지질 섭취량도 낮으나, 탄수화물 위주의 과잉 당질 섭취로 인해 고지혈증의 비율이 증가하고 있다.

(3) 동맥경화증 및 심근경색

혈액 중에 중성지방이나 콜레스테롤이 많으면 혈액의 점도가 커져서 혈류가 느려지고, 콜레스테롤은 혈관내막과 비정상적으로 가까이 접촉하여 혈관벽에 축적된다. 특히 동맥내벽에 콜레스테롤 플라그가 축적되면 혈관의 내강이 점차 좁아지며 동맥벽은 두꺼워지고 단단해져서 혈관의 유연성이 떨어져 동맥경화가 발생한다. 이러한 상태가 더 심화되어 심장근육에 산소가 제대로 공급되지 않을 경우에는 심근경색이나 심장마비가 발생된다. 또한 뇌혈관의 내경이 좁아지면서 압력이 증가하여 혈관이 파열되면 뇌출혈이나 뇌졸중이 발생된다.

(4) 암

비만은 유방암과 대장암의 위험을 증가시킨다. 비만은 고지방, 특히 동물성 지방 섭취와 관련이 있다.

4) 지방의 적정섭취량 및 섭취 실태

조리할 때 음식에 지방을 첨가하면 질감이 부드러워지고 지용성 물질인 향미 성분이 지방에 녹기 때문에 풍미가 좋아진다. 식사를 통해 적당한 지질을 섭취하는 것은 건강 유지에 도움이 된다. 우리나라에서는 총 에너지 섭취량의 20%를 지질에서 섭취하고 총 에너지 섭취량의 1~2%에 해당하는 양을 필수지방산으로 섭취할 것을 권장한다. 또한 $\omega-6:\omega-3$ 지방산의 섭취 비율은 4~10:1이 되도록 권장하고 있다. 식품

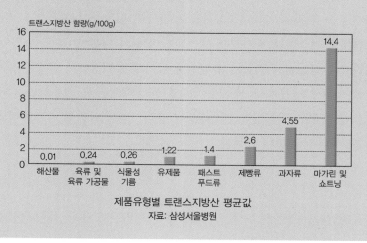

트랜스지방산

- 자연계에 존재하는 대부분의 불포화지방산은 시스 형태이다. 그러나 불포화지방산이 함유된 식물성 기름으로 마가린이나 쇼트닝을 만드는 과정 중에 수소첨가반응을 시키는데, 이때 트랜스 형태의 지방산이 형성된다.
- 트랜스 지방은 동맥경화를 일으키는 위험인자인 LDL-콜레스테롤의 혈중농도를 높이는 반면, 좋은 콜레스테롤인 HDL-콜레스테롤의 농도는 감소시켜 관상동맥질환이나 동맥경화 등의 질환을 더욱 악화시킬 수 있다.
- 세계 보건기구에서는 트랜스지방을 전체 에너지 섭취량의 1% 미만으로 섭취하도록 권고하고 있으며, 우리나라에서도 트랜스지방 섭취 감소를 위해 정부 차원의 관리 정책을 마련하여 트랜스지방 저감화를 추진 중에 있다.

제품유형별 트랜스지방산 평균값
자료: 삼성서울병원

의약품안전처에서 정한 지방의 하루 섭취 권장량은 51g으로, 2016~2017년 국민건강영양조사 결과에 따르면 19세 이상 성인이 하루 평균 지방섭취량은 46.1g으로 남자는 53.9g, 여자는 38.3g으로 남녀 간 15.6g 차이가 났다. 총 에너지 대비 섭취 비율로 보았을 때 성인은 하루 전체 칼로리의 약 21%를 지방으로 충당했고, 이 중 6.4%는 포화지방, 6.7%는 단일불포화지방, 5.2%는 다중불포화지방으로부터 얻었다.

　남녀 모두 연령이 낮아질수록 총 에너지 대비 지방 섭취의 적정비율을 초과하여 섭취하는 인구 비율이 높았고, 19~29세 그룹에서는 약 30%가 적정비율을 초과하는 것으로 나타났다. 65세 이상 노인의 경우, 적정비율 미만으로 총 지방을 섭취하고 있었다.

5) 지방의 섭취를 줄이는 방법

식품 중의 지질은 유지류 외에 우유, 소시지, 호두, 치즈, 달걀 등 상당량의 지질을 함유하고 있는 비가시지방 식품에 매우 많다. 따라서 지방이 함유된 식품을 잘 구분하여 선택하는 것이 필요하다.

(1) 식품 선택 시
- 가공식품보다는 가능한 한 자연식품을 선택한다.
- 가공식품은 포장지에 있는 영양성분 표시에서 지방 함량을 반드시 확인한다.
- 간식은 열량이 낮은 채소, 과일, 저지방 우유 등을 이용한다.
- 저지방 육류나 저지방 생선을 선택한다.
- 음식을 조리할 때 마가린은 사용하지 않는다.
- 기름에 튀긴 음식은 조금만 먹는다.
- 외식을 할 때는 지방의 함량이 적은 메뉴(한식 등)를 선택한다.

(2) 조리 시 또는 음식 섭취 시
- 기름은 반드시 양을 재서 사용하는 습관을 갖는다.
- 기름이 많이 들어가는 조리법은 피하고 굽거나 찌는 조리법을 선택한다.
- 소스는 기름 양을 조절하여 만들어 사용하고, 되도록 살짝 뿌려 먹는다.
- 고지방 소스(마요네즈 등)는 사용하지 않는다.
- 팬을 뜨겁게 달군 후 물을 약간 넣고 볶으면 소량의 기름으로 조리를 할 수 있다.
- 튀김을 할 때에 낮은 온도에서는 재료에 기름이 많이 흡수되므로 적당한 온도에서 튀긴다.
- 전, 튀김 조리 후 종이를 이용하여 표면에 묻은 기름을 충분히 제거한다.

CHAPTER 7

식품의 색과 건강

식품의 색은 우리의 식욕과 관련되며 음식의 소비 행동과도 연결된다. 빨간색은 맵고 자극적인 색으로 식욕을 느끼게 하고, 노란색은 시고 달콤한 느낌과 함께 식욕을 촉진한다. 초록색은 시원한 채소를 연상하게 하는 반면, 검은색과 파란색은 식욕을 억제한다. 이 외에도 식품의 색은 신선도와 건강과도 연관된다. 다양한 색으로 구성된 '컬러 푸드(color food)'의 섭취가 건강의 유지 및 증진에 도움이 된다는 많은 보고가 있다. 컬러 푸드가 주목 받게 된 것은 채소, 과일, 일부 곡류 등에 함유된 다양한 색 성분들이 식생활 관련 만성질환의 예방 및 개선에 도움이 된다는 보고에서 비롯된다. 세계보건기구(WHO)는 하루에 최소한 400g 이상의 과일과 채소를 섭취해야 심장 질환과 일부 암 등을 낮출 수 있다고 권고하였고, 1990년대 초반 미국에서는 매일 채소와 과일 5가지를 섭취하자는 캠페인 'Eat 5 a Day'가 전개되었다.

한국은 예로부터 여러 가지 산채류의 조리기술이 발달하였으며, 오색을 기초로 한 조리법이 계승되어 오고 있다. 한국의 전통음식은 색의 조화에 기반을 둔 시각적으로 아름다운 음식이며 영양학적으로 균형 잡힌 우수한 음식으로 인정받고 있다.

그림 7-1 채소 · 과일 캠페인 'Eat 5 a Day'와 한국의 비빔밥

우리가 섭취하는 식품 중 단백질 급원인 닭고기, 생선, 돼지고기, 쇠고기 등의 동물성 식품은 주로 흰색이나 분홍색 또는 붉은색을 띤다. 반면에 과일류, 채소류, 콩류, 일부 곡류 등 식물성 식품의 색은 빨간색, 주황색, 노란색, 초록색, 파란색, 청색, 보라색, 흰색, 검은색 등 다양한 색을 가진다. 채소, 과일, 곡류 등에 함유된 성분들 중에는 건강 유지에 영향을 주는 비영양소(non-nutrients) 성분들이 있는데, 이를 파이토케미컬(phytochemicals)이라고 한다. 파이토케미컬은 색과 연관된 색소 성분이 많으

며 면역 증강 및 질환 예방 등에도 밀접하게 연관되어 있다.

1. 파이토케미컬

파이토케미컬(phytochemicals)은 식물에 함유된 성분들 중에서 우리의 건강에 유익한 생리활성 성분을 말한다. 접두어 '파이토(phyto-)'는 그리스어로 식물을 뜻하고 '케미컬(chemical)'은 화학 성분을 의미한다. 이들 성분은 대부분 식물의 2차 대사산물로, 해충이나 주변의 동물 또는 자외선으로부터 스스로 보호하기 위해 만들어진 방어물질(phytoalexin)이다. 일부 영양학자들은 제7의 영양소라고 하지만 섭취하지 않을 경우 결핍증이 나타나지 않아 공식적으로 아직 영양소에 포함되지 않는다. 그러나 건강의 유지 및 면역의 증진과 관련된 유익한 생리활성 물질이며, 다양한 색과 관련된 특성이 있다. 현재까지 약 1만 종류의 성분들이 밝혀졌으나 아직도 밝혀지지 않은 성분들이 많이 있어 향후 다양한 연구가 필요하다.

1) 파이토케미컬의 종류와 건강

파이토케미컬은 화학 구조의 특성에 따라 알칼로이드(alkaloids), 베탈레인(betalains), 파이토스테롤(phytosterols), 폴리페놀(polyphenols), 황함유 화합물(sulphur compounds), 터펜류(terpenes) 등으로 나뉜다.

(1) 알칼로이드
알칼로이드는 질소를 함유한 염기성 유기화합물질로, 커피와 차에 함유된 카페인(caffeine), 후추의 피페린(piperine), 초콜릿의 테오브로민(theobromine) 등이 대표적인 성분이다. 이들 성분은 신체의 대사기능에 관여하는 것으로 알려져 있다. 카페인은 각성 효과와 수면 억제 효과가 있어 커피나 차의 섭취를 통하여 공부나 일의 작업

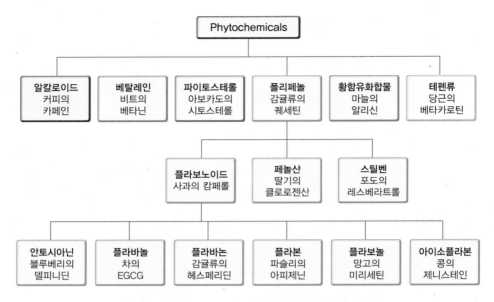

그림 7-2 파이토케미컬의 종류 및 대표적 식품과 성분

시에 집중력을 향상시킬 수 있다. 그러나 많은 양의 카페인을 섭취하면 불면, 신경과민, 초조, 빠른 심박수 등의 부작용이 생길 수 있으므로 FDA에서는 하루 400mg(커피 약 4~5잔 분량) 이하의 섭취를 제안하였고, 개인의 신진대사 능력에 따라 조절해야 한다고 보고하였다. 미국 소아과 학회(American Academy of Pediatrics)에서는 어린이와 청소년은 카페인 섭취에 대하여 주의가 필요하다고 하였다.

(2) 베탈레인

베탈레인은 꽃과 일부 채소의 노란색과 빨간색의 색소 성분이다. 빨간색 비트(beet)의 베타닌(betanin)과 노란색 용과(dragon fruit)에 함유된 인디카잔틴(indicaxanthin) 등이 대표적으로 잘 알려진 파이토케미컬 성분이다. 이들 성분은 항산화 작용이 있으며, 혈압을 낮추고 산화로부터 LDL-cholesterol의 손상을 보호한다는 보고가 있다. 또한 동물실험에서 베타닌의 섭취는 혈당 조절 및 간 손상 보호 작용과 연관된다고 알려져 있다.

(3) 파이토스테롤

파이토스테롤은 콜레스테롤 및 여성 호르몬인 에스트로겐(17 beta-estradiol)과 유사한 구조를 지닌다. 다양한 식물의 씨앗과 효모나 버섯 등에서 발견되는데, 완두 콩과 민들레의 코우메스테롤(coumesterol), 아보카도의 베타-시토스테롤(beta-sitosterol), 견과류의 캄페스테롤(campesterol), 버섯류의 에르고스테롤(ergosterol) 등이 대표적이다. 이들 성분은 체내에서 콜레스테롤의 소장 내 흡수에 영향을 주며, 여성호르몬인 에스트로겐과 그 수용체의 상호작용에도 영향을 끼친다. 파이토스테롤은 동물 실험에서 암세포의 사멸을 촉진시키며, 일부 암의 발전 위험을 낮출 수 있다는 보고도 있다.

(4) 황함유 화합물

황함유 화합물은 외부의 유해한 곤충의 공격으로부터 자신을 보호하기 위하여 식물 내에서 생성한 황함유 성분이지만, 식품으로 섭취하였을 경우 건강 증진에 영향을 주는 성분이다. 마늘의 알리신(allicin), 무의 알릴이소티오시아네이트(allylisothiocyanate), 브로컬리와 양배추의 설포라판(sulforaphane) 등이 대표적이다. 생마늘이나 양파를 칼로 얇게 썰거나 입에 넣어 씹으면 매운 느낌을 강하게 느끼지만 가열조리 후에는 매운 성질이 사라지게 된다. 이는 가열에 의하여 이들 식품 내에 함유된 효소 알리네이즈(allinase)가 불활성화되기 때문이다. 황함유 화합물은 항산화작용, 항균작용, 항암작용 및 면역력 증진과 연관된다는 보고가 있다.

(5) 폴리페놀

폴리페놀은 6개의 탄소가 링 구조(ring structure)를 형성한 페놀(phenol) 화합물이 하나 또는 그 이상 결합한 구조적 특징을 가지며, 페놀산(phenolic acid), 플라보노이드, 스틸벤(stilbenes) 등으로 나뉜다. 페놀산의 대표적 물질로는 베리류의 클로로젠산(chlorogenic acid), 바닐라의 바닐산(vallic acid), 커피의 카페산(caffeic acid) 등이 있다. 이들 페놀산은 인체 내에서 항산화작용, 항균작용, 항염작용, 항암작용, 항당뇨 효과 등이 있다고 알려져 있다. 플라보노이드는 흰색이나 무색의 안토잔틴(anthoxanthins)과 다양한 색을 나타내는 안토시아닌(anthocyanins)으로 나눌 수 있다. 스틸벤도 폴리페놀의 구조를 가지며, 대표적 물질로 포도 껍질의 레스베라트롤 (resveratrol)이 알려져 있다. 이 물질은 항산화작용, 항암작용, 항염증작용 및 장수 유전자의 활성과 연관된다는 보고가 있다. 강황의 커큐민(curcumin)과 생강의 진저 롤(ginerol) 등도 모두 페놀에 속한다. 탄닌(tannins)은 고분자의 폴리페놀이며, 이들 모두는 건강 증진과 연관된다.

(6) 터펜류

터펜류는 지용성의 특성을 갖는 넓은 그룹의 식물성 생리활성 작용을 가지는 파이 토케미컬 물질이다. 구조적 특징은 탄소 5개로 구성된 아이소프렌(isoprene)의 2분자 또는 그 이상이 중합된 형태이며, 모노터펜(monoterpenes, C10), 세스퀴터펜 (sesquiterpenes, C15), 디터펜(diterpenes, C20), 세스터펜(sesterpenes, C25), 트리터 펜(triterpenes, C30), 테트라터펜(tertraterpenes, C40) 등으로 나뉜다. 특히, 모노터펜 은 탄소 10개로 이루어진 구조로 분자 구조가 작아 천연향료에서 주성분으로 작용한 다. 장미의 정유 성분인 제라니올(geraniol), 감귤향의 리모넨(linonene), 솔향의 파이 넨(alpha-pinene) 등과 같은 상쾌한 향기 성분이 대표적이다. 또한, 트리터펜과 테트 라터펜의 분자구조를 지닌 콩과 퀴노아의 사포닌, 아마란씨의 스쿠알렌, 토마토의 리 코펜, 당근의 베타카로틴 등의 성분은 항산화작용, 항염작용, 항균작용 등이 있어 심 장 질환 예방, 노화 지연 등과 연관된다.

2. 식품의 색과 파이토케미컬

파이토케미컬은 식물성 식품의 색과 향미에 영향을 주며, 인체의 면역력 향상과 건 강 유지에도 관여하는 유익한 성분이다. 이들 성분의 특성은 구조적 차이에 따라 분 류할 수도 있으나, 색의 차이에 따라 구분할 수도 있다. 식품의 색에 따른 대표적 식 품과 그 기능 및 함유된 파이토케미컬 성분이 표 7-1에 정리되어 있다.

표 7-1 식품의 색과 기능 및 대표적 파이토케미컬

색	식품	기능	대표적 파이토케미컬
빨간색	토마토, 사과, 체리, 석류, 고추, 비트, 수박 등	항산화, 노화방지, 심장 건강, 폐암 예방, 동맥경화 예방 등	라이코펜, 안토시아닌, 베탈레인 등
주황색, 노란색	당근, 오렌지, 귤, 복숭아, 망고, 고구마 등	항산화, 면역력 강화, 눈 건강, 항암 효과 등	카로틴, 잔토필 등
	카레, 바나나, 단호박, 옥수수, 유자, 레몬, 파인애플 등	항산화, 항균, 항염효과, 면역력 증강, 항암효과, 혈액개선 등	커큐민, 카로틴, 잔로필 등
초록색	양상추, 브로콜리, 오이, 시금치, 부추, 키위 등	장건강, 체내 유해물질 배출, 폐의 노폐물 제거 등	클로로필, 설포라판 등
보라색	가지, 블루베리, 포도, 적양배추, 자색고구마 등	항산화작용, 혈액순환 개선, 심장 질환과 뇌졸중 위험감소 등	안토시아닌, 레스베라트롤 등
흰색	마늘, 양파, 도라지, 무, 배, 버섯 등	항균력, 항산화력, 면역력 증강, 폐 기능 강화 등	안토잔틴, 알릴화합물, 파이토스테롤 등

1) 레드 푸드

토마토, 사과, 체리, 석류, 고추, 비트, 수박 등의 공통점은 빨간색을 나타내는 것이다. 수박과 토마토의 색 성분인 라이코펜은 항산화작용, 항암작용, 면역력 증강 효과 및 혈관을 튼튼하게 하는 카로티노이드계 성분이다. 체리, 석류 등에 함유된 안토시

홍고추   석류   오미자   딸기

토마토   수박   체리

그림 7-3 대표적인 레드 푸드

아닌은 노화 방지, 심장 건강, 폐암 예방 등과 관련된다고 보고되어 있다. 또한 딸기와 석류의 시아니딘(cyanidins)과 델피니딘(delphinidins)은 DNA의 손상을 감소시키고 유방암과 대장 등에 효과가 있는 것으로 보고되어 있다.

2) 옐로 푸드

당근, 오렌지, 귤, 복숭아, 망고, 고구마 등에 함유된 파이토케미컬 중 루테인, 제아잔틴, 크립토잔틴은 카로티노이드계 성분으로 눈 건강, 면역력 증진, 항암효과 등과 연관되어 있다. 이들 식품에는 카로티노이드계 외에 비타민 C, 엽산, 오메가3 지방산 등이 함께 함유되어 있어 건강에 유익하다. 또한 바나나, 단호박, 옥수수, 유자, 레몬, 파인애플, 감귤 등에 함유된 파이토케미컬도 카로티노이드계가 풍부하다. 특히 카레의 주원료인 강황에 함유되어 있는 커큐민은 항산화 기능이 우수하여 뇌의 활성산소 제거 및 뇌혈관 염증을 줄여준다는 연구 보고가 있다. 따라서 노란색 파이토케미컬을 함유한 식품의 섭취는 항산화작용, 항염 효과, 면역력 증강, 혈액 개선 및 항암작용에도 관여하므로 건강에 유익하다.

| 노란 파프리카 | 망고 | 호박 | 고구마 |

| 파인애플 | 감귤 | 감 | 레몬 |

그림 7-4 대표적인 옐로 푸드

3) 그린 푸드

시금치, 오이, 부추, 양상추, 브로콜리, 키위, 양배추, 청포도 등의 녹색 식품에 들어 있는 클로로필이 대표적 녹색의 파이토케미컬이다. 초록색 채소는 간세포 재생 및 건강에 도움을 주는 것으로 알려져 있다. 또한, 브로콜리, 양배추, 케일 등의 십자화과 채소에 함유된 설포라판 및 인돌 성분은 항산화 작용 및 항암 효과로 알려져 있다. 뽀빠이가 즐겨 먹던 시금치에는 클로로필 이외에도 엽산, 비타민 K, 칼륨, 카로티노이드계 성분들이 풍부하다.

| 오이 | 상추 | 양배추 | 브로콜리 |

| 시금치 | 매실 | 청포도 | 키위 |

그림 7-5 대표적인 그린 푸드

4) 퍼플·블랙 푸드

가지, 블루베리, 포도, 적양배추, 자색고구마, 검은콩, 흑미, 검은깨 등의 보라색 또는 검은색의 파이토케미컬 성분은 안토시아닌이 대표적이다. 안토시아닌은 항산화 작용이 강력하여 체내의 활성산소에 의한 세포 손상을 막아서 노화 예방 및 면역력 증강에 효과적이다. 이 이외에도 혈전 생성의 예방을 통한 심혈관계 질환의 위험을 감소시키고 항암 및 기억력 향상에도 연관된다고 보고되어 있다.

그림 7-6 대표적인 퍼플 · 블랙 푸드

5) 화이트 푸드

마늘, 양파, 도라지, 무, 배, 버섯 등이 흰색의 대표적 파이토케미컬 함유 식품이며, 대부분 뿌리채소에 많다. 흰색의 성분은 폴리페놀 중 플라보노이드에 해당하는 안토잔틴이 대표적이다. 안토잔틴은 항균작용과 항산화작용이 강력하며 체내에서 혈압 강하와 심혈관계 질환 및 암 예방과도 관련되어 있음이 알려져 있다. 또한 각종 균과 바이러스에 대한 저항력 향상에도 영향을 준다. 마늘의 알리신은 체내 콜레스테롤 감소와 함께 심혈관계에 도움을 주며, 양파의 쿼르세틴은 항산화작용, 항노화작용, 항돌연변이 및 항암작용에도 효과적이라고 알려져 있다.

그림 7-7 대표적인 화이트 푸드

3. 파이토케미컬의 섭취

채소와 과일 등의 식품에 함유된 파이토케미컬은 그 기능이 다양하다. 즉 항산화

기능, 항염증 기능, 면역 증진 기능, 항암 기능, 콜레스테롤 대사조절 기능, 호르몬 및 효소 활성 조절 기능 등이 있다. 그러나 다른 영양소와 달리 파이토케미컬에 대한 소화, 흡수, 대사와 관련된 연구는 아직 부족하다. 따라서 권장섭취량은 정해져 있지 않다.

건강에 유익한 특정 성분의 파이토케미컬을 정제된 형태로 섭취하는 것보다는 식품의 형태로 섭취하는 것이 좋다. 이유는 식품 내 함유된 다양한 성분을 함께 섭취할 수 있기 때문이다. 다음은 식생활에서 파이토케미컬의 올바른 섭취 방법에 대한 제안이다.

1) 식사마다 채소와 과일을 섭취하자

세계보건기구(WHO)에서 하루에 최소한 400g 이상의 과일과 채소를 섭취해야 심장 질환과 일부 암 등 건강과 관련된 질환을 낮출 수 있다고 발표하였다. 이는 식물성 식품으로 한 끼에 해당하는 1회 섭취 분량을 80g으로 하였을 때, 하루 5회를 섭취하게 되면 충족되는 양이다. 즉 매 식사에 채소 80g을 섭취하고, 하루 3회 식사(240g)와 간식으로 2회 정도(160g) 과일을 섭취하면 된다.

미국의 경우, 1990년대 초반에 매일 채소와 과일 5가지를 섭취하자는 캠페인 'Eat 5 A Day'가 전개되었다. 반면에 한국의 경우, 한식 식단의 메뉴를 사용하면 이 조건은 충족된다. 즉 대표적 한 끼의 한식 식단 메뉴로는 김치 1종류, 나물 2종류, 찌개나 국, 생선이나 고기 반찬 1접시 등으로 구성되어 있다. 이와 같은 식단은 다양한 채소의 섭취가 가능하며, 한 끼에 80g 정도 섭취도 가능하다. 또한 간식이나 후식으로 사과 반개나 귤 등 과일의 1회 분량(약 100g)을 2회 정도 섭취하면 세계보건기구에서 제시하는 양인 하루 400g을 충족할 수 있다. 따라서, 한식의 균형 잡힌 식단을 사용한다면 채소와 과일의 섭취는 적정하게 될 것이다.

2) 여러 가지 색의 채소와 과일을 섭취하자

채소와 과일마다 서로 다른 특성의 파이토케미컬 성분이 다양하게 함유되어 있기 때문에 한 가지 식품만 지속적으로 섭취하는 것보다는 다양한 색의 채소와 과일을 골고루 섭취하는 것이 필요하다.

3) 제철 채소와 과일을 섭취하자

최근에는 비닐하우스나 유리 온실 등의 시설에서 채소와 과일의 재배가 많이 이루어지고 있으며 지속적으로 발전하는 추세이다. 또한 다양한 품종의 채소와 과일이 개량 및 재배되고 있다. 그러나 제철에 알맞은 태양 아래서 자라는 채소와 과일에 파이토케미컬의 함량이 더 풍부할 가능성이 높다.

4) 채소의 조리 시 조리법을 고려하자

채소와 과일의 파이토케미컬은 구조적 특성에 따라 지용성과 수용성으로 나뉜다. 예를 들면 당근의 베타카로틴은 지용성의 특성이 있으므로 잘게 썰어 기름에 볶는 것이 소화·흡수율을 높이는 조리방법이다. 반면에 채소에 함유된 플라보노이드 성분들은 수용성 성분들이 많으므로 끓는 물에 살짝 데치거나 깨끗이 씻어 생으로 섭취하는 것이 좋다.

5) 콩류를 섭취하자

콩류 특히 대두에는 폴리페놀 중의 플라보노이드에 해당하는 이소플라본 (isoflavones)이 함유되어 있다. 이소플라본은 여성호르몬인 에스트로겐과 유사한 구조를 지니고 있으며, 우리 몸에서 효능도 유사하게 작용하는 것으로 알려져 있다. 콩에는 이소플라본이 0.1~0.4% 정도 함유되어 있고, 항산화작용, 항염작용, 항암작용, 특히 유방암과 전립선암, 대장암 등에 효과가 있는 것으로 보고되어 있다. 또한 심혈관계질환, 골다공증, 폐경기 증후군의 예방 빛 완화에도 효과가 있다고 알려져 있다. 따라서 콩 볶음, 두부, 유부, 청국장, 된장, 미소 등의 형태로 하루 1~2회 정도 섭취하는 것이 좋다. 그러나 콩을 지나치게 많이 섭취하거나 특정하게 농축된 형태의 건강기능식품의 다량 섭취는 조심해야 한다.

4. 한국 음식의 색

한국의 전통음식은 오색오미(五色五味)의 특성을 가지고 있다. 오색에 해당하는 황색, 청색, 백색, 적색, 흑색은 전통 상차림에서 색의 균형에 중요한 요인으로 고려되어 왔다. 대표적 예로 비빔밥(황색은 노른자, 청색은 시금치, 적색은 당근과 고추장, 백색은 콩나물과 백지단, 흑색은 고사리와 고기)이 있으며, 다른 예로는 구절판(청색은 오이, 적색은 당근, 백색은 밀전병과 숙주와 백지단, 흑색은 석이버섯과 표고전, 황색은 호두와 황지단)이 있다. 이외에도 신선로, 탕평채 등이 있으며, 이들 전통음식은 시각적 측면, 영양적 측면, 미각적 측면까지 고려한 우수한 우리의 대표적 한식이다.

한식의 전통 상차림 중 5첩 반상을 살펴보면 밥과 국이 앞에 놓이고 가운데에 초

그림 7-8 대표적 한국음식

그림 7-9　한국의 5첩 반상

장, 간장, 된장찌개가 놓이며, 뒤에 배추김치, 국물김치가 놓인다. 중앙에는 조림, 마른찬, 나물, 전, 구이가 놓인다. 이때 밥의 흰색, 나물의 청색, 김치의 적색, 구이의 흑색, 전과 찌개의 황색으로 구성된 상차림은 다양한 색의 균형을 가진 영양학적으로 우수한 상차림이라 할 수 있다. 5첩에서 첩수에 해당하지 않는 것은 밥, 국, 초장, 간장, 찌개, 김치이며, 첩수에 해당하는 것은 조림, 마른찬, 나물, 전, 구이이다. 한식의 상차림에서 파이토케미컬은 나물, 김치, 국과 찌개, 마른찬 등에 다양하게 함유되어 있다.

　　현대 식품영양학 차원에서 맛 성분은 단맛, 짠맛, 신맛, 쓴맛, 감칠맛의 다섯 가지로 나뉜다. 우리의 전통 상차림에도 다섯 가지 맛인 오미(五味)가 있다. 우리 조상의 오미(五味)는 달고, 짜고, 맵고, 시고, 쓴맛으로 나누었다. 식품영양학적 차원의 다섯 가지 맛 성분 중 '감칠맛' 대신 전통음식의 오미에서는 '매운맛'이 그 차이점이다. 전통의

표 7-2　한국의 오색오미

특성	맛	식품	특성	색	식품
오색	빨간색	고추, 대추, 당근	오미	단맛	꿀, 조청, 엿, 설탕
	초록색	미나리, 호박, 오이, 실파		짠맛	소금, 간장, 된장, 고추장
	노란색	달걀 노른자		매운맛	고추, 겨자, 후추, 생강
	흰색	달걀 흰자		신맛	식초, 감귤류
	검은색	석이버섯, 목이버섯, 표고버섯		쓴맛	생강

오미에서는 소화 기능이 약하면 단맛, 신장 기능이 약하면 짠맛, 폐기능이 약하면 매운맛, 간 기능이 약하면 신맛, 심장 기능이 약하면 쓴맛이 필요하므로, 따라서 상차림에서 다섯 가지의 맛 성분이 골고루 분포되어야 한다는 것이다. 이는 우리 조상이 중요하게 여겨온 식약동원(食藥同源)의 개념과 일치한다.

현대의 영양 불균형이 과도한 식품의 섭취에 의한 것이라면 과거의 영양 불균형은 식품 섭취의 부족에 의한 것이었다. 우리 조상은 상차림에서 이를 고려하여 오방색과 오미를 바탕으로 한 식약동원이라는 관점에서 상차림을 준비한 것으로 이해된다. 현대의 과도한 식품 섭취, 특히 열량 영양소의 과도함과 조절 영양소의 부족에 기인한 영양 불균형 식생활 상태도 우리의 한식을 통하여 해결될 수 있을 것이다.

CHAPTER 8
건강 체중과 대사증후군

현대를 살아가고 있는 우리에게 남녀노소를 불문하고 체중 관리는 영원한 과제이다. 체중은 건강 상태를 나타내는 중요한 지표 중 하나로, 과체중 및 비만은 당뇨, 고혈압, 뇌·심혈관계 질환, 암 등 만성질환의 주된 원인이고, 저체중은 영양불량으로 인한 면역력 저하뿐만 아니라 소화기계 및 호흡기계 질환 등을 초래할 수 있다. 체중은 유전적인 요인 이외에 식습관이나 활동 정도와 같은 환경적인 요인에 의하여 결정될 수 있다. 따라서 건강한 삶을 유지할 수 있는 건강 체중에 대하여 비만과 저체중의 원인, 진단기준을 알아보고 실제로 개인별 신체에 맞는 건강 체중을 가늠해 보도록 한다. 아울러 식습관과 운동 등의 생활습관 개선을 통해 적정 체중을 유지하는 것이 중요한 대사증후군에 대하여 진단기준 및 관리 방법에 대하여 알아본다.

1. 건강 체중

건강 체중은 자신의 성별, 연령 및 신장에 대하여 통계적으로 만성질환에 의한 사망률이 가장 낮은 체중으로 건강 유지의 개념을 중요하게 여긴다. 과거 국내외 학계에서는 표준체중, 정상체중, 이상체중이라는 용어를 사용하여 건강을 유지하기 위해 체중의 수치만 강조하거나 이들 체중 범위를 벗어나는 개인의 경우 체중이 비정상적이

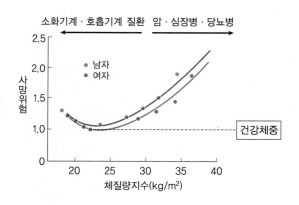

그림 8-1 체질량지수와 만성질환으로 인한 사망률의 관계

라고 판단하고 무리한 체중 조절을 하는 등의 문제점을 가지고 있었다.

건강 체중은 체중을 신장의 제곱으로 나눈 체질량지수(kg/m²)가 18.5~23.0kg/m²에 속하며 체지방률이 남성 15~18%, 여성 20~25%에 속해야 한다. 이처럼 건강 체중은 기존의 체중과다 개념에서 체지방량 개념을 강조하는 것으로 바뀌었는데, 체지방이 많으면 만성질환의 위험성이 높아지기 때문이다.

1) 에너지 균형과 체중 유지

건강 체중을 유지하기 위해서는 에너지 섭취량과 에너지 소비량이 균형을 이루어야 한다. 인체는 식품을 통하여 에너지 필요량을 적절하게 공급받지 못하고 불균형 상태가 될 경우 인체 구성의 변화를 통하여 신체 기능이 감소될 수 있다.

그림 8-2 에너지 균형과 불균형

(1) 에너지 섭취량(식품의 에너지)

식품을 통하여 섭취하는 탄수화물, 단백질과 지방은 각각 1g에 4kcal, 4kcal, 9kcal의 에너지를, 기호식품인 알코올은 1g에 7kcal를 에너지로 인체에 공급한다. 식품은 에너지 영양소의 양이 각각 다르게 함유되어 있기 때문에 식품의 에너지는 다르다. 즉 식품 속에 들어 있는 수분, 탄수화물, 단백질 및 지방의 함량에 따라 에너지 함량에 차이가 있다(그림 8-3). 예를 들어 프렌치프라이, 백설기, 우유, 사과 100g을 비교하면, 우유나 사과는 수분 함량이 높으나 탄수화물, 단백질, 지방의 열량 영양소 함량이 낮아 에너지 함량이 프렌치프라이나 백설기에 비하여 낮다. 만약 수분 함량이 비

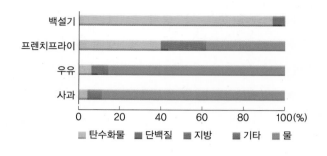

그림 8-3 식품별 에너지 비교
자료: 최혜미, 21세기 영양과 건강 이야기, 라이프사이언스

숫한 식품이라고 한다면 지방 함량의 차이에 의하여 에너지가 크게 차이가 난다. 따라서 같은 중량의 식품이라고 할지라도 수분이나 섬유소의 함량이 많을수록, 지방의 함량이 적을수록 에너지 함량이 낮은 식품이다. 그러나 예외적으로 설탕은 탄수화물이 100%이고, 유지는 지방이 100%으로 구성되어 있다.

(2) 에너지 소비량

인체 에너지 소비량은 기초대사량, 신체활동대사량, 식사성 발열효과와 적응대사량으로 구성된다. 이 중에 적응대사량은 과식 또는 추위에 노출되었을 때를 제외하고 대부분 거의 무시된다.

① 기초대사량

생명을 유지하기 위하여 신체 내에서 무의식적으로 일어나는 활동 및 대사작용에 필요한 에너지로, 심장박동, 호흡, 체온유지, 혈액 순환 등에 필요하다. 1일 총 에너지 소비량 중 60~70% 정도를 차지한다.

② 신체활동대사량

육체적 활동으로 인하여 소모되는 에너지로, 활동의 강도, 활동하는 시간 및 개인의 체격에 의하여 영향을 받으므로 개인에 따라 차이가 크다. 일반적으로 1일 총 에너지 소비량의 약 20~30%를 차지한다.

기초대사량에 영향을 미치는 요인

- 체표면적이 클수록 기초대사량이 높다.
- 근육이 많을수록 기초대사량이 높다.
- 남성이 여성에 비하여 기초대사량이 높다.
- 단위체중당 기초대사량은 어릴수록 높다.
- 기온이 낮을수록 기초대사량이 높아진다.
- 영양소 섭취가 부족하거나 기아상태에서 기초대사량이 낮아진다.
- 감염으로 열이 나는 경우 또는 갑상선 기능항진 상태에서는 기초대사량이 높아진다.
- 극심한 에너지 섭취량 감소 시 기초대사량이 낮아진다.

③ 식사성 발열효과

식사를 한 후 식품의 소화, 흡수, 대사, 이동 및 저장하는 데 필요한 에너지로, 주로 에너지가 열로 발산되므로 체온 상승 효과를 보인다. 식품의 열량소 대사량 또는 식품의 특이동적 대사량이라고 하며 균형 잡힌 식사를 할 때에 총 식품 섭취 에너지의 약 10%로 계산한다.

2. 비만

전 세계적으로 비만율은 꾸준히 증가하고 있으며 세계보건기구는 비만을 질환으로 분류할 정도로 비만은 만성질환의 증가 원인 및 사회·경제적인 문제로 대두되고 있다.

2018년 국민건강통계 자료에 의하면 만 19세 성인 중 체질량지수 25.0kg/m^2 이상을 비만으로 정의하였을 때 남자 44.7%, 여자 28.3%로 나타났다. 이는 비만을 건강의 문제로 인식하기 시작한 1990년대부터 매년 1.3%씩 꾸준히 증가하고 있는 추세이다.

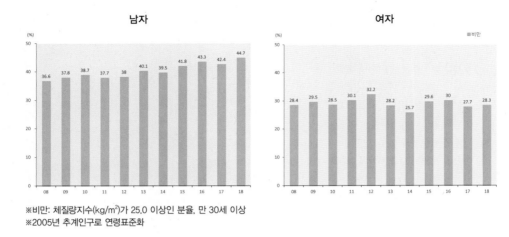

※비만: 체질량지수(kg/m²)가 25.0 이상인 분율, 만 30세 이상
※2005년 추계인구로 연령표준화

그림 8-4 한국인의 비만 유병률 추이
자료: 보건복지부, 질병관리본부, 2018 국민건강통계

1) 비만의 원인

비만은 유전적 요인과 더불어 식습관, 신체활동 등의 환경적인 요인, 약물 및 내분비계 이상, 심리적 요인 등 다양한 원인에 의하여 발생한다.

(1) 유전적 요인

비만에 유전적인 요인에 미치는 영향력은 10~70% 정도이다. 다른 환경의 일란성 쌍생아의 경우 체중 증가의 형태나 체지방의 분포가 비슷하게 나타나고 비만한 사람의 경우 유전적으로 기초대사율이 낮은 것이 특징이다.

(2) 환경적 요인

현대사회는 식생활이 풍요해진 반면에 신체활동량은 감소하여 과거에 비하여 비만율이 급증하고 있다. 이를 통해 환경적인 요인이 비만의 중요한 원인으로 기인하고 있음을 알 수 있다.

① **식생활**: 식사횟수, 식사속도 및 시간, 섭취한 식품의 종류 및 분량에 따라 비만의

위험 정도가 달라진다. 같은 열량이라도 식사횟수가 적은 경우, 저녁에 폭식하거나 야식을 먹는 경우, 식사 속도가 빠른 경우, 고지방·고당류 음식을 과다 섭취하거나 식이섬유의 섭취가 부족한 경우, 1회 분량이 많은 경우에 비만의 위험도가 증가한다.

② **신체활동**: 신체활동의 저하로 인하여 에너지 소비량이 적고, 지속적인 신체활동의 저하로 근육량이 감소됨에 따라 기초대사량이 낮아질 수 있다. 또한 신체활동 저하로 체지방이 증가하면서 인슐린 저항성이 생기고 인슐린 분비량이 계속 증가하여 체지방 합성이 가속화하고 체지방을 분해하는 호르몬의 분비를 낮추어 체지방이 축적된다.

(3) 약물 및 내분비계 이상

스테로이드 약제나 항우울제로 인하여 식욕이 항진되거나 에스트로겐 약제는 부종으로 인하여 체중을 증가시킬 수 있다. 또한, 갑상선기능저하증, 쿠싱증후군, 고인슐린혈증 등의 질병이 있는 경우 비만해진다.

(4) 심리적 요인

스트레스, 우울, 수면 장애 등은 과식이나 폭식 등을 통하여 비만을 유발할 수 있다.

2) 비만의 분류

비만은 원인, 발생 시기, 지방 조직의 형태, 분포 및 위치에 따라 분류할 수 있다.

(1) 원인에 따라

① **단순 비만**: 섭취량이 소비량보다 많을 때 발생하며 대부분의 비만한 사람이 해당된다.
② **증후성 비만**: 내분비 또는 시상하부 장애, 유전적 결함에 의하여 발생한다.

(2) 발생시기에 따라

① **소아 비만**: 영유아, 사춘기와 같은 성장기에 많이 나타나며, 지방세포의 수가 증가하여 성인 비만으로 이행될 가능성이 높으므로 소아비만이 되지 않도록 관리가 필요하다.

② **성인 비만**: 지방세포의 크기가 커지는 경우로 소아 비만보다는 체중 조절의 성공률이 높다. 그러나 성인 비만이라고 할지라도 체지방이 30kg 이상 증가할 경우 지방세포의 크기가 커질 뿐만 아니라 지방세포 수도 증가하므로 관리가 필요할 수 있다.

(3) 지방조직의 형태에 따라

① **지방세포증식형 비만**: 지방세포의 수와 크기가 증가한다. 지방세포의 수는 한번 증가하면 감소되지 않는다.

② **지방세포증대형 비만**: 지방세포의 크기가 증가한다.

(4) 지방조직의 분포에 따라

① **상체 비만**: 엉덩이둘레에 대한 허리둘레 비율이 남성의 경우 0.95 이상, 여성의 경우 0.85 이상일 때 복부 비만, 중심성 비만, 사과성 비만, 남성형 비만이라고 하며 체지방이 대부분 가슴, 복부 및 팔 등 상체에 많이 축적되어 있다. 이는 남성호르몬인 테스토스테론의 영향에 기인한다. 복부에 위치하는 지방은 크기가 크고 대사적으로 왕성하여 감량 효과가 큰 편이나, 상체 비만의 경우 심장병, 뇌졸중, 당뇨병, 고혈압, 암 등과 같은 만성질환의 위험도가 증가할 수 있으므로 관리가 필요하다.

② **하체 비만**: 여성형 비만, 서양배 모양 비만이라고 하며 체지방이 대부분 엉덩이 또는 대퇴부에 축적되어 있다. 이는 여성호르몬인 에스트로겐과 프로게스테론의 영향에 기인한다. 하체의 지방세포는 활동성이 낮아 감량이 낮은 편이나 대체로 건강상의 문제를 일으키지 않는다.

(5) 지방조직의 위치에 따라

① **내장지방형 비만**: 복부 전산화단층촬영(CT)을 통하여 진단이 가능하여 복강 내 내장 주변에 지방이 많은 경우에 해당된다. CT 촬영 결과 내장지방과 피하지방의 면적비율이 0.4 이상일 경우 내장형 비만으로 진단되며, 피하지방형에 비하여 만성질

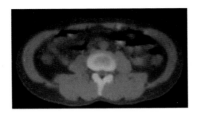

내장지방형 비만

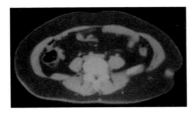

피하지방형 비만

그림 8-5 내장지방형 비만과 피하지방형 비만의 복부 CT 촬영 비교

자료: 박태선, 김은경, 현대인의 생활영양, 교문사

환의 위험성이 증가된다.

② **피하지방형 비만**: 복벽에 일정한 두께로 지방이 저장된 형태로 외형적으로 보기 좋지 않으나 건강상의 문제는 일으키지 않는다.

내장지방형 비만과 만성질환

내장지방형 비만은 내장지방에서 분해된 유리지방산의 방출이 증가하고 간에서 중성지방의 합성이 증가됨에 따라 혈액의 중성지방과 LDL-콜레스테롤 및 총콜레스테롤이 증가하게 된다. 따라서 내장지방형 비만은 만성질환인 당뇨병, 고지혈증 등의 발생 위험이 높다.

내장지방 증가 ← 과잉 에너지 섭취, 불균형적 식사, 음주, 운동 부족, 흡연, 스트레스, 성별, 연령

간의 중성지방 합성 증가

혈액의 중성지방 및 콜레스테롤 증가

만성 질환

자료: 박태선, 김은경, 현대인의 생활영양, 교문사

3) 비만의 진단

비만을 진단하는 방법 중 정확한 방법은 체지방량을 측정하는 것이나 간단하게 신
장, 체중, 허리둘레 등 신체계측치를 이용하여 비만을 진단할 수 있다.

(1) 표준체중을 이용한 비만 진단

각 개인의 신장에 따른 표준체중을 산출하여 현재의 실제 체중과의 비율을 계산하
여 비만을 판정하는 방법이다. 신장에 따른 표준체중은 표 8-1과 같으며, 표준체중에
대한 현재 체중의 비율을 통한 비만 정도는 표 8-2와 같다.

표준체중 구하기

브로카(Broca) 지수에 의한 표준체중 산출 방법
- 신장>160cm인 경우 표준체중(kg) = [신장(cm) − 100)] × 0.9
- 신장 150~160cm인 경우 표준체중(kg) = [신장(cm) − 150)] × 0.5 + 50
- 신장<150cm인 경우 표준체중(kg) = 신장(cm) − 100)

체질량지수(Body Mass Index, BMI)를 이용한 표준체중 산출 방법
- 남자 = 키(m) × 키(m) × 22
- 여자 = 키(m) × 키(m) × 21

---

(2) 체질량지수

신장과 체중을 이용하여 매우 간단하게 산출할 수 있는 방법이다. 체질량지수
(Body Mass Index, BMI)가 높을수록 심혈관 질환, 암 등 만성질환의 발생 위험성이
높아지며 이로 인한 사망률도 높은 것으로 알려져 있다. 체질량지수를 통한 비만 판
정 기준은 대한비만학회에서 제시한 표 8-3과 같다.

체질량지수(BMI) = 체중(kg) / 신장$(m)^2$

표 8-1 신장에 따른 남녀 표준체중

신장(cm)	표준체중(kg)		신장(cm)	표준체중(kg)	
	남자	여자		남자	여자
150	49.5	47.0	168	62.0	59.0
151	50.0	48.0	169	63.0	60.0
152	51.0	48.5	170	63.5	60.5
153	51.0	49.0	171	64.5	61.5
154	52.0	50.0	172	65.0	62.0
155	53.0	50.0	173	66.0	63.0
156	53.5	51.0	174	66.5	63.5
157	54.0	52.0	175	67.5	64.5
158	55.0	52.5	176	68.0	65.0
159	55.5	53.0	177	69.0	66.0
160	56.5	54.0	178	69.5	66.5
161	57.0	54.5	179	70.5	67.5
162	57.5	55.0	180	71.5	68.0
163	58.5	56.0	181	72.0	69.0
164	59.0	56.5	182	73.0	69.5
165	60.0	57.0	183	73.5	70.5
166	60.5	58.0	184	74.5	71.0
167	61.5	58.5	185	75.5	72.0

자료: 대한당뇨병학회(2010), 당뇨병 식품교환표 활용지침 제3판

표 8-2 표준체중에 대한 현재 체중의 비율

$\dfrac{현재\ 체중}{표준\ 체중} \times 100$	≤90%	91~109%	110~119%	120~139%	>140%
비만 정도	저체중	정상	과체중	비만	고도비만

표 8-3 체질량지수를 이용한 비만 판정

분류*	체질량지수(kg/m²)
저체중	<18.5
정상	18.5~22.9
비만전단계	23~24.9
1단계 비만	25~29.9
2단계 비만	30~34.9
3단계 비만	≥35

* 비만전단계는 과체중 또는 위험체중으로, 3단계 비만은 고도비만이다.

자료: 대한비만학회, 비만 진료지침 2018

(3) 허리둘레

허리둘레는 만성질환 발생 위험을 잘 반영하며 특히 체질량지수 $25.0kg/m^2$ 미만인 과체중인 경우에도 허리둘레가 늘어나면 대사증후군, 제2형 당뇨병, 심혈관계 질환 등의 만성질환 발생 위험이 높아진다. 대한비만학회에서는 허리둘레를 기준으로 남성 90㎝(36인치), 여성 85㎝(34인치) 이상을 복부비만으로 정의하였다. 이때, 허리둘레는 갈비뼈의 맨아래 위치와 골반뼈의 가장 위의 중간 부위를 측정

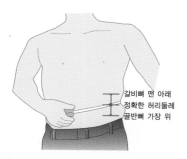

갈비뼈 맨 아래
정확한 허리둘레
골반뼈 가장 위

그림 8-6 허리둘레 재는 방법

해야 하며(그림 8-6), 만약 복부 피하지방이 많아서 허리와 겹치는 경우는 똑바로 선 상태에서 피하지방을 들어 올려서 측정하는 것이 좋다.

(4) 체지방량

체지방량 측정은 생체전기저항분석법(Bioelectrical Impedance Analysis, BIA)을 이용한다. 생체전기저항분석법은 체내의 지방은 근육에 비하여 수분 함유량이 낮고 전류가 통과되지 않으므로 개인별 체지방량에 따라서 다른 전기저항값을 보일 수 있다는 원리를 이용하여 측정하는 방법으로, 비교적 간단하고 신속 정확하게 측정할

수 있다. 체지방량에 따른 비만도 평가 기준은 남성의 경우 25% 이상, 여성의 경우 30% 이상이다.

3. 저체중

1) 저체중의 정의

저체중은 체질량지수를 기준으로 18.5kg/m^2 미만 또는 표준체중보다 10% 이상 체중이 적은 상태이다. 저체중은 대부분 에너지 섭취량의 부족에 의한 것이지만 영양소의 흡수 불량, 활동량 증가 또는 암이나 갑상선 질환과 같은 소모성 질환 등에 의해서 발생할 수 있다.

저체중인 사람은 질병에 대한 저항력이 약하고 추위에 민감하고 허약하며 성장기 어린이의 경우 성장 장애가 초래될 수 있다. 또한 뇌하수체, 부신, 갑상선, 생식기계 등의 기능 저하와 같은 심각한 건강문제를 일으킬 수 있다. 따라서 저체중의 원인을 찾고 건강을 회복할 수 있는 체중을 증량하기 위하여 식사요법과 근력운동을 병행해야 한다.

2) 저체중의 체중 증량 방법

(1) 식사요법

저체중인 사람의 경우 에너지 섭취량을 늘이기 위하여 고열량 식품을 선택하여 점차적으로 열량 밀도를 증가시켜야 한다. 식품의 전체적인 섭취량을 늘리지 않으면서 지방 섭취량을 늘리면 에너지 섭취량을 늘릴 수 있다. 규칙적으로 하루 세 끼 이상의 식사와 간식을 섭취하도록 하며 고열량 간식을 적절하게 활용하도록 한다.

(2) 운동요법

저체중인 사람은 근육량을 증가시키는 근력운동을 해야 한다. 또한 운동으로 활동량이 증가하므로 에너지 섭취량을 이에 따라 증가시켜야 한다.

4. 대사증후군

1) 대사증후군의 정의

대사증후군(metabolic syndrome)은 1988년 G. 리븐에 의하여 X-증후군이라는 이름으로 발견되었으나 1998년 세계보건기구가 '대사증후군'으로 부르기 시작했다. 대사증후군은 복부비만과 함께 고혈압, 당뇨병, 고중성지방혈증, 낮은 고밀도콜레스테롤혈증 등 각종 대사적 위험요인들이 동시 다발적으로 나타나는 상태이다. 대사증후군은 증상이 없어 치료의 필요성을 느끼지 못하지만 대사증후군이 있는 경우 뇌졸중, 허혈성 심혈관계 질환 등의 발생 빈도와 사망 위험이 약 4배 증가하며 당뇨병의 발생 위험도 3~5배 정도 증가하고 각종 암의 의한 사망률도 증가하는 것으로 알려져 있다.

2) 대사증후군의 유병률

우리나라 대사증후군은 지난 10여 년 간 크게 증가하였다. 특히 나이가 많을수록 유병률이 높은데 30~40대에서는 남성이 여성에 비하여 유병률이 높지만 폐경이 시작되는 50대 이후에는 여성의 유병률이 급격하게 증가하고 있다(그림 8-7). 대사증후군은 비만일수록 높은데 체질량지수가 25.0kg/m² 이상인 비만인의 경우 약 50% 이상이 대사증후군을 동반하고 있고, 체질량지수가 23.0~24.9kg/m²인 과체중의 경우는 약 27%에서 대사증후군이 나타났다.

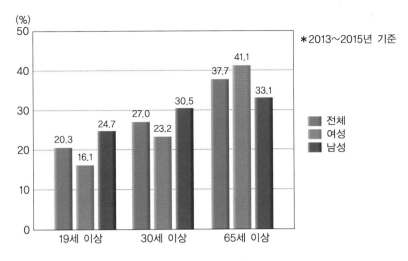

그림 8-7 대사증후군의 연령별 유병률
자료: 심장대사증후군연구회

3) 대사증후군의 원인

대사증후군의 원인에 대하여 확실히 규명되지는 않았지만, 인슐린 저항성(insulin resistance)이 근본적인 원인으로 대두되고 있다. 인슐린 저항성은 혈액 중에 높아진 포도당을 낮추는 호르몬인 인슐린에 대한 신체의 반응이 감소하여 근육이나 지방세포가 포도당을 잘 이용하지 못하게 되고 이로 인하여 더 많은 인슐린이 분비되어 심각한 건강상의 문제를 일으키게 된다.

비만도 대사증후군의 주요한 위험요인으로 간주하고 있는데, 특히 복부비만은 복강 내 과다한 내장지방의 분해가 일어나 많은 양의 유리지방산을 혈액 내로 방출시킬 뿐만 아니라 내장지방은 대사적으로 매우 활발하여 여러 가지 염증성 물질들을 분비하므로 혈압을 올리고 인슐린의 역할을 방해하여 고인슐린혈증, 인슐린저항성 및 혈당 상승 등 당뇨병의 위험도를 증가시킨다. 또한, 혈관 내 염증이나 응고를 유도하여 동맥경화를 유도하고 심혈관계 질환 위험도를 증가시킬 수 있다. 이밖에 고혈압, 이상지질혈증, 가족력과 스트레스 등도 대사증후군의 위험요인으로 간주하고 있다.

4) 대사증후군의 진단기준

대사증후군의 진단기준은 2005년 NCEP—ATP III(The Third Report of National Cholesterol Education Program Expert Panel on Detection, Evaluation, and Treatment of High Blood Cholesterol in Adults)에 제시한 기준을 기본으로 하여 한국인에게 적합한 복부비만을 기준으로 변경하여 사용하고 있다.

대사증후군은 5가지 요소로 구성되는데, 허리둘레, 중성지방, 고밀도 콜레스테롤, 혈압, 공복혈당이 그것이다. 이 가운데 다음 3가지 이상이 해당된 경우 대사증후군으로 진단하게 된다.

---

1. 허리둘레: 남자 90cm, 여자 85cm 이상
2. 중성지방: 150mg/dL 이상
3. HDL—콜레스테롤: 남자 40mg/dL 미만, 여자 50mg/dL 미만
4. 혈압: 130/85mmHg 이상 또는 고혈압약 투약 중
5. 공복혈당: 100mg/L 이상 또는 혈당조절약 투약 중

---

5) 대사증후군의 치료 및 관리

대사증후군에 가장 중요한 치료 및 관리는 체지방 특히 복부지방을 줄이도록 노력하는 것이다. 따라서 적절하고 규칙적인 식사 조절, 신체활동, 음주 및 흡연, 스트레스 관리를 꾸준하게 하는 것이 매우 중요하다. 대사증후군은 대표적인 생활습관병에 해당되므로 평소 건강한 생활습관을 유지하도록 관리하고 적절하게 치료한다면 관련된 합병증을 예방하여 건강한 삶을 유지할 수 있다.

(1) 비만 관리

비만, 특히 복부비만은 대사증후군의 중요한 요인으로 적절하게 관리하는 것이 중요한데, 무리한 목표보다는 현재 체중의 5~10%를 감량하는 것을 목표로 하는 것이

좋다. 특히 체질량지수로 정상 체중인 경우라도 복부비만이 있는 경우 여러 만성질환의 위험성이 상승할 수 있으므로 관리가 필요하다.

(2) 식생활

개인마다 대사증후군의 문제가 되는 식생활에서 주의할 부분이 차이를 보일 수 있으나, 한국 성인을 위한 식생활 지침을 기본으로 하여 식생활 관리를 한다(그림 8-8).

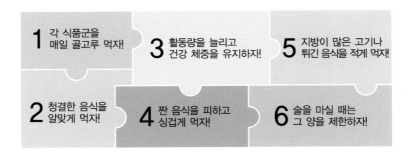

그림 8-8 한국 성인을 위한 식생활 지침 6

(3) 신체활동

신체활동을 무리하게 운동을 시작하는 것보다는 일상생활에서 신체활동량을 증가시킨 후 연령, 성별 및 개인의 신체능력에 따라서 운동의 종류, 강도 및 시간을 조절하는 것이 좋다. 일상생활에서 신체활동을 증가시킬 수 있는 방법으로는 ① 텔레비전이나 핸드폰 등 앉아 있는 시간을 줄여서 활동시간으로 활용하기, ② 집안 청소 등 가사활동 시간 늘리기, ③ 천천히 걷거나 엘리베이터보다는 계단 이용하기, ④ 대중교통을 이용하고 한두 정거장 전에 미리 내려서 걷기 등이 있다. 운동의 경우 일주일에 5일 이상, 하루 30분 이상 옆 사람과 의사소통이 가능한 약간 숨이 차는 정도의 강도에 해당되는 중등도 신체활동 이상을 권장한다. 그러나 평소 활동이 거의 없는 경우에는 가벼운 활동부터 시작하거나 한번에 30분 이상 운동하기 힘들 경우 한번에 10분씩 나누어 여러 번 실시한다.

(4) 음주 관리

음주 시 신체는 알코올을 에너지로 먼저 이용하고 그 외 안주와 음식으로 섭취한 에너지는 쉽게 지방으로 저장되기 때문에 이로 인하여 체중과 허리둘레가 증가하게 된다. 또한 과음을 하게 되면 혈압이 상승하고 당뇨병의 발생 위험이 증가할 뿐만 아니라 중성지방이 증가하므로 가급적 음주는 피하고 만약 음주를 할 경우에는 적정 음주량을 지키는 것이 중요하다.

(5) 흡연 관리

흡연은 내장지방의 축적을 가속화하여 복부비만의 위험도를 높이고 혈압을 상승시킬 뿐만 아니라, 혈당 조절 실패로 인하여 당뇨병 및 당뇨병 합병증의 발생이 증가할 수 있다. 또한 흡연자의 경우 미각의 변화로 인하여 자극적인 음식의 섭취가 늘기 때문에 식생활의 변화를 초래할 수 있고, HDL–콜레스테롤이 낮을 수 있으므로 대사증후군의 치료 및 관리를 위해서는 금연이 필수적이다.

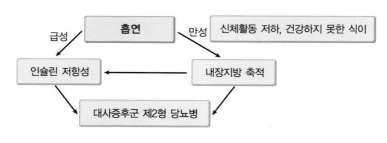

그림 8-9 흡연으로 인한 문제

자료: 서울대학교 의과대학 국민건강지식센터, 2014 국민건강지식센터 대사증후군 교육자료

(6) 스트레스 관리

스트레스 상황에서 신체는 코티졸의 분비가 증가되고 교감신경이 활성화되어 에피네프린과 노르에피네프린의 증가하게 되고 이러한 현상이 지속될 경우 부적응이 나타나게 된다. 지속적인 스트레스는 스트레스 상황에서 적응하기 위하여 복부 내 지방의 저장량이 증가하고 분해됨에 따라 여러 만성질환의 위험성이 증가할 수 있다. 따라서, 일상생활에서 스트레스를 줄이고 관리해야 한다.

MEMO

CHAPTER 9
바람직한 비만 관리

유행 다이어트(fad diet)는 주로 비현실적인 식사계획으로, 장시간 지속하기 어렵다. 단시간에 체중을 감량시킬 수는 있으나 감량한 체중을 유지할 수 없고, 바람직한 식습관이나 운동 습관을 형성시켜 주지 않는다. 많은 사람들이 유행 다이어트를 고수하지 못하고 이전의 식이 패턴으로 돌아간 후에는 원래의 체중으로 회복된다. 체중 감량을 위한 최선의 방법은 조금 적게 먹고, 조금 많이 움직이는 것이다.

1. 유행 다이어트

1) 케토제닉 다이어트(Ketogenic diet)

(1) 원리와 방법

탄수화물은 우리 몸의 주요 에너지원이다. 탄수화물이 충분히 공급되지 않으면 몸은 지방을 케톤으로 분해시키고 케톤이 우리 몸의 주요 에너지원이 된다. 케톤은 심장, 신장, 근육 조직에 에너지를 공급하고, 뇌 조직 또한 대체 에너지원으로 케톤을 사용한다. 그래서 케톤체 생성 식이라고 부르는 것이다. 케톤체 생성 식이는 고지방, 중등도 단백질, 저탄수화물의 식이 패턴으로 일반적으로 건강한 식이로 권장되는 것과는 다르다. 즉 저탄수화물 식이에 단백질 섭취는 적당하지만 지방이 70~80% 수준으로 높은 것이 특징이다. 고단백 식이의 경우 단백질의 아미노산이 포도당으로 전환되어 케톤증을 예방하므로 체단백은 보존하면서 케톤증을 유발하는 적정 수준으로

표 9-1 한국인 권장 식이와 케톤체 생성 식이의 에너지적정비율 비교

구분	에너지적정비율(%)		
	탄수화물	단백질	지질
한국인 영양소 섭취기준(19세 이상)	55~65	7~20	15~30
케톤체 생성 식이	5~10	10~20	70~80

단백질의 함량을 유지한다. 고지방 섭취에 초점을 두어 총 에너지 섭취의 90%까지 지방을 공급하기도 한다. 견과류, 종실류, 아보카도, 올리브유와 같은 불포화지방보다 팜유, 코코넛유, 버터 등의 포화지방이 더 권장된다. 과일, 채소, 전곡, 우유 및 유제품 등 다양한 영양소가 풍부한 식품은 탄수화물의 급원이나, 케톤체 생성 식이에서는 모든 종류의 탄수화물을 엄격히 제한한다. 탄수화물 섭취를 1일 50g 이하로 유지하기 위해서 빵, 곡물, 시리얼 등을 섭취하지 않고, 심지어 과일과 채소도 탄수화물을 함유하고 있기 때문에 제한된다.

(2) 안전성

케톤체 생성 식이와 관련된 장단기 건강 문제들이 있다. 단기적으로는 독감과 유사한 증상을 포함하는데, 예를 들면 소화불량, 두통, 피로, 어지럼증 등을 말하고 이것을 '키토플루(keto flu)'라고 한다. 식이섬유가 풍부한 과일과 채소, 전곡의 섭취를 제한시키기 때문에 변비의 위험도 증가할 수 있다.

장기적 건강 문제로는 신장 결석, 간질환, 비타민과 무기질의 결핍을 들 수 있다. 탄수화물을 제한하기 위해 다양한 영양소가 풍부한 식품인 과일과 채소류가 제한되므로, 비타민과 무기질의 섭취량이 보통 낮다.

케톤체 생성 식이는 지질 함량, 특히 포화지방이 높기 때문에 심장질환과 다른 만성적인 건강 문제를 증가시키고 실제로 LDL-C를 증가시킨다고 알려져 있다.

케톤체 생성 식이의 연구

케톤체 생성 식이는 100년 이상 동안 발작을 주요 특징으로 하는 간질을 치료하는 데 사용되었다. 최근에 와서야 케톤체 생성 식이를 비만과 당뇨의 대체 식이 요법으로 평가하고 있으나, 이들 건강 문제에 대한 케톤체 생성 식이의 이점을 보여주는 연구는 극히 제한적이다. 케톤체 생성 식이의 효과성에 관한 연구는 주로 소규모로 수행되었고 단기간 동안 연구된 것으로, 장기적인 건강 효과에 대한 연구가 수행되어야 한다. 케톤체 생성 식이의 안전성을 완전히 평가하기 위해서는 더 많은 연구가 필요하다.

방탄커피

'방탄커피'는 총알도 막아낼 만큼 강력한 에너지를 얻을 수 있는 커피라는 뜻이다. 아메리카노나 에스프레소 1잔에 무염버터 1큰술(약 15g)과 코코넛오일 등 중쇄지방산이 함유된 지방 1작은술(5g)을 넣고 뜨거운 상태에서 믹서기로 갈아 유화상태로 만든 다음 공복에 아침식사 대신 마시는 일종의 고지방 저탄수화물 식사이다.

방탄커피 1잔의 열량은 약 183kcal이며, 포화지방산의 함량은 14g으로 그 중 7g은 동물성 지방에 많이 함유되어 있는 긴사슬의 포화지방산으로 구성되어 있다. 한국인 영양소 섭취기준(19세 이상 성인, 2015)에서 포화지방산의 섭취를 하루 15g 미만(2,000kcal 섭취기준)으로 권장하고 있는데, 방탄커피 1잔이면 1일 권고 포화지방산 섭취량을 상한선 수준으로 섭취하게 되어 심혈관 질환 위험이 증가할 수 있다.

방탄커피의 지방산 및 에너지 함량

구분	포화지방산(g)	장쇄 - 포화지방산(g)	열량(kcal)
커피침출액 200g	–	–	8.00
버터 5g	2.6	2.1	37.35
코코넛 오일 15g	11.8	5.2	138.15
합계	14.4	7.3	183.50

자료: 한국영양학회(www.kns.or.kr)

2) 앳킨스 다이어트(Atkins diet)

(1) 원리와 방법

앳킨스 다이어트는 일명 황제 다이어트라고도 하는 고단백, 저탄수화물의 식이 패턴이다. 케토제닉 다이어트에서 탄수화물의 비율을 낮추고 고지방을 강조하는 것과 구별된다. 가장 큰 이점은 흰 빵, 흰 밥, 감미료와 같이 정제된 탄수화물을 극도로 제한시키므로 혈당과 혈중 인슐린 농도를 잘 통제할 수 있다는 것이다. 단, 과일과 채소, 전곡류와 같은 탄수화물의 급원 또한 대부분 제한되는 것이 단점이다.

표 9-2　앳킨스 다이어트의 4단계

단계	내용
도입 단계 (Induction phase)	탄수화물을 하루에 20g 미만으로 섭취, 2주일에 약 4~5kg 감량
체중 감소 지속 단계 (Ongoing weight loss phase)	탄수화물의 섭취를 하루 5g씩 점차적으로 증가, 1주일에 약 0.5~1kg 감량
유지 전 단계 (Pre-maintenance phase)	탄수화물을 하루에 40~100g 섭취
유지 단계 (Maintenance phase)	이상적인 탄수화물의 균형을 유지

(2) 안전성

고단백 식사는 신장에 부담을 주게 되고 특히 신장에 문제가 있는 사람에게는 더욱 위험하다. 저탄수화물은 케톤증(케토시스, ketosis)을 일으키는데 호흡 시 좋지 않은 냄새가 난다. 포화지방의 함량 또한 높아 콜레스테롤을 증가시키고 심혈관 질환의 위험을 높인다. 식물성 단백질과 식이섬유, 신선한 채소와 과일의 섭취가 부족하여 변비와 암의 위험이 증가할 수 있다. 체중 감량에 있어서는 6개월간 앳킨스 다이어트를 지속했을 때 전통적인 저지방 식이(low-fat diet)에 비해 효과적이었으나 1년 후에는 그 효과성이 사라져, 두 다이어트 방법 간에 차이가 없었다. 또한, 앳킨스 다이어트가

당지수

당지수(glycemic index, GI)는 특정 식품을 먹었을 때 얼마나 혈당이 빠르게 증가하는지를 측정한 것이다. 당지수가 낮은 식품은 혈당에 미치는 영향이 적고 전곡류, 채소류, 과일류가 해당된다. 반대로 당지수가 높은 식품은 혈당을 좀 더 빠르게 증가시키고 도정된 곡류, 주스, 사탕, 탄산음료 등이 해당된다. 당지수가 높은 식품을 섭취하여 혈당이 급격히 오르게 되면 인슐린 수준 또한 증가한다. 인슐린은 포도당을 혈액으로부터 세포로 이동시켜 에너지원으로 사용되거나 지방으로 저장되도록 하는 호르몬이다. 당지수가 높은 식품은 혈당을 빠르게 제거시키기 때문에 포만감을 덜 느끼게 하여 고열량의 식품을 과식하게 하며, 결과적으로 체중 증가를 가져온다. 당지수가 높은 식품은 주로 "empty calories" 식품으로 당지수가 낮은 식품에 비해 영양소가 풍부하지 못하다.

저열량 식이(low-calorie diet)에 비해 장기간 체중 감소에서 효과적임을 보여주는 연구는 없다.

3) 마이너스 칼로리 식품 다이어트(Negative calorie foods diet)

(1) 원리와 방법

우리 몸은 휴식 시 일정량의 에너지를 소모한다. 이러한 기초대사율(resting metabolic rate, RMR)은 호흡과 심장박동과 같은 정상적인 신체 기능에 필요한 에너지를 말한다. 그 다음으로 하루 총 소비열량을 계산할 때는 일상생활이나 운동에 따른 신체 활동도 고려해야 한다. 마지막 요소는 식품을 씹고 소화하고 저장하는데 필요한 에너지의 양이다. 대략 하루에 소모하는 에너지의 10%가 이러한 목적으로 사용된다. 마이너스 칼로리 식품 다이어트는 셀러리, 상추, 베리류 등의 채소와 과일이 실제 함유하고 있는 에너지보다 소화하는데 더 많은 에너지를 소비한다는 개념이다. 많

표 9-3 저열량 채소 · 과일류의 1회 분량당 에너지 및 수분 함량

식품명	1회 분량(g)	에너지(kcal)	수분(%)
셀러리	70	11.9	93.9
상추	70	12.6	93.8
오이	70	9.8	95.2
토마토	70	13.3	93.9
피망	70	15.4	93.2
당근	70	21.7	91.1
자몽	100	32.0	90.8
블루베리	100	48.0	86.6
딸기	100	34.0	90.4
사과	100	49.0	86.0

자료: 농촌진흥청 국가표준식품성분표 제9개정판

은 과일과 채소는 열량이 낮고 식이섬유의 좋은 급원이기는 하나, 실제로 'negative calorie' 식품은 아니다. 아무리 저열량 식품이라고 해도 식품을 먹은 후 소화시키는 데 에너지가 소비된다고 추가적으로 체중이 감량되지는 않는다.

(2) 안전성

인터넷에서 마이너스 칼로리 식품에 관한 목록을 쉽게 찾을 수 있는데, 셀러리가 종종 가장 처음에 나오고, 그 뒤를 상추, 오이, 그리고 몇 가지 베리류, 감귤류가 잇는 다. 이들 식품은 대부분 열량이 낮고 수분 함량이 중량의 90% 이상이다. 저열량의 식물성 식품은 균형 잡힌 식습관을 계획하는데 유익하지만, 이들 식품이 유일한 영양 공급원으로 공급될 경우 단백질과 지질 함량이 부족하여 바람직하지 못하다. 개별적인 식품으로 접근하는 것보다 다양한 식품을 포함하는 균형적인 식습관을 형성하는 것이 건강 체중을 유지하기 위한 지속가능한 접근법이다.

4) 해독 다이어트(Detox diet)

(1) 원리와 방법

신체 해독 과정은 두 가지 형태의 독소가 몸에서 제거될 수 있도록 변형시킨다. 하나는 정상적인 대사 과정 동안 몸에서 만들어지는 것이고, 다른 하나는 몸 밖에서 먹거나 마시거나 호흡 또는 피부를 통해 흡수되는 것이다.

예를 들어, 미토콘드리아 전자전달계 내 에너지 생성 과정 중 슈퍼옥사이드

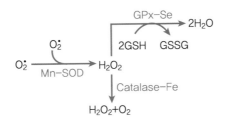

그림 9–1 미토콘드리아 내 산화 스트레스와 항산화 효소

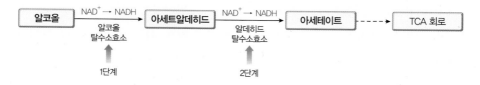

그림 9-2 알코올의 체내 해독 과정

(superoxide radical, O_2^-)가 생성되는데 항산화 효소에 의해 제거될 수 있다. 알코올은 우리 몸에서 2단계를 거쳐 아세테이트로 산화되는데, 아세테이트는 다른 분자를 합성하거나 에너지를 생성하는 데 사용될 수 있다.

독소는 잠재적으로 인체 건강에 위험하므로 변형되어 소변이나 대변, 호흡 또는 땀을 통해 배설되어야 한다. 각 사람의 해독 능력은 환경, 식이, 생활양식, 건강 상태, 유전 인자에 따라 영향을 받아 다양하다. 그러나 사람이 배출시킬 수 있는 범위를 초과하는 독소에 노출되면, 독소가 지방 세포, 연조직, 뼈에 축적되어 건강에 부정적인 영향을 줄 수 있다. 그래서 해독 능력을 지원하는 다이어트가 유행하는 것인데 더 많은 연구가 필요하다. 대부분의 해독 프로그램은 가공식품과 유제품, 글루텐, 달걀, 땅콩, 적색육과 같은 식품을 섭취하지 말라고 권장한다. 또한 유기농 채소, 과일, 글루텐 프리, 견과류, 종실류, 저지방 단백질을 주로 섭취하도록 권장한다. 어떤 프로그램은 일부 사람들에게 위험할 수 있는 금식을 권장하기도 하는데, 해독 다이어트의 한 예로 2일간 단식을 권장하면서 하루에 생수나 레몬주스, 녹차를 최소 2리터 마시게 한다.

(2) 안전성

해독 다이어트를 지지하는 연구가 부족하고 해독 프로그램은 매우 다양해서 건강에 문제가 있는 사람, 섭식 장애(eating disorders)가 있는 사람, 여러 가지 약물을 복용하는 사람, 임신 중이거나 수유 중인 여성에게는 더욱 위험할 수 있다. 특히 단식은 어떤 사람들에게 위험할 수 있으며, 실제로 단식은 신체의 해독 과정을 억제할 수 있다.

자연적으로 해독 과정을 증진시킬 수 있는 방법

해독을 지원하기 위해서 엄격한 계획을 짤 필요는 없다. 몸의 자연적인 해독 과정을 증진시킬 수 있는 방법이 있다.

- 깨끗한 물을 충분히 마신다.
- 과일과 채소를 하루에 5~9회 섭취한다.
  – 일부 비타민과 무기질은 신체의 해독 과정에 필요하므로 일상 식이에서 비타민과 무기질이 부족하면 복합비타민이나 복합무기질 섭취를 고려할 수 있다.
- 장의 규칙성(regularity)을 유지하기 위해 채소, 과일, 견과류, 종실류, 전곡류를 통해 매일 식이섬유를 섭취한다.
- 브로콜리, 방울양배추(Brussels sprouts), 베리류, 아티초크, 마늘, 양파, 파, 녹차 등 해독 기능을 돕는 십자화과 채소를 섭취한다.
- 글루타치온(신체의 주요 해독 효소)의 적정 수준을 유지하기 위해 적정량의 저지방 단백질을 섭취한다.
- 장 건강을 증진시키기 위해 요구르트, 김치와 같은 천연 발효식품을 섭취하거나 양질의 프로바이오틱을 섭취한다.

자료: Academy of Nutrition and Dietetics(www.eatright.org)

5) 간헐적 단식(Intermittent fasting)

(1) 원리와 방법

공복 시 인슐린의 수준이 감소하고 지방이 주요 에너지원으로 사용되면서 체중이 감소하는 방법이다. 다음의 세 가지 형태가 있다.

① Alternate day fasting

식사와 단식을 하루씩 번갈아 가면서 하는 것이다. 단식일에는 칼로리가 있는 식품이나 음료를 섭취하지 않고, 물이나 블랙 커피, 차 등 칼로리가 없는 음료수는 허용된다. 식사를 할 수 있는 날에는 원하는 것을 무엇이든지 먹을 수 있다. 이론적으로 일주일 동안 일반적인 총 에너지 섭취량을 줄일 수 있고 시간이 지날수록 열량을 부족하게 섭취하므로 체중을 감량할 수 있다.

② Modified fasting

단식일에 매우 적은 양의 음식을 섭취하는 것으로 필요 열량의 20~25 %까지 제한시켜, 500kcal 미만으로 섭취하기도 한다. 5:2 방법의 경우 일주일에 5일은 평소 식이 패턴을 따르고 2일은 단식하는 것으로 수정할 수도 있다.

③ Time-restricted fasting

주로 깨어 있는 시간에 열량 섭취를 제한시키는 것으로 자는 시간을 포함해서 일정 시간 동안 단식하는 것이다. 저녁 식사 후 간식을 먹지 않거나 일어나자마자 아침을 먹지 않는 사람들이 실천하기 쉽다. 16:8 방법의 경우 24시간 중 16시간 동안 단식을 하고 8시간 동안 식사를 할 수 있다.

(2) 안전성

웹 사이트에서는 간헐적 단식이 체중 감소, 심장 질환, 제2형 당뇨, 수면 장애에 도움이 되고 심지어 노화의 속도도 늦춘다고 하나, 불행하게도 아직 과학적 증거가 부족하다. 게다가 많은 연구는 소규모로 진행되었거나 동물 연구의 결과에 기초하여 이러한 연구 결과를 사람에게 적용할 수 있을지 결정할 수 없다. 그리고 어떤 연구는

> ### 1일 1식 다이어트
>
> 1일 1식 다이어트를 했을 때 1일 3식을 하는 경우보다 체중 감량과 혈중 지질 농도가 개선되었다는 연구 결과가 있었고, 간헐적 다이어트를 하는 경우 체중 감소와 인슐린 민감성 증가 및 혈중지질 농도 개선이 관찰되었다는 연구 결과들이 발표되었다. 그러나 대부분의 연구가 동물실험이나 소수의 과체중 및 비만인을 대상으로 한 연구이거나 혹은 대조군이 제대로 설정되지 않은 채 단기간 진행되어 장기간 실시했을 때 대사적 위험성이 간과되었다는 문제점이 지적되고 있다.
> 특히 간헐적 단식 다이어트가 체중 감량과 인슐린 민감성, 혈중 지질 농도에 미치는 영향은 일반적인 식이 조절 방식인 전체 섭취 열량을 감소시킨 경우와 차이가 없었다고 보고되어(Harvie et al, 2011; Halberg et al, 2005; Harvie and Howell, 2017) 1일 1식 다이어트를 포함한 간헐적 단식 다이어트의 체중 감량 효과는 주로 열량 섭취 감소에 의한 것으로 볼 수 있다.
>
> 자료: 한국영양학회(www.kns.or.kr)

매우 짧은 기간 동안 수행되어서 장기적인 간헐적 단식의 효과는 알려져 있지 않다. 연구 결과에 따르면, 단식 후의 체중 감량은 전형적인 저열량 식이의 체중 감량과 동등하나 극심한 배고픔과 집중력 저하가 부작용으로 보고되어 있다. 또한, 간헐적 단식 다이어트는 기초대사율을 감소시키고 식욕 조절을 어렵게 하여 식사를 할 수 있는 날에 평소보다 더 많이 섭취하기도 하였다.

6) 원푸드 다이어트(One food diet)

(1) 원리와 방법

원푸드 다이어트는 감자, 토마토, 달걀 등 한 가지 식품만 집중적으로 섭취하는 체중 조절 방법이다. 프로그램에 따라 내용은 다양하나, 일반적으로 하루 1~2끼니는 원푸드를 섭취하고 남은 끼니는 정상적으로 섭취하는 경우가 많다. 식단을 계획할 필요도 없이 손쉽게 간단한 식단으로 체중을 감량시킬 수 있으나, 이것은 주로 에너지 섭취량의 감소에 의한 것으로 원푸드 다이어트의 경우 1일 에너지 섭취량은 1,200kcal 내외이다.

(2) 안전성

원푸드 다이어트는 식단이 단조로워 유지하기 어렵고 원래의 식사 습관으로 돌아간 후에는 요요현상이 생길 위험이 상당히 높다. 특정 식품만 계속 섭취하다 보면 영양 불균형이 초래될 가능성이 있다. 같은 고기·생선·달걀·콩류에 속하더라도 쇠고기와 돼지고기, 우유, 달걀 등의 영양 성분이 상이하여 식품 섭취의 다양성이 강조되듯이 모든 영양소를 골고루 갖추고 있는 단일 식품은 없기 때문이다.

2. 식행동 장애

누구나 식행동 장애(Eating disorders)로 영향을 받을 수 있으며 증상이 있는 사람은 전문가의 도움을 받는 것이 중요하다. 식행동 장애는 조기에 치료할수록 완치될 확률이 높다. 식행동 장애에는 신경성 거식증(anorexia nervosa), 신경성 대식증(bulimia nervosa), 습관성 폭식 장애(binge eating disorder)가 있다.

1) 신경성 거식증

체중 증가에 대한 두려움으로 음식의 섭취를 극도로 제한하는데, 왜곡된 신체상과 관련된다. 전혀 살이 찌지 않았고 다른 사람들도 그렇게 이야기하지만, 스스로 살이

왜곡된 신체상과 정신 건강

왜곡된 신체상을 갖는 것은 특히 정상 체중을 가지고 있는 청소년에서 부적절한 체중 조절 행동이나 영양 상태 불량 등의 문제와 관련된다. 청소년건강행태온라인조사(제10차, 2014)를 활용하여 정상 체중인 고등학생 20,264명을 분석했을 때 남학생의 36.1%, 여학생의 9.5%는 자신의 신체상을 과소 평가하였고, 이에 반해 여학생의 23.4%, 남학생의 4.5%가 자신의 신체상을 과대 평가하였다. 과소 평가이든지 과대 평가이든지 간에 왜곡된 신체상은 우리나라 고등학생에서 우울감이나 자살 생각 경험과 유의한 관련성을 나타냈다(Lee & Lee, 2016).

이사벨 카로

이사벨 카로(Isabelle Caro, 1982. 9. 13.~2010. 11. 17.)는 프랑스의 배우이자 모델로, 13세부터 심한 거식증을 앓았다. 이탈리아의 패션 브랜드인 놀리타(No.I.ita)의 거식 금지(No anorexia) 광고에 출현했을 당시 키 165cm에 몸무게는 31kg에 불과했다. 정확한 사인은 알려져 있지 않으나, 급성 호흡기 질환으로 2주간 병원에 입원하였다가 사망하였다.

사진 자료: 위키피디아(https://en.wikipedia.org/w/index.php?curid=31770109)

쪘다고 믿는다. 날씬하다고 깨달아도 허벅지나 엉덩이 등 특정 부위에 살이 쪘다고 믿는다. 실제 신체상과 인지된 신체상 사이에 불일치 정도가 심할수록 질병은 심각하다. 두 가지 형태가 있는데, 하나는 음식을 제한하며 금식하고 과격하게 운동을 하는 것이고, 다른 하나는 폭식한 후에 장을 비우는 것이다. 의사, 영양사, 심리학자 등의 도움으로 먼저 음식 섭취를 증가시키면서 관련된 정서적 문제를 치료해야 한다.

2) 신경성 대식증

폭식 후에 구토나 완하제, 이뇨제, 관장제를 남용하거나 과도한 운동으로 섭취한 과량의 에너지를 없애려고 한다. 신경성 거식증과는 달리 자신의 행동을 정상적이지 않은 것으로 인식하고 있으며, 많은 경우에 자존감이 매우 낮고 우울감을 느낀다. 사람들 앞에서는 폭식하지 않고 비밀리에 하는데, 주로 우울하거나 스트레스를 받았을 때 폭식한다. 폭식과 금식을 번갈아 하면서 체중이 5kg 정도 변하기도 한다. 구토로 인한 식도의 손상 위험을 감소시키기 위해 폭식에 섭취하는 음식의 양을 줄이고 규칙적인 식습관을 형성할 수 있도록 해야 한다. 매우 우울하고 자살의 위험도 높기 때문에 심리학적 도움이 필요하다.

그림 9-3 신경성 대식증의 폭식 – 장 비우기 악순환

표 9-4 식행동 장애의 특징

신경성 거식증	• 급격한 체중 감소 • 건강 체중을 유지하기를 거부 • 체형을 감추려고 헐렁한 옷이나 레이어를 착용 • 체중, 운동, 칼로리에 집착 • 식품 제한 및 회피 • 체중을 감량하면 삶이 좋아질 것이라고 믿음 • 다이어트 약, 완하제, 관장제를 사용 • 혼자 식사하고 다른 사람과 식사하는 것을 두려워함 • 탈모, 쑥 들어간 눈, 창백한 피부 • 현기증과 두통 • 자존감이 낮고 타인의 인정을 원함 • 체온 감소(지방의 손실로 추위를 느낌) • 기초대사율, 혈압과 심박수 감소 • 생리주기가 없어지고 생리 기간이 불규칙함 • 변비, 복통, 빈혈 • 우울증, 불안, 피로 • 수면 장애 • 잦은 구토로 인한 치아 손실
신경성 대식증	• 폭식과 인위적 구토 • 먹는 것을 통제할 수 없는 것에 대한 두려움 • 식사 후 화장실에 가서 구토(소리를 감추기 위해 물을 틀어 놓기도 함) • 규칙적인 구토와 이뇨제의 사용으로 혈중 칼륨 농도가 감소하고, 이것은 심장의 리듬을 방해하여 갑자기 사망할 수도 있음 • 지속적인 구토로 인한 침샘의 팽창 • 위궤양과 식도의 손상 • 치아 상태 불량(충치, 치통) • 잦은 완하제 사용에 따른 변비
습관성 폭식 장애	• 장 비우기 없이 신경성 대식증과 비슷 • 체중 감량과 상관없는 만성적 다이어트 • 다른 사람 몰래 혼자서 폭식함 • 매우 빠르게 먹음 • 배가 고프지 않아도 먹음 • 불쾌하게 배부를 때까지 먹음 • 우울감을 느끼거나 식습관에 대해 부끄러움을 느낌 • 혈압과 콜레스테롤이 높음 • 체중 증가

3) 습관성 폭식 장애

많은 양의 음식을 자주 먹는다. 단 시간에 빠르게 먹으며 불쾌하게 배부를 때까지

Orthorexia: An obession with eating pure

Orthorexia는 '정직한, 완전한'을 뜻하는 그리스어 orthos와 '식욕'을 뜻하는 그리스어 orexia에서 유래한다. "Helath food eating disorder"로 불리기도 한다. 건강한 식품만 섭취하는 것은 대부분의 사람들에게 해로울 것 같지는 않다. 그러나 어떤 사람들에게 건강한 식품만을 고집하는 식행동은 집착으로 발전한다. 신경성 거식증과 마찬가지로 식품을 제한시키는 장애이며 식품의 양보다는 유기농 식품, 포장재 등 질적인 면에서 엄격히 제한한다. 만약에 누군가가 건강하지 않은 음식을 먹기를 거부하거나 가족과의 식사나 외식에 빠지기 시작하거나 한때 좋아했던 음식을 거절하거나 직접 준비하지 않은 음식을 먹을 수 없다면 "orthorexia"라는 새로운 식행동 장애로 고생하고 있을 수 있다. 영양표시, 성분 목록을 강박적으로 확인하고 많은 식품을 끊고 건강한 식품을 이용할 수 없을 때 상당한 스트레스를 받으며, 관련된 정보를 집요하게 따른다. 건강하지 않다고 여겨지는 음식 또는 스스로 제한시킨 음식을 섭취하는 것, 다른 사람이 준비한 음식을 섭취하는 것은 극심한 불안감을 초래할 수 있다. 일반적으로 특정 식품 또는 식품군 전체를 끊을 수 있고 심각한 경우 중요한 영양소가 식사에서 배제되어 영양실조에 이를 수 있다.

자료: Academy of Nutrition and Dietetics(www.eatright.org)

먹고, 배고프지 않을 때도 폭식을 한다. 다른 사람에게 감추기 위해 혼자서 폭식하고, 폭식한 후에는 스트레스나 죄책감, 우울감을 느끼지만 구토 등 장 비우기는 하지 않는다. 주로 아이스크림, 쿠키, 과자, 단것 등을 즐긴다. 음식을 감정과 연결시키지 말고, 자신의 감정적 요구를 인지하며 감정을 표현할 수 있도록 한다.

3. 건전한 다이어트

단순히 약을 먹거나 패치를 붙이거나 크림을 바른다고 체중이 준다면 얼마나 좋을까? 그러나 불행하게도 식습관을 바꾸지 않고 체중을 감량할 수 있다는 것은 사실이 아니다. 거짓된 약속이나 극찬하는 제품 후기에 현혹되지 말아야 한다. 이들 제품 중 일부는 건강을 해칠 수 있고 제품 사용자가 잃는 것은 돈이다.

건강한 식생활과 운동의 균형을 배우면 더 쉽게 체중을 감량하고 유지할 수 있다.

생활습관을 바꾸는 것이 쉽지는 않으나, 몇 주 또는 몇 달 후에도 포기하지 않는 건강한 습관을 형성하는 것은 체중 감량을 유지하도록 돕는다.

체중 감량은 식사요법, 운동요법 및 행동수정요법을 병행할 때 효과가 크게 나타난다. 또한 장기적인 계획하에 실행되어야 한다.

요요현상

비만은 다른 질환에 비하여 치료가 어렵고 치료 후에도 원래 상태로 되돌아가기 쉽다는 특성이 있는데, set-point 이론에 의하면 극심한 식사 제한을 한 경우 신체가 적응하게 되고 열량이 조금만 증가된 식사를 할 경우라도 체중이 원래 체중보다 증가되는 현상을 일컫는다.

(1) 식사요법

① 기본 원칙

소비되는 에너지량보다 적은 양의 에너지를 함유하고 있는 저열량의 식사를 균형되게 규칙적으로 하는 것이 중요하다. 즉, 체중 감량을 하고자 하는 대상자의 연령, 성별, 비만 정도, 활동량 등을 고려하여 평소 식사량보다는 낮은 열량의 식사를 영양적으로 균형 잡히게 구성하고 일정한 시간에 식사를 하는 것이 체중 감량을 위한 기본 원칙이다.

1일 에너지 소비량 계산하기

하루의 에너지 소비량을 계산하는 방법에는 여러 가지가 있다. 여기서는 활동계수를 활용하여 1일 에너지 소비량을 계산하는 방법을 알아본다. 에너지 소비량은 기초대사량, 신체활동대사량, 식사성 발열효과로 구성되므로 이들을 차례대로 계산하는 원리이다.

1. 기초대사량
• 성인 남자(kcal/일) = 1kcal/kg/hr × 체중(kg) × 24(hr)

(계속)

- 성인 여자(kcal/일) = 0.9kcal/kg/hr × 체중(kg) × 24(hr)

2. 시간당 활동계수

다음의 활동계수를 활용하여 활동일지를 작성해보고 활동계수를 구한 다음 24시간으로 나누어 줌으로 시간당 활동계수를 구한다.

활동 수준	활동의 예	활동계수*
매우 가벼운 활동	수면	0.9
	휴식, 독서, 글쓰기, 앉아서 담화	1.2
	서서 담화, 식사	1.3~1.4
	세수, 배변, 재봉, 악기 연주, 운전, 책상 사무	1.5~1.6
	버스에서 서 있기, 산책, 다리미질, 보통 걷기(2.5~3mph), 취사	2.0
저강도 활동	전기청소기, 골프, 아이 돌보기	2.7
중강도 활동	통학 출근, 손빨래	3.1~3.2
	볼링, 자전거(보통 속도)	3.5~3.6
	걸레질	4.5
	에어로빅댄스, 빨리 걷기	5.0
고강도 활동	탁구	6.0
	스키, 배구, 배드민턴, 조깅, 등산	7.0
	축구 역기, 테니스, 스케이트	8.0
	수영	9.0

* 활동계수 = (기초대사량 + 활동대사량) / 기초대사량

3. 기초대사량 + 신체활동대사량

기초대사량에 시간당 활동계수를 곱해서 구한다.

4. 기초대사량 + 신체활동대사량 + 식사성 발열효과(= 1일 에너지 소비량)

3에서 나온 값에 10%를 더함으로 1일 에너지 소비량을 구한다.

예: 체중이 55kg인 20대 여자 대학생의 경우 기초대사량은

0.9kcal/kg/hr × 55(kg) × 24(hr) = 1,188kcal이고, 1일 활동계수의 합이 35라고 하면 시간당 활동계수는 35/24시간 = 1.46/시간이 된다. 기초대사량에 시간당 활동계수를 곱한 것(1,188kcal × 1.46 = 1,732.5kcal)이 기초대사량과 신체활동대사량의 합이다. 마지막으로 1,732.5kcal에 식사성 발열효과 10%를 부가하면(1,732.5kcal × 1.1) 1일 에너지 소비량 1,905.2kcal가 나온다.

② 에너지 및 영양소 섭취

일반적으로 권장하는 체중 감량을 목표로 일주일에 0.5kg의 체지방을 감량하기 위해서는 1일 500kcal의 에너지를 적게 섭취해야 한다. 이때 개인의 평소 식사량, 비만 정도, 활동량 등을 고려하여 에너지를 감량해야 하는데, 에너지를 너무 심하게 제한

식빵 5쪽   밥 1½공기   시루떡 200g   감자 5개   크래커 25개

그림 9-4 탄수화물 100g에 해당되는 식품량

표 9-5 체중 감량을 위한 영양소별 원칙

영양소	원칙	주의
에너지	0.5kg/1주일 체중 감량을 위해서는 1일 에너지 섭취량은 에너지 소비량보다 500kcal 적게 섭취해야 함	남자 1,500kcal/일, 여자 1,200kcal/일 섭취 이하는 주의
탄수화물	• 1일 에너지 섭취량의 50~60% 섭취 • 적절한 탄수화물 섭취는 체단백질 손실 방지, 케톤증 등을 예방하기 위하여 1일 최소 100g 이상의 탄수화물을 섭취해야 함	복합당질 위주로 섭취하고 식이섬유는 하루 20~25g 이상 섭취 필요
단백질	• 일 에너지 섭취량의 20~25% 섭취 • 저열량식에 의한 체단백질이 분해되어 에너지원으로 사용되는 것으로 방지하고 건강한 단백질 영양 상태를 유지하기 위해 건강 체중 kg당 1.0~1.5g의 단백질 섭취를 권장함	기름기를 제거한 육류, 저지방 생선, 달걀흰자, 저지방 우유·유제품, 콩류 등의 양질 단백질 섭취
지질	• 1일 에너지 섭취량의 15~20% 섭취 • 포화지방은 1일 지질 섭취량의 1/3 이내로 섭취 • 콜레스테롤은 1일 200mg 이내로 섭취	튀김, 전 종류의 섭취를 피하고 조리 시 들어가는 식물성 유지 사용
비타민·무기질	다양한 채소와 과일 섭취하도록 함. 특히 항산화 비타민, 칼슘, 철 등의 섭취에 유의	1,200kcal/일 이하 섭취 시 혼합 비타민·무기질 보충제 복용
수분	1일 최소 1L(5컵) 이상 섭취	단 음료보다 물 섭취
알코올	효과적인 체중 감량을 위해 알코올 섭취를 제한함	알코올과 안주는 열량이 높으므로 섭취를 제한함

자료: 김선효 외, 식생활과 건강, 파워북

바람직한 체중 감량

바람직한 체중 감량은 1개월에 2kg, 즉 1주일에 0.5kg이다. 식사요법만으로 1주일에 0.5kg을 감량하고자 한다면 하루에 약 500kcal를 적게 섭취해야 한다. 체지방 1kg은 7,700kcal를 내므로 0.5kg의 체지방을 감량하려면 1주일에 3,850kcal를 적게 섭취하여야 하고 이것은 하루에 약 500kcal의 섭취량을 감소시켜야 함을 의미한다. 하루에 200kcal를 소모하는 운동요법과 병행한다면, 하루에 약 300kcal의 섭취량을 감소시킬 수 있다.

할 경우 장기간 지속하기 어려울 뿐만 아니라 영양소의 결핍과 기초대사량의 감소를 통한 요요현상 및 건강상의 문제를 일으킬 수 있으므로 최소 남자의 경우 1,500kcal, 여자의 경우 1,200kcal를 섭취해야 한다.

탄수화물은 복합당질 위주로 식이섬유소를 하루 20~25g 이상 섭취해야 한다. 또한 적절한 탄수화물의 섭취는 단백질 절약, 케톤증(ketosis)을 예방할 수 있으므로 1일 최소 100g 정도의 탄수화물을 섭취해야 한다. 단백질은 저열량식을 할 때 체단백질을 분해하여 에너지원으로 사용되는 것을 방지하기 위하여 체내 이용률이 높은 양질의 단백질 위주로 섭취해야 한다. 지방은 지방 섭취량뿐만 아니라 종류 중 포화지방산, 트랜스지방, 콜레스테롤과 같은 이상지질혈증과 같은 합병증을 일으킬 수 있는 종류에 대하여 조절이 필요하다. 1,200kcal 이하의 식사를 하는 경우 식사만으로 비타민이나 무기질이 부족할 수 있으므로 이를 고려한 보충제 사용을 고려해야 한다.

③ 외식과 간식

외식은 가정 식사에 비하여 지방과 당류 및 나트륨 함량이 많고 1인 제공량이 많아 과식하는 경향이 있다. 이로 인해 에너지 섭취량이 많아지기 쉽기 때문에 체중 감량을 위해서는 외식을 주의해야 한다. 만약 외식을 해야 한다면 중식이나 양식에 비하여 밥, 국이나 찌개, 나물, 김치 등으로 구성되어 있는 한식을 선택하는 것이 열량은 비교적 낮으면서 다양한 영양소를 섭취할 수 있고 포만감을 주기 때문에 좋다. 간식으로 섭취하는 식품인 과자, 패스트푸드, 탄산음료 등은 당류, 지방이 많고 비타민이나 무기질은 적은 빈열량식품(empty calorie food)이므로 체중 조절 시 주의해야 한다.

선택 음식	대체 음식	열량 차이(kcal)	선택 음식	대체 음식	열량 차이(kcal)
 군만두(250g), 685kcal	 물만두(250g), 421 kcal	264	 삼선자장면(700g), 804kcal	 삼선짬뽕(900g), 662 kcal	142
 떡만둣국(700g), 625kcal	 만둣국(700g), 434 kcal	191	 깐풍기(200g), 589kcal	 라조기(200g), 399kcal	190
 찹쌀떡(100g), 277kcal	 증편(100g), 193kcal	84	 떡라면(700g), 743kcal	 라면(550g), 526kcal	217
 참치김밥(250g), 418kcal	 김밥(200g), 318 kcal	100	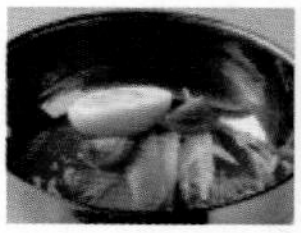 비빔냉면(550g), 623kcal	 물냉면(800g), 552kcal	71
 볶음밥(400g), 773kcal	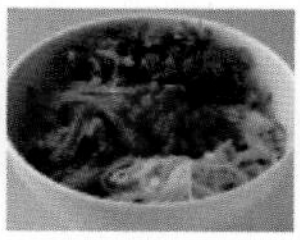 비빔밥(500g), 707kcal	66	 페스트리(70g), 320kcal	 모닝빵(70g), 232kcal	88

그림 9-5 외식과 간식의 열량 비교

자료: 식품의약품안전처, 외식영양성분자료집통합본 2012~2017, 식품안전정보포털(www.foodsafetykorea.go.kr)

④ 알코올

일반적으로 알코올을 함유하고 있는 음료는 다른 영양소가 거의 들어 있지 않고 오직 알코올 1g당 7kcal의 에너지만 제공되기 때문에 제한해야 한다. 예를 들어 알코

건강기능식품과 체지방 감소

식품의약품안전처는 동물시험, 인체적용시험 등 과학적 근거를 평가하여 영양소 또는 인체에 유용한 기능을 가진 기능성 원료를 인정하고 있으며, 이런 기능성 원료를 가지고 만든 제품이 '건강기능식품'이다. 기능성 원료에는 크게 두 가지가 있는데, 식품의약품안전처에서 「건강기능식품 공전」에 기준 및 규격을 고시하여 누구나 사용할 수 있는 고시된 원료와 개별적으로 식품의약품안전처의 심사를 거쳐 인정받은 영업자만이 사용할 수 있는 개별인정 원료이다. 건강기능식품의 기능성에는 '영양소 기능, 질병 발생 위험 감소 기능, 생리 활성 기능'이 있으며, 이 중 생리 활성 기능에 해당되는 체지방 감소와 관련된 다양한 기능성 원료가 인정되어 있다. 건강기능식품의 영양기능정보 표시에서 "체지방 감소에 도움을 줄 수 있음"이라는 문구를 확인할 수 있다. 건강기능식품을 구입할 때는 반드시 자신에게 필요한 기능성인지, 식품의약품안전처에서 인정한 건강기능식품 문구 또는 인증마크가 있는지, 섭취 시 주의사항이 무엇인지 확인해야 한다. 체지방 감소와 관련된 건강기능식품 기능성 원료에는 다음과 같은 것들이 있다.

기능성 원료		관련 기전
고시형	녹차 추출물	식욕 저하, 열 생성 촉진, 지방 연소 증가
	가르시니아 캄보지아 껍질 추출물	탄수화물이 지방으로 합성되는 것을 억제
개별인정형	히비스커스 등 복합추출물	지방 산화 관련 물질 조절, 지방의 흡수 방해 * 히비스커스 추출물, 키토산, 키토올리고당, L-카르니틴 함유
	레몬밤 추출물 혼합 분말	내장지방의 혈관 신생 억제

자료: 식품안전정보포털(www.foodsafetykorea.go.kr)

올도수 5%인 맥주 500cc에는 대략 25g의 알코올이 들어 있어 175kcal의 에너지를 내는 쌀밥 약 1/2공기(약 150kcal)보다 더 많은 에너지를 내게 된다. 특히 알코올과 같이 섭취하게 되는 안주의 경우 대부분 지방 함량이 높기 때문에 쉽게 내장지방형 비만이 될 수 있다.

(2) 운동요법

비만 치료로 규칙적인 운동을 했을 경우 체중 감소 이외에 특정 질환의 발생 위험률 감소와 심리적 측면에서 여러 가지 장점들이 존재한다.

표 9-6 규칙적인 운동의 장점

생리적 측면	심리적 측면
• 체중을 일정하게 유지시켜 준다. • 골격을 튼튼하게 한다. • 근육의 강도와 기능을 향상시킨다. • 심기능과 폐기능을 향상시킨다. • 당뇨병의 치료(혈당관리)에 도움이 된다. • 위장관과 신경기능을 향상시킨다. • 면역기능을 증강시킨다.	• 정서적 안정감을 주고 우울증을 해소한다. • 자존감(self-esteem)을 증진시킨다. • 스트레스를 해소시킨다. • 잠을 푹 잘 수 있게 해준다.

자료: 박태선, 김은경, 현대인의 생활영양, 교문사

① 운동 종류

체중 감량을 위해서는 유산소운동과 무산소운동을 병행하는 것이 효율적이다. 체지방 감량을 위해서는 걷기, 달리기, 자전거 타기, 수영, 줄넘기 등의 유산소 운동이 효율적이다. 무산소 운동에 해당되는 고강도 근력 운동은 근육 증강에 효율적이고 체중 감량에 의한 근육의 손실을 막아 기초대사량 감소를 막아 주기 때문이다.

② 적절한 운동을 위한 방법

적절한 운동을 위한 방법으로 FIT지침에 따라 실행하는 것이 좋다. FIT지침은 운동의 빈도(Frequency), 운동의 강도(Intensity), 운동시간(Time)을 고려해야 한다는 것이다. 운동 빈도는 일정한 간격을 두고(예를 들어 월요일, 수요일, 금요일) 운동하는 것이 좋으며, 운동 강도는 땀이 나고 숨이 차면서 대화가 가능한 수준으로 운동하고, 운동 시간은 스트레칭 5~10분, 본 운동 30~45분, 체조 등 마무리 운동으로 5~10분이 적당하다는 것이다.

(3) 행동수정요법

행동수정요법은 대부분 잘못된 생활습관으로 인한 비만의 근본 원인을 개선하고 체중을 감량하며 감량한 체중을 유지할 수 있도록 자기 관찰, 자극 조절과 행동 강화의 3단계로 구성된다. 자신을 관찰하고 비만의 원인이 되는 문제점을 발견하고 개선하기 위하여 목표를 세우는 자기 관찰 단계(체중 기록, 식사 일기, 신체 활동 일기 등),

비만의 원인이 되는 식습관과 운동습관 등 생활습관에 관한 자극을 조절 수정해가는 자극 조절 단계, 행동 수정에 대하여 일정한 보상을 통한 행동을 강화하는 행동 강화 단계로 구성된다.

								일자: 년 월 일
시간	장소	음식명	섭취량	재료	배고픈 정도[1]	식사 상황[2]	기본[3]	

1. 배고픈 정도 (1: 배고프지 않았음, 2: 약간 배고팠음, 3: 매우 배고팠음)
2. 식사 상황: 누구와 함께 식사를 하였는지, 식사를 할 때 특별한 행동을 하였는지 기록
3. 기본 상황: 식사할 때 기분이 좋았는지, 나빴는지

그림 9-6 식사 일기의 예
자료: 대한비만학회, 비만치료 지침

거꾸로 다이어트

'소녀시대'의 다이어트로 알려져 있는 거꾸로 다이어트는 밥을 먹고 후식을 먹는 순서를 역으로 하는 것이다. 식이섬유(과일 및 채소류), 단백질, 탄수화물의 순으로 식사하는 것이 특징인데, 섭취량을 줄이는 자극 조절 기법의 예가 될 수 있다. 비타민, 무기질 등 영양소 밀도가 높은 과일과 채소를 먼저 섭취하면 포만감을 주기 때문에 전체적인 식사량을 줄일 수 있다. 또한, 대부분의 과일과 채소는 당지수가 낮아 체중 감량에 유익하다. 순서 이외에도 반대 손을 이용해 식사하는 것으로 천천히 포만감을 갖도록 하여 과식을 예방할 수도 있다.

표 9-7 체중 감량을 위한 자극 조절 기법

음식 쇼핑	• 배가 부를 때 음식을 구입한다. • 음식을 구입할 때는 미리 구입 목록표를 작성한다. • 패스트 푸드나 조리하지 않고 먹는 음식을 피한다. • 음식 구입 시 미리 구입에 필요한 만큼의 돈만 가지고 간다.
식사 계획	• 음식 섭취 양을 줄일 수 있도록 계획을 짠다. • 간식 대신에 운동으로 대체한다. • 계획된 시간에 식사와 간식을 한다. • 다른 사람들이 권하는 음식을 적절하게 거절한다.
음식과 연관된 행동	• 음식을 보이지 않는 곳에 보관하라. • 모든 음식은 정해진 한곳에서만 먹는다. • 집에서 정해진 곳이 아닌 곳(예: 책상 서랍 등)에 보관된 음식물은 없애 버린다. • 식사를 한 후에는 식탁 위에 음식물이나 그릇을 놓아두지 않는다. • 작은 양의 밥그릇이나 국그릇, 숟가락 및 음식 식기를 사용한다. • 직접 음식을 준비하거나 음식을 나누어 주는 역할을 피한다. • 식사 후에는 바로 식탁을 떠나거나 식당에서 나간다. • 음식이 남으면 보관하지 말고 과감히 버린다. • 음식이 아깝다고 남은 음식을 먹어 치우지 않는다.
생일이나 잔치, 회식 시	• 술을 적게 마신다. • 회식 전에 미리 간단하게 간식을 비롯한 음식을 먹는다. • 회식 전에 회식 시 음식을 어떻게 먹을 것인지 미리 계획을 한다. • 회식 때 분위기 메이커 역할을 하지 않는다. • 회식 시 고기를 먹을 때는 함께 식사를 한다(고기를 먹은 후에 식사를 하지 않는다). • 음식이나 술을 정중하게 거절할 수 있는 방법을 연습한다. • 가끔 계획대로 되지 않더라도 실망하지 않는다.
외식 시	• 외식이 꼭 필요하지 않은 약속은 식사 약속이 아닌 차를 마시는 약속이나 다른 활동(극장 구경이나 운동, 산책, 쇼핑 등)을 중심으로 약속을 잡는다. • 외식이 꼭 필요한 경우에는 가능한 한 자신이 원하는 음식을 먹을 수 있도록 유도한다. • 외식이 예정되었을 때 기존의 식사 계획은 계획대로 진행시키고(외식을 대비해서 굶는다든지 하는 행동은 금물) 미리 어떤 음식을 어떻게 먹을 것인지를 계획한다. • 외식 시에는 일품요리(예: 우동, 불고기덮밥)보다는 정식요리(예: 순두부 백반, 된장찌개 백반)를 택하도록 하고 일품요리의 경우 여러 가지 재료가 섞인 것을 선택한다. • 한 번에 많이 주문하지 말고 부족하면 추가로 주문한다. • 후식은 미리 주문하지 말고 식사 후에 주문한다. • 칼로리가 높은 음식은 자신의 자리에서 되도록 멀리 놓는다. • 곁들이는 야채를 먼저 먹고 드레싱은 가능한 사용하지 않는다. • 음료수는 가능한 한 시키지 말고 시원한 물이나 차로 대신한다. • 가격이 절약된다고 세트 음식을 시키지 않는다. • 코스요리(한정식, 일정식, 중정식 등)를 피하고 필요한 음식만 주문해서 먹는다. • 여러 음식을 시켜서 한꺼번에 나누어 먹지 말고, 각자 음식을 주문해서 자신의 음식만 먹는다.

자료: 대한비만학회, 비만치료 지침

표 9-8 다이어트 광고의 거짓된 약속과 진실

거짓된 약속	진실
식이요법이나 운동 없이 체중을 감량할 수 있음	기적적으로 체중을 감량할 수 있다는 것은 사실이 아님
체중을 감량시키기 위해 먹는 것에 대해 신경 쓸 필요가 없음	바람직한 식사와 규칙적인 운동 없이 체중을 감량할 수 있는 마법은 없음
이 제품을 사용하면 체중이 영구적으로 줄어듦	원하는 음식을 모두 먹으면서 체중을 줄게 하는 제품은 없음
체중을 감량하기 위해 약만 복용하면 됨	영구적인 체중 감량을 위해서는 영구적인 생활양식의 변화가 있어야 함. 한 번에 모든 결과를 약속하는 어떤 제품도 믿을 수 없음
한 달에 10kg을 감량할 수 있음	FDA 승인 지방 흡수 억제제나 식욕 억제제는 그 자체로 체중 감량을 초래하지 않음. 저칼로리, 저지방 식이, 규칙적 운동과 함께 병행해야 함
이 제품은 누구에게나 효과적임	제품이 어떤 상황에서 일부 사람들의 체중 감량을 도울 수 있다고 해도 모든 사람에게 효과적인 제품은 없음. 모든 사람들의 습관과 건강 문제는 같지 않음
패치나 크림으로 체중을 감량할 수 있음	착용하거나 피부에 바르는 어떤 것도 체중을 감량시키지 못함

자료: www.consumer.ftc.gov

한 달에 10kg 감량?

근육은 1g당 약 2kcal의 열량을 만들고, 지방은 1g당 약 7~8kcal의 열량을 만든다. 만약 한 달에 체지방을 10kg 감량한다고 하면 77,000kcal(7.7kcal/g×10,000g)가 부족해야 하는데, 이것은 하루에 약 2,500kcal에 해당하는 음식의 에너지 대사가 일어나야 함을 의미한다. 즉 하루에 2,500kcal를 더 소모하거나 2,500kcal를 덜 섭취해야 한다는 것인데, 20대 성인 여성의 1일 에너지 필요추정량은 2,100kcal로 말도 안 되는 것이다. 대부분의 유행 다이어트는 빠른 체중 감량을 약속하며 이는 대부분 제지방 조직과 수분이 감소한다.

American Heart Association에서 제시한 체중 감량을 위한 5가지 단계

1. 실현 가능한 목표를 설정해라: 단기목표 3~5% 감량
2. 얼마나 많이 왜 먹는지 이해하라: 식사 일기나 애플리케이션 활용
3. 1회 제공량(portion size)을 관리해라

  * 1회 제공량은 내가 섭취하기로 정한 양이다. 식품의 표준화된 양인 1인 1회 분량(serving size)
    보다 많을 수도 있고 적을 수도 있다.

4. 현명한 식품을 선택해라: 건강한 간식, 대체식품 등
5. 신체 활동을 많이 해라: 중등도 활동, 150분/주

영양과 운동에 관한 잘못된 정보

오해	사실
체중을 줄이기 위해서는 좋아하는 음식을 모두 포기해야 한다.	체중을 줄이려고 할 때 좋아하는 모든 음식을 포기할 필요는 없다. 좋아하는 고열량의 식품도 소량은 체중 감량 계획에 포함될 수 있다. 단지 총 섭취 열량을 유지해야 하는 것을 기억해라. 체중을 감량하기 위해서는 식품과 음료수를 통해 섭취한 열량보다 더 많은 열량을 태워야 한다. Tip: 고열량 식품을 제한하는 것은 체중 감량을 도울 수 있다.
빵, 파스타, 쌀 등의 곡류는 살이 찌게 하므로 체중을 감량하려고 할 때 이들을 피해야 한다.	곡류 자체가 살을 찌우거나 건강하지 않은 것은 아니다. 그러나 도정곡을 전곡으로 대체시키는 것은 더 건강하게 하고 포만감을 더 줄 것이다. 적어도 곡류의 절반 이상이 전곡이 되도록 해라. 현미, 통밀빵, 시리얼 등이 해당된다. 전곡은 철분, 식이섬유, 기타 중요한 영양소를 공급한다. Tip: 전곡, 통밀빵으로 대체하거나 섞어 먹는 것이 도움이 된다.
건강을 유지하거나 체중을 감량하기 위해서는 모든 지방을 피해야 한다.	건강을 개선시키거나 체중을 감량하려고 할 때 모든 지방을 피할 필요는 없다. 지방은 필수 영양소를 제공하므로 건강한 식사 계획에 포함되어야 한다. 그러나 지방은 단백질, 탄수화물보다 열량이 높기 때문에 추가적인 열량 섭취를 피하기 위해 지방을 제한시킬 필요는 있다. 체중을 감량하려면 아보카도, 올리브, 견과류와 같이 건강한 지방과 함께 적당량의 식품을 먹을 수 있다. 또한 전지방 치즈나 우유를 저지방 형태로 대체할 수도 있다. Tip: 한국인 영양소 섭취기준에서는 포화지방으로부터 하루 총 열량의 7% 미만을 섭취하도록 권장한다. 고체 지방의 섭취를 줄여라. 요리 시 버터 대신에 올리브유를 사용해라.
유제품은 살을 찌우고 건강에 좋지 않다.	유제품은 근육을 만들고 기관이 잘 기능할 수 있도록 돕는 단백질과 뼈를 튼튼하게 해 주는 칼슘을 함유하고 있기 때문에 중요한 식품군이다. 우유, 요거트와 같은 대부분의 유제품은 비타민 D가 강화되어 있어 칼슘을 사용하는 데 도움을 준다. 무지방 또는 저지방 우유로부터 만든 유제품은 전유로 만든 제품보다 열량이 낮다. Tip: 유당을 소화시킬 수 없다면 유당이 없거나 적은 유제품, 칼슘과 비타민 D를 함유한 다른 식품과 음료수를 선택해라. – 칼슘: 칼슘 강화 두유, 뼈째 먹는 생선, 짙은 녹색 채소 – 비타민 D: 시리얼 또는 비타민 D 강화 두유

(계속)

오해	사실
채식주의는 체중 감량과 건강에 도움이 된다.	건강한 채식이 비만, 혈압, 심장 질환의 위험을 낮출 수 있다고 하나, 총 섭취 열량이 감소하기 때문에 체중을 감량할 수 있다. 일부 채식주의자는 설탕, 지방, 열량이 높은 식품을 섭취하므로 체중이 증가할 수 있다. Tip: 채식주의 식사 계획을 따르면, 신체가 필요로 하는 영양소를 충분히 섭취해야 한다.
신체활동은 오래 하는 경우에만 계산된다.	규칙적인 신체 활동량을 충족시키기 위해서 장시간 운동할 필요는 없다. 매주 150분, 중간 강도의 신체 활동(빠르게 걷기)이 권장되는데, 일주일에 5일 이상, 하루에 10분 정도 3번씩 운동할 수 있다.
역도(근력 운동)는 몸집을 크게 하기 때문에 체중을 감량시키지 않는다.	일주일에 2~3회 근력 운동을 하는 것은 근육량을 늘려 기초대사량을 증가시키므로 체중을 조절하는 데 도움을 줄 수 있다. Tip: 큰 고무줄이나 저항밴드를 활용해서 윗몸 일으키기를 하면 근육을 키울 수 있다.

자료: www.niddk.nih.gov

CHAPTER 10

기호식품과 건강

기호식품은 평소 우리가 섭취하는 식품 중 단백질, 지질, 탄수화물, 무기질, 비타민과 물 같이 영양소를 이용하고자 하는 측면보다 심리적인 욕구를 충족하기 위한 식품으로, 특유의 맛과 향기의 기호에 따라 섭취하는 식품으로 정의할 수 있다. 차와 커피, 청량음료, 술 등이 속하며 기호식품은 식품 자체로 섭취하기도 하며 가공식품의 풍미를 증진시키는 데 이용되기도 한다. 또한 기호식품은 음료, 과자, 조미식품 및 담배도 포함한다. 기호식품은 흔하게 섭취하는 음료인 알코올성인 주류와 비알콜성인 차, 커피, 코코아 등으로 크게 분류할 수 있다. 이러한 기호식품은 섭취량에 따라 건강에 미치는 영향이 다르므로 기호식품의 종류 및 건강상의 영향에 대하여 알아본다.

1. 술과 건강

술은 알코올 성분을 1% 이상 함유하고 있고 마시면 취하는 모든 음료로 정의된다. 술은 선사시대 이전부터 존재하였으며 인류의 역사와 함께 계속하고 있다. 개인에 따라 적당량의 음주는 대인관계의 활력소가 되고 불안 및 스트레스를 완화해 주어 심리적으로 긍정적인 효과를 보일 뿐만 아니라 심혈관계 질환도 예방할 수 있다. 그러나 빈번하고 과도한 음주는 육체적 건강 문제뿐만 아니라 정신적 건강에 문제를 줄 수 있고 사회생활에 악영향을 미칠 수 있으므로 적절한 음주를 하도록 관리가 필요하다.

1) 술의 특성

(1) 술의 성분

술의 주성분은 알코올인 에탄올(ethanol)이다. 이 외에 술의 종류에 따라 건강에 좋은 영향을 미치는 성분인 당질, 아미노산, 펩타이드, 칼슘, 인, 철 등과 같은 무기질과 비타민 B군 등을 함유하고 있다. 이러한 성분들은 각 술의 원료에 따라 직접 함유하거나 발효과정 중에 발생하는 것으로, 각각 술의 독특한 향미와 빛깔 등을 나타내게 된다.

(2) 술의 종류

술은 제조 방법에 따라서 발효주(양조주), 증류주, 혼성주로 나눌 수 있다.

① 발효주

발효주는 과일 또는 곡물을 이용하여 곰팡이와 효모의 작용에 의하여 발효시킨 것이다. 비교적 알코올의 도수가 낮은 편으로 온도나 열에 의하여 변질되기 쉬운 단점이 있으나, 원료 자체의 특유한 향기가 있고 부드러우면서 독특한 맛이 난다. 맥주, 포도주, 막걸리, 청주 등이 있다.

② 증류주

발효된 술을 다시 증류해서 얻는 술이다. 알코올의 도수가 비교적 높으며 증류할 때에 생성되는 알데하이드, 에스테르, 고급 알코올류 등의 향기 성분도 같이 증류되어 독특한 향미가 난다. 소주, 위스키, 보드카, 브랜디, 럼 등이 있다.

③ 혼성주

발효주나 증류주에 과일, 향료, 감미료, 색소 등을 배합하여 가공한 술이다. 매실주, 인삼주, 진, 여러 종류의 칵테일 등이 있다.

(3) 전통 술

우리나라 전통 술로 대표적인 것은 탁주(막걸리), 약주, 소주이다.

① 탁주(막걸리)

쌀, 보리, 밀 등의 곡류를 누룩과 함께 발효시킨 후 술체나 술자루를 이용하여 술찌꺼기를 제거하여 뿌옇거나 흐린 상태의 혼탁한 술을 가리킨다. 막걸리는 '막(마구) 걸렀다', '함부로 아무렇게나 걸렀다'라는 의미로 생긴 이름이다. 탁주는 일반적으로 술을 걸러내는 과정에서 물로 희석하기 때문에 비교적 알코올 도수가 낮아 저장성은 떨어지나, 부드럽고 특유의 감칠맛을 낼 뿐만 아니라 다른 술에 비하여 영양가가 높다.

② 약주

탁주와 마찬가지로 발효된 술체나 술자루를 이용하되 술찌꺼기가 남지 않게 여과한 것으로, 술이 탁주에 비하여 맑다. 약주는 원래 중국에서 약용으로 쓰이는 술이라는 뜻이지만 우리나라에서는 약용주라는 뜻으로 쓰이지 않고 청주류와 비슷한 개념으로 사용된다. 그러나 주세법에 의하면 청주는 일본식으로 빚는 술을 의미하며 약주는 전통 방식으로 빚은 술에 해당한다. 약주에 속하는 전통 술로는 두견주, 송화주, 국화주, 연엽주 등의 가향주와 신선주, 백일주, 소곡주 등의 약재를 넣은 술이 있다.

③ 소주

곡류를 발효시킨 후 증류한 증류식 소주를 가리키며 현재 유통되는 소주의 대부분은 희석식 소주이다. 일반적으로 소주는 곡류의 전분을 알코올 발효시켜 증류한 증류식 소주와 당밀이나 옥수수, 고구마 등의 전분을 발효시킨 후 증류를 통하여 제조된 주정(85~95% 에탄올 함유)을 물로 희석하여 만드는 희석식 소주가 있다. 전통소주는 안동소주, 이강주, 송화백일주, 불소곡주 등이 있으며, 희석식 소주는 소비자의 기호에 맞게 조미료나 인공감미료 등을 주세법에서 허용하는 범위 내에 첨가하므로 다양한 제품이 있다.

(4) 알코올 도수

최근 술의 도수와 백분율(%)을 대부분 혼용해서 사용하고 있으나 차이가 있다. 알코올 농도의 백분율은 술이 함유하고 있는 알코올만의 농도를 나타낸다. 즉 술에는 물과 알코올 성분인 에탄올이 차지하고 있는 부피를 백분율로 나타낸 것이다. 예를 들어 25%의 소주라고 한다면, 물 75%에 알코올이 25%가 들어 있으므로 전체 100%에서 알코올이 차지하는 비율이 25%라는 의미다. 그러나 도수는 술 안에 알코올 이외의 다른 이물질에 대한 알코올의 비중을 비율로 나타내는 것이다. 즉 25%의 소주에는 75%의 물이 이물질이 되고 알코올은 25%이므로 비율은 75:25, 물에 대한 알코

알코올 도수와 백분율(%) 차이

- 25% 소주는 물 75%, 알코올 25%가 함유되어 있으므로 전체 100 중에 25의 알코올이 함유된 소주이다.
- 25% 소주는 알코올 이외의 이물질 75%, 알코올이 25%이므로 알코올 이외의 다른 이물질에 대한 알코올 비중의 비율이므로 25 / 75 × 100 = 33.3도수이다.

1 표준잔 =   맥주 1컵 = 막걸리 1사발 = 와인 1잔 = 소주 1잔 = 위스키 1잔

그림 10-1 표준잔의 양

자료: 보건복지부, 대한의학회

1.4	2.6	1.8	4.8	6.7	1
355㎖	640㎖	500cc	900㎖	360㎖	소주잔
4.4% Alc./Vol	4.5% Alc./Vol	4% Alc./Vol	6.0% Alc./Vol	21% Alc./Vol	

4.3	25	1	8.3	2	1
360㎖	750㎖	양주잔	750㎖	와인잔	와인잔
21% Alc./Vol	40% Alc./Vol		12.5% Alc./Vol		

그림 10-2 표준잔을 기준으로 한 알코올의 양

자료: 보건복지부, 대한의학회

올의 비율로서 33.3도라는 도수가 되는 것이다.

표준잔 1잔과 술의 종류별 알코올 함량은 그림 10-1, 10-2와 같다. 각각 술에 맞는 잔에 해당되는 1잔 술에 해당되는 것으로 편의상 '표준잔(standard drink)'이라고

하며 음주량을 측정할 때 사용한다. 표준잔은 술의 종류에 따라 용량은 다르나 함유된 순수한 알코올의 함량은 약 10g으로 동일하다.

2) 음주 실태

2018년 국민건강통계 자료에 의하면 만 19세 이상 우리나라 성인의 월간 음주율은 남자 70.5%, 여자 51.2%로 나타나 남성의 경우 2016년과 비슷한 수준이었으나 여자는 2012년 이후 계속 증가하는 것으로 나타났다. 또한 월간 폭음률은 남자가 50.8%, 여자가 26.9%로 나타났으며 연령에 따라서 월간 폭음률의 차이가 있다(그림 10-3).

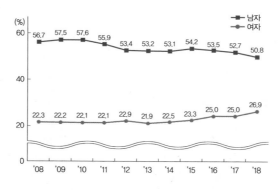

그림 10-3　월간 폭음률 추이
자료: 보건복지부(2018), 2017 국민건강통계

월간 음주율

최근 1년 동안 한 달에 1회 이상 음주로 정의된다.

월간 폭음률

최근 1년 동안 월 1회 이상 한 번의 술자리에서 남자의 경우 7잔(또는 맥주 5캔) 이상, 여자의 경우 5잔(또는 맥주 3캔) 이상 음주한 분율이다.

3) 음주와 영양문제

(1) 영양 불균형

술은 1g당 7kcal의 높은 열량을 내는 데 반하여 다른 영양소를 제공하지 않는다. 따라서 지나친 음주는 알코올에 의한 열량의 섭취가 증가될 뿐만 아니라 음주 시 같이 섭취하는 안주로 인하여 전체적인 열량이 많아지기 때문에 영양과잉을 초래할 수 있다. 그러나 장기간 과도하게 알코올을 섭취할 경우 알코올 중독이 생길 수 있으며 식품의 섭취 감소를 가져오게 되며 이로 인하여 비타민과 무기질의 섭취가 감소하게 된다. 뿐만 아니라 만성적인 알코올 중독자의 경우 식습관에도 변화가 생겨 과일이나 채소의 섭취량은 낮고 커피 섭취량은 높은 것으로 나타나 있다.

(2) 영양소 대사 장애

장기간 또는 과량의 술을 섭취하는 경우 담낭에서 담즙과 췌장에서 지방분해효소의 분비량을 감소시키거나 문제를 일으켜 지방이 소화되지 못하게 되어 지방뿐만 아니라 지용성 비타민 A, D, E와 K의 흡수율 저하로 인한 지용성 비타민 결핍과 설사 증세가 나타난다. 또한 알코올 자체가 장점막에 손상을 주어 영양소 흡수를 저하시키는데 특히 비타민 B_1, 비타민 B_{12}, 엽산의 흡수를 저하시킨다. 그리고 음주 후 소변 양이 증가함에 따라 아연, 마그네슘, 칼륨 등 무기질의 손실이 일어나고 알코올 대사를 위하여 다량의 니아신이 요구되는데 이로 인하여 니아신 결핍의 위험성이 증가된다. 따라서 만성적이고 과량의 음주를 하는 알코올 의존자는 비타민과 무기질의 보충을 고려해야 한다.

4) 음주와 건강 문제

알코올은 위와 소장을 통하여 빠르게 흡수되어 간에서 대사된다. 알코올의 일부는 알코올탈수소효소(alcohol dehydrogenase, ADH)에 의해 분해되나 대부분 간에서 대사된다. 간의 알코올탈수소효소에 의해 아세트알데히드로 산화된 후 아세트알데히

그림 10-4 알코올 대사과정

드탈수소효소(acetaldehyde dehydrogenase, ALDH)에 의해 아세트산으로 전환된다 (그림 10-4). 만약 체내에 아세트알데히드탈수소효소가 부족하면 아세트알데히드의 양이 증가되고 안면홍조, 심계항진, 오심 등이 나타난다.

과다한 음주 또는 소량의 음주라도 장기간 섭취하는 경우 여러 가지 질환의 위험성 이 증가할 수 있으므로 관리가 필요하다(그림 10-5).

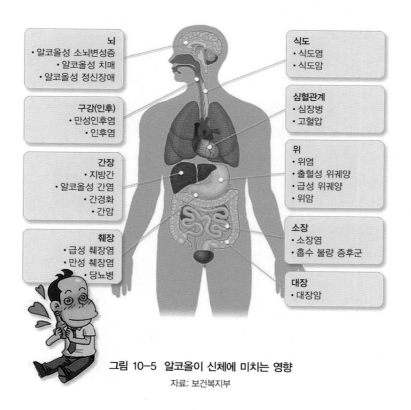

그림 10-5 알코올이 신체에 미치는 영향

자료: 보건복지부

(1) 위장 질환

알코올은 위산의 분비를 자극하고 위벽의 손상을 가속화하여 역류성 식도염, 위염이나 위궤양을 일으킨다. 또한 만성적이고 과량의 음주는 식도암이나 대장암의 위험을 증가시킬 수 있다.

(2) 간 질환

오랜 기간 음주로 인하여 간세포에 지방이 축적되면 알코올의 대사산물은 간세포를 손상시킬 수 있다. 알코올성 간 질환 중 알코올성 지방간은 알코올 중독 환자의 80~90%에서 발생하는 흔한 질환으로, 지방간이 있는 상태에서 음주를 계속 하는 경우에는 간염으로 악화된다. 간염 상태에서 간 조직 내로 영양소와 산소가 원활히 공급되지 않으면 간세포가 괴사하여 간경변증으로 진행된다. 간경변증은 장기간 음주에서 간헐적으로 폭음하는 것보다 자주 발생한다.

(3) 췌장 질환

음주로 인하여 췌장 세포가 파괴되고 염증이 발생하게 되어 만성 췌장염의 원인이될 뿐만 아니라 소화효소의 분비능에 문제가 발생하게 된다.

(4) 심혈관계 질환

적당한 음주는 혈중 HDL-콜레스테롤 농도를 높이고 LDL-콜레스테롤 농도를 낮출 뿐만 아니라 고혈압 예방 등의 효과가 있다. 그러나 과량의 음주는 혈액 응고, 혈압 상승, 심장 부담 증가를 초래하여 심혈관계 질환의 위험을 증가시킨다.

(5) 암

세계보건기구 산하 국제암연구소(The International Agency for Research on Cancer, IARC)는 술의 주성분인 알코올 자체를 1급 발암 요인으로 정의하였다. 소량인 1~2잔의 음주만으로 구강암, 식도암, 유방암, 간암과 대장암의 발생 위험도가 높아진다고 주장하였다. 이전에는 하루에 남성은 2잔 여성은 1잔의 경우 암을 예방하는 데 도움을 줄 수 있다고 하였으나 최근 개정된 유럽판 암예방수칙(European

Code against Cancer, ECAC)에서는 '어떤 종류의 술이든 마시지 않는 것이 암 예방에 좋다'는 내용으로 수정되었다. 우리나라도 2016년도 보건복지부 '국민 암 예방 수칙'에 의하면 '암 예방을 위해서는 하루 한두 잔의 소량의 음주도 피하기'로 개정하였다. 즉, 세계적으로 암 발생에 미치는 요인으로 안전한 음주량은 존재하지 않다고 단정하는 것이라고 볼 수 있다.

5) 적정음주량

적정음주는 음주량과 음주 패턴을 모두 고려하여 자신과 타인에게 해가 되지 않은 수준의 음주로 정의할 수 있다. 적정음주는 나라마다 개념이 다르며, 특히 선호하는 술의 종류와 양이 다르기 때문에 명확하지 않다. 우리나라도 적정음주에 대한 명확한 기준이 제시되어 있지는 않다.

세계보건기구에서 제시하는 기준에 의거하여 건강을 해치지 않고 마실 수 있는 최소한의 음주량, 즉 저위험 음주량(1회 순수 알코올 양)은 남성은 40g 이내, 여성은 20g 이내이다. 건강상에 이상이 없고 알코올에 대한 특별한 거부 반응이 없는 사람에게 해당하는 것이므로 평소에 마시지 않거나 덜 마시는 사람이 일부러 더 마시려고

여성의 적정음주 권장량이 남성보다 왜 낮을까?

평균적으로
몸무게: 여성 < 남성
체지방: 여성 > 남성
체내 수분량: 여성 < 남성
알코올 분해효소: 여성 < 남성

따라서, 여성이 남성과 같은 양의 술을 마셔도 여성의 혈중 알코올 농도가 더 높으므로 여성의 적정 음주 권장량이 남성보다 적다.

자료: 보건복지부 국립부곡병원

할 필요는 없다. 이 음주량은 소주잔을 표준잔으로 남성은 5잔, 여성은 2.5잔에 해당된다. 술마다 고유한 술잔이 있으므로 술에 따른 고유한 잔으로 마시면 대체로 한 잔에 함유된 알코올의 양은 비슷하다. 음주의 횟수는 일주일에 1회 이하로 권장하고 있다.

한국건강증진재단의 '저위험 음주 가이드라인'에서 건강한 음주문화를 위하여 자신의 주량을 바로 알고 타인의 주량을 존중할 수 있는 책임 있는 음주를 제안하고 있다. 주량이란 사전적 의미로 마시고 견딜 수 있을 정도의 술의 분량, 완전히 취하는 것이 아니라 취기가 적당히 느껴지는 양을 뜻한다. 그러나 다음의 경우 음주가 불가능한 대상과 상황에 해당된다.

- 미성년자, 임신 중, 임신 계획 중, 수유 중
- 안전 관련 업무(건설 중장비 및 교통수단 운전 등)에 영향을 미치는 시간대
- 심각한 신체적·정신적 질환자
- 고령자
- 알코올 분해효소가 없어 술을 마시면 얼굴이 빨개지는 알코올성 안면홍조증이 있는 사람

표 10-1 알코올 의존도 평가

질문	0점	1점	2점	3점	4점
1. 술은 얼마나 자주 마십니까?	전혀 마시지 않는다	월 1회 이하	월 1회	1주일에 2~3회	1주일에 4회 이상
2. 평소 술을 마시는 날 몇 잔 정도나 마십니까?	1~2잔	3~4잔	5~6잔	7~9잔	10잔 이상
3. 한번 술을 마실 때 소주 1병 또는 맥주 4병 이상 마시는 음주는 얼마나 자주 하십니까?	전혀 없다	월 1회 미만	월 1회	1주일에 1회	매일
4. 지난 1년간 술을 한번 마시기 시작하면 멈출 수 없었던 때가 얼마나 자주 있었습니까?	전혀 없다	월 1회 미만	월 1회	1주일에 1회	매일
5. 지난 1년간 당신은 평소 할 수 있었던 일을 음주 때문에 실패한 적이 얼마나 자주 있었습니까?	전혀 없다	월 1회 미만	월 1회	1주일에 1회	매일
6. 지난 1년간 술 마신 다음 날 아침에 다시 해장술이 필요했던 적이 얼마나 자주 있었습니까?	전혀 없다	월 1회 미만	월 1회	1주일에 1회	매일

(계속)

질문	0점	1점	2점	3점	4점
7. 지난 1년간 음주 후에 죄책감이 들거나 후회를 한 적이 얼마나 자주 있었습니까?	전혀 없다	월 1회 미만	월 1회	1주일에 1회	매일
8. 지난 1년간 음주 때문에 전날 밤에 있었던 일이 기억이지 않았던 적이 얼마나 자주 있었습니까?	전혀 없다	월 1회 미만	월 1회	1주일에 1회	매일
9. 음주로 인해 자신이나 다른 사람이 다친 적이 있었습니까?	없었다	–	있지만 지난 1년간 없었다	–	지난 1년 내 있었다
10. 가족이나 친구 또는 의사가 당신이 술 마시는 것을 걱정하거나 술 끊기를 권유한 적이 있었습니까?	없었다	–	있지만 지난 1년간 없었다	–	지난 1년 내 있었다

평가 기준

7점 이하	정상 음주로 큰 문제 없음
8~15점	과음하지 않도록 주의. 적정음주량을 유지하여 향후 음주로 인한 문제가 발생하지 않도록 음주량과 횟수를 줄이는 것이 필요함
16~19점	잠재적인 위험이 있으므로 전문가의 진찰을 받을 필요가 있음
20점 이상	음주량과 음주 횟수 조절이 어려운 알코올 의존 상태임. 술을 줄이는 단계가 아니라 끊어야 하기 때문에 전문가의 진찰을 받고 치료를 시작해야 함

자료: AUDT-K(Alcohol Use Disoder Identification Test)

술을 마셨을 때 혈중 알코올 농도가 해독되기까지 소요되는 시간 계산하기

음주운전을 판단할 때는 위드마크(widmark) 공식을 사용한다. 스웨덴의 생리자학 위드마크가 고인한 방법으로 마신 알코올 양을 체중으로 나눈 후 남녀 흡수능력 차이를 반영해 수치를 산출한다.

수정된 위드마크 공식
우리나라에서는 알코올이 체내에 100% 흡수되지 못한다고 보고 체내흡수율이라는 개념을 도입하여 '수정된 위드마크 공식'을 사용하고 있다. 위드마크 공식을 적용할 때는 음주 종료 시점, 실제 음주운전 시점, 30분에서 90분 사이 음주 상승기 시점을 고려하여 계산한다. 위드마크 공식 적용에 있어서 대법원 판례를 살펴보면 위드마크 공식에 의한 혈중 알코올 농도의 추산방법을 원칙적으로 인정하되, 무분별한 적용은 제한하고 있다.

(계속)

수정된 위드마크 공식 C = A × 0.7(체내흡수율) / (P × R) − ßt
* C = 혈중 알코올 농도 최고치(%)
  A = 운전자가 섭취한 알코올의 양(음주량(ml) × 술의 농도(%) × 0.7894)
  P = 사람의 체중(kg)
  R = 성별에 대한 계수(남자 0.86, 여자 0.64)
※ 대법원 판례에 의해 피고인에게 가장 유리한 최고치 적용
음주운전 당시 혈중 알코올 = 최고 혈중 알코올 농도 − (경과시간 × 0.015%)

예: 체중이 70kg인 남성이 20도 주 2병(720mL)을 마셨다면?

혈중 알코올 농도 최고치를 계산하면,

$$C = \frac{720mL(음주량) \times 0.20(알코올\ 도수) \times 0.7894(알코올의\ 비중) \times 0.7}{70kg \times 0.86(남자계수) \times 10}$$

= 0.132% (혈중 알코올 농도 최고치)

음주운전 당시 알코올 = 최고 혈중 알코올 농도 − (경과시간 × 0.015%)

* 혈중 알코올 농도가 시간당 0.015%씩 감소한다는 사실을 이용해 음주 상태 추정

술 종류별 혈중 알코올 분해 소요시간(위드마크 공식에 따른 계산)

성별	체중	소주 1병 (19%)	생맥주 2,000cc (4.5%)	막걸리 1병 (6%)	양주 4잔 (45%)	와인 1병 (13%)
남	60kg	4시간 47분	6시간 18분	3시간 9분	7시간 34분	6시간 50분
	70kg	4시간 6분	5시간 22분	2시간 41분	6시간 28분	5시간 50분
	80kg	3시간 34분	4시간 44분	2시간 22분	5시간 41분	5시간 6분
	90kg	3시간 9분	4시간 12분	2시간 6분	5시간 3분	4시간 31분
여	50kg	7시간 12분	9시간 28분	4시간 44분	11시간 25분	10시간 15분
	60kg	6시간	7시간 53분	3시간 56분	9시간 28분	8시간 34분
	70kg	5시간 9분	6시간 47분	3시간 22분	8시간 9분	7시간 18분

자료: 도로교통공단

2. 흡연과 건강

1) 흡연 실태

　우리나라 19세 이상 성인의 흡연율은 1998년 이후로 꾸준하게 감소하는 경향을 보이고 있으며 전체 성인 4명 중 1명을 흡연자로 추정하고 있다. 성인 여성 흡연율은 변화가 크게 없으나 남성의 경우 36.7%로 감소하여 2015년 1월 담뱃값이 인상된 이후 더 감소한 것으로 나타났다. 그러나 이 조사 결과는 전자담배 흡연자에 대한 조사가 누락되었다는 문제점이 존재한다(그림 10-6).

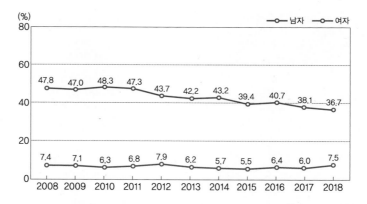

그림 10-6 우리나라 19세 이상 성인의 흡연율
자료: 질병관리본부, 국민건강영양조사

흡연율

현재 흡연율은 평생 담배 5갑(100개비) 이상 피웠고 현재 담배를 피우는 분율을 말한다.

2) 담배의 유해성분

담배에는 4천여 가지의 유해물질과 40여 가지의 발암물질이 함유되어 있다. 담배 연기를 한 번 마실 때 폐 속으로 약 50cc의 연기가 유입되고 니코틴의 90%, 타르 70%가 체내에 흡수된다. 흡연 시 연기와 담배의 종이를 통하여 체내에 흡수되는 발암물질과 독성물질 중 일부는 그림 10-7과 같다. 특히 흡연 시 발생하는 가장 해로운 물질은 타르와 니코틴, 일산화탄소 등이다.

(1) 니코틴

니코틴(nicotine)은 담배의 습관성 중독을 일으키는 마약성 유해물질로, 담배 한 개비에는 약 10mg이 들어 있다. 체내 흡수되는 니코틴의 양은 흡연 양상에 따라서 1~3mg 정도이다. 담배 연기 속 니코틴은 빠르게 혈액을 통해 심장을 거쳐 뇌로 이동하는데 뇌까지의 도달 시간은 약 7초이다. 니코틴의 습관성 중독은 거의 헤로인이나

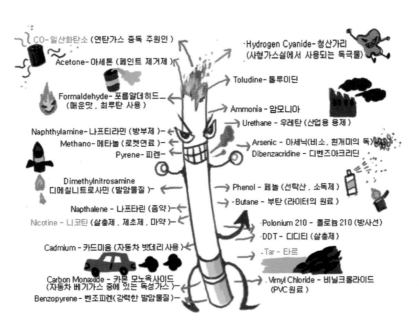

그림 10-7 담배 연기 속 유해 물질

자료: 대한폐암학회 홈페이지

아편과 같은 수준으로, 금연하기 어려운 이유가 니코틴 때문이다. 니코틴은 신경계에 작용하여 환각과 흥분을 일으키며 각성효과를 나타내나 혈관을 수축시켜 혈압을 높이고 혈액 중 콜레스테롤 수치를 증가시킨다.

(2) 타르

타르(tar)는 흡연 시 담배 필터를 검게 만드는 담뱃진이라고 불리는 물질로, 수천 종의 독성물질이 포함되어 있다. 각종 중금속과 20여 종의 A급 발암물질이 함유되어 있기 때문에 건강에 좋지 않은 영향을 미친다. 만약 흡연을 하루에 한 갑씩 1년간 한다고 할 때 유리컵 하나 이상의 타르가 폐에 축적될 수 있다. 타르는 체내 모든 세포와 장기에 피해를 줄 뿐만 아니라 만성적인 염증을 일으킬 수 있고, 폐에 들어가서 호흡 시 배출되지 못하고 폐 속에 그대로 있게 된다.

(3) 일산화탄소

일산화탄소는 우리에게 연탄가스로 잘 알려진 물질로 흡연을 하게 되면 소량의 연탄가스를 지속적으로 흡입하는 것과 같다. 일산화탄소는 흡연 시 혈액 내 헤모글로빈이 산소와 결합하는 것을 방해하여 만성적인 저산소증을 일으키게 되어 여러 가지 신진대사 장애를 유발한다.

3) 흡연과 영양 문제

흡연으로 인하여 세포막이나 조직의 손상을 초래하거나 면역력을 낮출 수 있는 자유기 또는 활성산소의 발생이 빈번하게 일어나기 때문에 이를 예방하기 위하여 항산화 영양소의 요구량이 증가된다. 그러나 흡연자의 경우는 비흡연자에 비하여 불규칙한 식습관과 저하된 미각 변화로 인하여 과일과 채소류 등의 항산화 영양소 섭취량이 낮은 것으로 조사되고 있어 항산화작용을 하는 베타카로틴, 비타민 C, 아연, 비타민 E, 셀레늄 등을 충분히 섭취할 필요가 있다.

4) 흡연과 건강 문제

흡연은 인체에 여러 가지 영향을 미치는데 2015년 'New England Journal of Medicine'에 발표된 논문자료에 의하면 흡연자는 비흡연자에 비하여 사망률이 2~3배 높은 것으로 보고되었다. 만성질환과의 연관성에 대해서도 흡연자는 비흡연자에 비하여 허혈성 장 질환은 6배, 각종 호흡기 질환은 2배, 신부전증은 2배, 고혈압성 심질환은 2.3배, 유방암은 1.3배, 전립선암은 1.4배 걸릴 위험이 높은 것으로 나타났다.

(1) 폐질환

흡연은 호흡기계 질환을 일으킬 수 있으며 장기간의 흡연은 폐 기능을 약화시킬 수 있다. 장기간 흡연을 하는 경우 담배 연기 속 유해물질이 기관지를 자극하여 염증반응을 일으키고 기관지벽이 비후해지면서 기관지가 좁아져 호흡 곤란과 폐 기능 저하를 일으키게 된다. 또한 기관지 점막에 존재하는 섬모 기능이 약화된다. 담배 연기 중 독성물질이 직접 폐포에 영향을 미쳐 폐포의 신축성을 떨어뜨려 만성 폐쇄성 폐질환이 유발되고 만성 기관지염, 폐기종 등으로 발생할 수도 있다. 만성 폐쇄성 폐질환의 예방과 치료에 가장 효과적 방법은 금연이다.

(2) 심혈관계 질환

흡연은 관상동맥 질환, 부정맥, 동맥경화증, 고혈압 등 심혈관계 질환의 위험성을 증가시킨다. 흡연으로 인하여 심근에 산소 공급이 원활하지 않아 심근허혈 상태가 되어 협심증, 심근경색을 초래하거나 카테콜아민 등을 통하여 교감신경을 흥분시켜 혈압을 올리는데 영향을 미칠 수 있다. 또한 담배를 피우면 각종 유해물질에 의하여 나쁜 콜레스테롤(LDL)의 농도가 증가시켜 동맥경화증을 유발하거나 혈소판의 혈액응고 작용을 증가시켜 혈전증을 초래할 수 있다.

(3) 암

담배에 함유된 발암물질과 독성물질로 의하여 세포의 DNA가 손상을 입어 암을 유발하게 되는데 흡연과 관련된 암으로 폐암, 구강암, 인후암, 췌장암, 방광암 등이 있

금연 후 체중 증가를 막는 방법

금연하면 살이 찐다?

담배의 니코틴은 뇌에서 카테콜아민과 노르에피네프린을 분비시켜 흡연자를 긴장하게 하며 심혈관계를 자극하는 교감신경흥분제의 역할을 한다. 따라서 흡연을 하면 하루 에너지소비량이 10% 증가하여 약 200kcal의 열량이 소모된다. 금연하면 니코틴의 이전 효과가 사라져 체중이 보통 4~5kg 정도 증가한다. 금연 후 체중이 증가하는 또 다른 원인으로는 체내 수분량 과다와 함께 니코틴의 보상효과가 음식으로 대체됨으로써 당류와 지질이 많은 음식에 끌리게 되는 점이다.

금연 이후 체중 증가를 막는 방법

• 영양이 골고루 갖춰진 식사를 한다.
• 식사 전에 물을 한 컵 마시고, 매일 물을 8~10컵 마시도록 노력한다.
• 단 음식이 먹고 싶을 때는 무설탕 껌을 씹는다.
• 매주 체중을 체크한다.
• 식단을 주의 깊게 짜고 칼로리를 계산한다. 체중을 줄이려 하기보다는 체중 유지에 초점을 맞춘다.
• 간식으로 먹을 수 있는 저열량 음식을 가지고 다닌다. 신선한 과일, 채소가 좋으며, 당근은 매우 훌륭한 금연 도구가 된다.
• 지질 섭취를 줄이며 고지질 음식을 신선한 과일, 채소, 잡곡 등으로 바꾼다.
• 양치질을 자주 해 식욕을 떨어뜨린다.
• 매일 운동을 하거나 운동 프로그램에 가입한다. 운동할 시간적 여유가 없다면 생활 속에서 활동량을 늘린다.
• 술을 줄이거나 끊는다. 술은 열량이 많고 금연 결심을 약화시켜 다시 흡연할 위험을 높이므로 가급적 피하는 것이 좋다.

자료: 청소년흡연음주예방협회

다. 암 중 폐암의 발생 위험 정도는 흡연 연령이 빠를수록, 흡연 기간이 길수록, 흡연 양이 많을수록 증가하고 음주와 같이 할 경우 폐암 위험 정도가 더 증가하는 것으로 나타났다. 또한 간접흡연의 경우도 폐암의 주요한 발생 원인으로 작용한다. 그러나 흡연자가 금연을 할 경우 암 발생 위험도가 감소하였다.

3. 차류와 커피, 카페인과 건강

1) 차류

차는 차나무의 어린잎으로 제조 가공한 것으로 발효 정도에 따라 비발효차, 후발효차, 반발효차와 발효차로 구분할 수 있다. 차는 찻잎에 함유되어 있는 산화효소에 의하여 발효과정을 거치게 된다. 또한 차는 제조 시기(채엽 시기)나 발효 정도, 생산지, 재배 방법과 품종, 찻잎의 형태에 따라 여러 가지로 분류할 수 있다.

표 10-2 발효 정도에 따른 차의 종류

분류	종류	특징
비(불)발효차	녹차	• 덖음차: 가마솥에 볶아서 익힌 차 • 증제차: 수증기로 찐 차
후발효차	보이차	잎을 쪄서 공기 중에 미생물로 100% 발효시킨 차
반발효차	우롱차	잎을 쪄서 절반 정도 발효된 차
발효차	홍차	잎을 쪄서 건조시킨 차(85% 이상 발효)

차에 주로 함유되어 있는 카테킨류(catechins)은 항산화 활성을 갖는 폴리페놀 화합물로, 체내에서 지방의 과산화물에 의한 노화, 발암 및 뇌·순환기계 질환을 예방하는 데 도움을 줄 수 있다. 또한 테아닌(theanine)은 차의 고유한 맛성분을 내는 아미노산으로 스트레스와 긴장감을 해소하는 데 도움을 줄 수 있다. 차에 존재하는 카페인류인 테인(theine)은 알카로이드로 잎이 어릴수록 함량이 많고 폴리페놀 물질과 결합하여 흡수가 저해되므로, 차를 마셨을 때 커피의 카페인과 달리 부작용이 적다. 그 외 각종 비타민류(A·B·C·E·K·P 등), 카페인(caffeine), 클로로필(chlorophyll), 안토시안(anthocyan), 플라보노이드(flavonoid), 펙틴(pectin), 글루탐산을 포함한 아미노산류, 무기질, 효소류, 유기산 등을 함유하고 있다. 특히 비타민 C가 풍부하여 녹차의 항산화 효과를 상승시킬 뿐만 아니라 비타민 C의 좋은 급원이 된다. 녹차는 엽록소

에 의하여 녹색을 띠나, 우롱차나 홍차는 엽록소가 발효과정 중 파괴되어 갈색으로 전환되거나 산화 정도에 따라 등적색으로 바뀌게 된다.

(1) 녹차

녹차는 찻잎을 열처리하여 잎 속에 존재하는 효소를 불활성시킨 후 건조한 비(불)발효차이다. 가열처리 방법에 따라서 증제차와 덖음차로 분류할 수 있다. 증제차는 찻잎을 수증기로 쪄서 비타민 C 함량이 높고 진한 녹색을 띠는데, 대부분의 일본 차가 증제차이다. 덖음차는 찻잎을 가마솥에서 볶아서 익힌 차로 구수한 맛이 강하며 우리나라와 중국은 덖음차가 많은 편이다. 또한, 녹차는 채엽 시기에 따라 분류할 수 있는데 차나무에서 가장 먼저 나온 잎으로 만든 우전차는 양이 적고 가격이 비싸지만 맛이 부드럽고 감칠맛과 향이 좋으며, 세작과 중작, 대작이 있다.

표 10-3 녹차의 생산 시기에 따른 분류

구분	채엽 시기	제품 특징
첫물차	4월 초순~5월 초순	맛이 부드럽고 감칠맛과 향이 뛰어남
두물차	6월 중순~6월 하순	떫은맛이 강하고 감칠맛이 떨어짐
세물차	8월 초순~8월 중순	섬유질 함량이 많고 떫은맛이 강함
네물차	9월 하순~10월 초순	찻잎이 거칠고 차 맛이 가장 떨어짐

(2) 보이차

보이차는 후발효차로 가열처리한 찻잎에 수분을 가하고 공기 중의 미생물에 의하여 발효가 일어나도록 숙성시켜 향이 강하며 검붉은 빛을 띤다. 보이차에 '갈산'이라는 성분은 췌장의 리파아제를 저해시켜 체내의 지방 축적을 방해하고 신진대사를 촉진한다.

(3) 우롱차

우롱차는 햇볕으로 시들게 한 후 실내에서 교반과 약간의 발효과정을 거치고 열처

리한 후 다시 건조시킨 홍차와 녹차의 중간의 발효 정도가 된 반발효차이다. 검은색
을 띠고 용 같이 구부러진 형태 때문에 우롱차(烏龍茶)라고 일컫는다.

(4) 홍차

홍차는 찻잎을 따서 18~24시간 재워서 수분 함량이 줄어들면 압착 롤러로 조직을
파괴하여 자체의 산화효소로 발효시킨 후 가열과 건조과정을 거친 대표적인 발효차
이다. 발효과정 동안 엽록소가 파괴되고 비타민 C가 소실되지만 특유의 향미와 색소
가 생성된다.

(5) 말차

녹차를 곱게 가루 낸 말차는 차의 품질은 찻잎의 성분에 영향을 크게 받지만 찻잎
에 함유된 비타민 A·C, 식이섬유 등의 영양성분을 그대로 섭취할 수 있다.

2) 커피

커피는 열대지역에서 재배되는 커피나무의 열매에 해당되는 커피체리 안의 생두
(green bean)를 수확과 가공과정을 거친 후 1~2가지 이상의 원두를 추출하여 마시
는 기호음료이다.

커피는 카페인(caffeine), 탄닌, 트리고넬린(trigoneline), 탄산가스, 향기 성분, 유기
산 등을 함유하고 있다. 커피 속의 카페인은 풍미를 좌우하는 성분으로 원두의 종류
와 추출 시간에 따라 함유량이 다르다. 또한 카페인이 변하여 커피향을 내는 카페올
과 초산, 에스테르류, 아세톤류, 알데하이드류, 케톤류, 페놀류, 퍼퓨랄 유도체 등은 커
피의 방향 성분이나, 이 성분은 산소에 쉽게 산패되고 없어진다. 커피는 단맛, 신맛,
쓴맛, 떫은맛의 다양한 맛을 내는데 쓴맛은 카페인이, 떫은맛은 타닌에 의하여 결정된
다. 커피에 함유되어 있는 지방은 약 12~16%로 커피의 향기와 관련성이 높으며 팔미
트산, 리놀레산을 많이 함유하고 있다.

(1) 커피 원두

커피나무는 아프리카와 아시아 열대지역에 약 40종이 존재하지만 가장 널리 재배되는 품종은 아라비카(arabica)종과 로부스타(robusta)종이다. 아라비카종은 세계 커피 생산량의 약 70% 이상을 차지하고 원산지는 에티오피아로 맛과 향미가 뛰어나고 카페인 함량이 낮은 편이다. 아라비카는 크게 마일드와 브라질로 구분할 수 있는데 마일드는 질 좋은 아라비카종에 사용될 수 있다. 부스타종은 아프리카 콩고가 원산지로 아라비카에 비하여 재배조건이 까다롭지 않고 병충해에도 강하지만 향미가 떨어지기 때문에 블렌딩 커피나 인스턴트커피의 재료로 쓰인다. 국제커피협회에서는 커피의 생산지와 품종에 따라 표 10-4와 같이 분류하고 있다.

커피나무에서 열리는 열매를 커피체리라고 하며 이 안에 있는 씨를 커피콩(coffee bean, 원두)이라고 한다. 커피체리 속 씨를 생두(green bean)라고 한다. 생두를 로스팅하면 커피의 향과 특유의 색이 생성되는데 로스팅 과정을 통하여 수분이 10~12% 제거되고 당이 캐러멜화되며 단백질의 분해와 이산화탄소, 카페올과 같은 방향성 물질이 생성되기 때문이다. 로스팅을 약하게 하여 연한 갈색의 원두가 되면 신맛이 강하고, 오랜 시간 강하게 로스팅하면 색이 짙어지고 향이 진하며 쓴맛이 나게 된다.

커피의 향미는 시간이 지날수록 향에 해당되는 물질이 휘발하거나 산소와 결합하여 산패되기 쉽고 특히 커피를 분쇄하면 향미에 해당되는 성분이 휘발되는 속도가 매우 빨라지게 된다. 따라서 커피는 로스팅 후 2주 이내, 분쇄 시 4시간 이내 가장 맛있게 음용이 가능하나, 불가능할 경우 밀폐 용기에 넣고 저온 또는 냉동고에 보관해야 한다.

표 10-4 커피의 생산지와 품종에 따른 분류

품종		생산지
아라비카(Arabica)	마일드(Mild)	콜롬비아, 탄자니아, 코스타리카 등
	브라질(Brazilian)	브라질, 에티오피아 등
로부스타(Robusta)		인도네시아, 베트남 등

자료: 국제커피협회

(2) 커피의 종류

① 커피 음료

인스턴트커피는 고농도로 추출된 커피를 건조시켜 분말 또는 입자상의 물질로 가공한 것으로 향미가 부족하나 물에 쉽게 용해되어 손쉽게 이용할 수 있다. 최근 낮은 온도와 압력으로 추출하여 기존의 인스터트커피에 비하여 커피의 고유한 풍미를 재현한 인스터트커피가 개발되어 판매되고 있다.

커피 믹스는 커피에 설탕, 프림 등으로 조합한 대표적인 조제 커피이다. 커피의 프림은 식물성 정화유를 사용하고 있으며 유화제 등과 같은 첨가물이 들어 있다. 커피 믹스는 약 50kcal를 내는 데 반하여 다른 영양소는 없는 빈열량식품에 해당되므로 섭취량을 주의해야 한다.

커피 음료는 커피 추출액이나 농축액에 당류, 유성분 등을 혼합한 액체 커피로 병, 캔 등의 형태로 되어 있다. 커피 음료는 당과 열량이 높고 코코아향과 같은 합성 착향료, 유화제와 같은 첨가물을 사용하므로 선택 시 주의가 필요하다.

② 드립 커피

드립 커피는 가장 보편적으로 사용되는 커피 추출 방법으로 로스팅된 원두를 분쇄하여 뜨거운 물을 부어 커피의 맛과 향이 잘 우러나게 걸러낸 커피이다. 물 맛, 물의 온도, 필터의 종류나 커피의 입자에 따라서 커피의 맛이 달라질 수 있다.

③ 에스프레소

에스프레소(espresso)는 이탈리어로 '빠르다'라는 뜻으로 드립 커피보다 미세하게 분쇄된 원두를 고압의 뜨거운 물로 짧은 시간에 추출하는 하는 커피이다. 드립식 커피에 비하여 원두의 신선도, 추출 온도와 추출 시간에 민감하다. 추출된 에스프레소에는 갈색빛을 띠는 거품층인 크레마(crema)가 형성되는데 신선한 원두일수록 크레마가 잘 형성된다. 크레마의 주성분은 이산화탄소와 휘발성 향미 오일로 풍부하고 강한 향을 유지하게 하고 지방 성분에 의하여 부드럽고 단맛을 느끼게 한다. 에스프레소는 다양한 종류의 커피를 만드는 데 사용된다.

표 10-5 커피의 종류 및 특징

종류	특징
아메리카노	• 에스프레소에 뜨거운 물(180ml)을 부어 희석하여 만든다. • 미국에서 많이 마시는 종류로 드립 커피 농도로 만든 것이다.
카페라테	• 라테는 이탈리어로 '우유'를 뜻한다. • 에스프레소에 뜨거운 우유를 첨가한다(1 : 4의 비율). • 카푸치노에 비하여 우유이 양이 많다. • 카페라테에 헤이즐넛, 바닐라, 캐러멜 등의 향 시럽을 첨가하면 다양한 라테를 만들 수 있다.
카푸치노	• 에스프레소 위에 우유를 넣고 우유 거품을 얹은 후 시나몬 가루를 뿌린다. • 라테보다 우유 양이 적어 커피 맛이 더 진하다.
카페모카	카페라테에 초콜릿과 바닐라 시럽, 생크림을 첨가한다.
마키아토	• 에스프레소에 우유 거품을 얹은 커피이다. • 마키아토는 '점을 찍다'라는 의미이다.
아포카토	에스프레소에 아이스크림과 약간의 견과류를 첨가한다.
캐러멜 마키아토	에스프레소에 캐러멜 소스와 캐러멜 시럽을 넣고 우유나 휘핑크림을 첨가한다.
비엔나	커피에 휘핑크림을 넣고 스푼으로 젓지 않고 부드럽게 마신다.
에스카페	차가운 블랙커피에 바닐라 아이스크림과 생크림을 첨가한다.
아이리시 커피	아이리시 커피 잔에 알코올을 휘발시킨 아이리시 위스키를 넣고 커피 한 잔과 설탕, 휘핑크림을 첨가한다.

④ 콜드브루

상온의 물이나 찬물을 이용하여 장기간(4~12시간)에 걸쳐서 추출하는 커피로, '차가운 물에 우려낸다'라는 뜻으로 콜드브루(cold brew)라고 한다. 비슷한 개념으로 더치 커피가 있는데 이는 네덜란드풍(Dutch)의 커피라 하여 붙인 일본식 명칭이다.

찬물에 커피를 우려내는 방식은 점적식과 침출식이 있으며 물을 한 방울씩 떨어뜨려 우려내는 점적식과 상온이나 차가운 물로 장시간 우려내는 침출식이 있다. 추출된 커피 원액은 냉장고에서 일주일 정도 보관할 수 있으며 물, 얼음이나 우유 등으로 희석하여 마신다.

3) 카페인과 건강

카페인(caffeine)은 커피나 차 같은 식물성 식품에 함유되어 있는 성분으로 중추신경계에 작용하여 각성효과를 나타낸다. 전 세계적으로 커피, 차, 탄산음료, 에너지음료, 의약품 등 다양하게 널리 사용하고 있다.

(1) 카페인과 영양, 건강 문제

과량의 카페인 섭취는 칼슘과 철의 흡수를 방해하고 소변 중 칼슘의 배설을 촉진할 수 있다. 그러나 적당량의 카페인 섭취는 칼슘이나 철의 흡수와 배설에 큰 영향을 미치지 않는다는 보고가 있으나 임신부나 성장기 어린이의 경우는 주의가 필요하다.

적당량의 카페인 섭취는 졸음을 막고 피로를 회복시키는 각성효과를 나타낼 수 있는데, 이러한 효과는 일반적으로 카페인을 섭취한 후 1시간 이후부터 나타난다. 또한 적당량의 카페인은 운동수행능력, 집중력과 업무능력을 향상시킬 수 있는 긍정적인 효과를 준다. 그러나 개인에 따라 카페인에 대한 민감도의 차이가 있고 장기간 다량으로 복용 시 카페인 중독으로 신경과민, 불면증, 두통, 근육경련, 위장 질환 등의 증상이 나타날 수 있다. 특히 카페인의 과다 섭취로 인한 부작용은 임산부와 어린이에

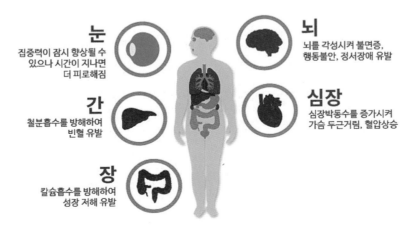

눈
집중력이 잠시 향상될 수 있으나 시간이 지나면 더 피로해짐

뇌
뇌를 각성시켜 불면증, 행동불안, 정서장애 유발

간
철분흡수를 방해하여 빈혈 유발

심장
심장박동수를 증가시켜 가슴 두근거림, 혈압상승

장
칼슘흡수를 방해하여 성장 저해 유발

그림 10-8 카페인의 건강상의 문제
자료: 식품의약품안전처

게서 크므로 주의가 필요하다(그림 10-8).

(2) 섭취기준

식품의약품안전처는 가공식품에 카페인 함량이 0.15mg/ml 이상일 때 고카페인 함유 표시, 총 카페인 함량과 어린이와 임산부에 대한 주의 문구를 의무적으로 표시하도록 하고 있다(그림 10-9). 또한 하루 최대 섭취량을 성인은 400mg, 임산부는 300mg, 어린이 및 청소년은 체중 1kg당 2.5mg으로 설정하여 섭취량 조절을 권고하고 있다. 그러나 개인마다 카페인에 대한 민감도가 다르기 때문에 적절하게 조절할 필요가 있다.

커피전문점 커피	커피·초콜릿 우유	캔커피	인스턴트커피
123mg	84mg	74mg	69mg
에너지 음료	콜라	초콜릿	침출차
58mg*	23mg	16mg	15mg

* 에너지음료의 평균값(한국소비자원, 2016)

그림 10-9 식품의 1회 섭취량당 카페인 함량
자료: 식품의약품안전처

음주와 관련된 질문들

술과 담배를 함께 하면 암 발생 위험이 높아지나요?

담배도 피우고 술도 마시는 경우, 둘 중 하나만 하는 경우에 비해 상호작용으로 암 발생 위험이 매우 커진다.

과음하지 않기 위한 방법은 어떤 것이 있나요?

과음하지 않고 술을 적당히 마시기 위한 몇 가지 권장사항은 다음과 같다.

– 술 대신 알코올이 안 들어 있는 음료 마시기

– 술을 마실 땐 알코올 도수가 낮은 종류로 선택하기

– 작은 잔에 마시기

– 술을 알코올이 안 들어 있는 음료와 섞어 마시기

– 술을 마시면서 물도 함께 마시기

– 일주일에 술을 마시지 않는 날을 정하기

– 술자리에서 음식(안주)도 함께 먹기

사람마다 술에 취하는 정도가 다른 이유는 무엇인가요?

사람마다 알코올에 대한 반응이 다르며 여기에 영향을 주는 요인으로는 나이, 성별, 인종, 체중, 운동량, 음주 전 음식 섭취량, 알코올 분해 속도, 약의 복용, 가족력 등이 있다. 이중 알코올 대사 속도의 차이에 영향을 주는 요인은 효소와 같은 유전적 요인, 성별, 환경적·신체적·생리적 요인이 있다. 대표적인 알코올 분해 효소인 ADH(Alcohol dehydrogenase) 및 ALDH(Acetaldehyde dehydrogenase)는 유전적으로 간에서 그 함량이 조절되며, ADH, ALDH 효소의 다형성(polymorphism)이 알코올 대사 속도에 영향을 줄 수 있다. 이 외에 ADH−NADH 복합체, NAD 재생성 효소의 차이도 속도에 영향을 줄 수 있다. 즉, 태어날 때부터 이러한 알코올 분해효소가 적은 사람은 많은 사람에 비해 같은 양과 도수의 술을 마시더라도 얼굴이 쉽게 빨개지고 일찍 취하며 늦게 깨는 경향을 보이게 된다. 이런 알코올 분해효소는 술을 자주 마실수록 약간 늘어나기도 하는데, 때문에 술을 마시다 보면 술이 는다는 말이 생기게 된다. 남녀에 있어서 알코올 대사 차이는 주로 성호르몬에 의한 차이 때문이며, 여성의 경우 월경주기에 따라 알코올의 제거 시간에 차이가 나기도 하고, 음주로 인한 불안·우울 증가 정도가 다를 수도 있다. 음주 습관이나 음식 섭취 등과 같은 요인도 알코올 흡수 속도에 영향을 미친다. 빈속에 안주 없이 급하게 술을 마시면 빨리 취하는 반면, 식사를 충분히 한 후에 안주와 함께 천천히 술을 마시면 쉽게 취하지 않는다. 간에서 대사되는 약물을 복용하는 중에 술을 마시게 되면 해독작용을 담당하는 간의 부담이 증가하여 알코올 대사가 떨어지게 된다. 자주 술을 마시게 되면 간이 충분히 회복되는 시간이 부족하여 간의 피로가 쌓이게 되고, 알코올 분해 능력이 떨어지며 전신의 피로감이 생긴다.

(계속)

1~2잔 음주 후 얼굴이 붉어지는 사람은 건강에 문제가 있나요?

그 자체만으로 건강에 문제가 있다고 할 수는 없다. 알코올을 분해하는 과정에 필요한 알데하이드 분해효소(ALDH)가 유전적으로 비활성형이어서 알코올의 중간 대사물질인 아세트알데하이드가 잘 분해되지 않거나 알코올이라는 화학물질에 과민반응이 있기 때문이다. 비활성형 알데하이드분해효소로 인해 음주 후 안면홍조를 보이는 체질은 우성 유전이며, 서구보다 한국인에게서 흔하다.

미국인과 한국인의 과음 음주량 기준이 다른 이유는 무엇인가요?

음주가 건강에 미치는 영향은 인종, 성별, 체질, 체형에 따라 다르다. 특히 한국인의 평균 몸무게는 미국인보다 10kg 정도 적게 보고된다. 위에 언급한 한국인을 대상으로 연구한 여러 연구들에서 보듯 한국인에서는 더 적은 양의 음주량에서도 건강에 좋지 않은 영향을 나타낸다. 그렇기 때문에 한국인의 과음 음주량 기준이 더 낮게 설정된 것이다.

MEMO

CHAPTER 11

식생활과 질병

1. 당뇨병

당뇨병(diabetes mellitus)은 췌장에서 분비하는 인슐린이 부족하거나 인슐린의 작용이 정상적으로 이루어지지 않아 혈액 중의 포도당이 쌓여 혈당이 높은 상태로 유지되는 대사성 질환이다. 우리나라도 식생활의 서구화, 운동 부족, 열량 섭취 과다, 스트레스 등의 이유로 유병률이 증가하고 있다. 2016년 대한당뇨병학회 자료에 따르면 30세 이상 성인 7명 중 1명(14%)이 당뇨병을 가지고 있는 것으로 보고되었다. 완치가 불가능하나 식사, 운동, 약물 등으로 조절이 가능하므로 당뇨병 환자도 혈당 조절을 잘 하면 정상적인 생활을 할 수 있다.

1) 당뇨병의 종류

(1) 제1형 당뇨병

제1형 당뇨병(Type I diabetes)은 당뇨병의 유전적 소인을 가진 사람이 세균이나 바이러스 등에 감염되거나 독성물질 등에 의해 췌장의 세포 기능 소실로 인슐린이 거의 분비되지 못하여 발병한다. 따라서 인슐린 의존형 당뇨병(Insulin dependent diabetes mellitus, IDDM)이다. 전체 당뇨병의 10%를 차지하며 주로 어린아이에게서 발병하므로 소아성 당뇨라고도 불린다. 인슐린 양의 절대 부족으로 인슐린 치료가 반드시 필요하며 저혈당증을 예방하기 위하여 규칙적인 식사와 일정한 식사량 유지가 중요하다.

(2) 제2형 당뇨병

제2형 당뇨병(Type II diabetes)은 인슐린 부족과 더불어 인슐린이 분비되더라도 작용하지 못하는 인슐린 저항성으로 인해 발병한다. 인슐린 비의존형 당뇨병(Non insulin dependent diabetes mellitus, NIDDM)이며, 당뇨병의 유전적 인자를 가진 사람이 연령이 많거나 비만, 운동 부족, 스트레스, 임신, 외상 등 당대사를 나쁘게 하는 환경조건을 만났을 때 발병하기 쉽다. 전체 당뇨병의 90% 이상을 차지하며 최근

표 11-1 당뇨병의 종류와 특징

특징	제1형 당뇨병	제2형 당뇨병
발생 비율	전체 당뇨병의 5~10%	전체 당뇨병의 90~95%
발생 연령	주로 유아기, 아동·청소년기	보통 40세 이후
체중	정상 또는 저체중	일반적으로 과체중, 비만
인슐린 치료	반드시 필요	경우에 따라 필요
치료	식이요법만으로 불충분	식사 조절로도 치료 가능
유전	관련성이 있음	관련성이 매우 큼

비만 인구의 증가와 더불어 제2형 당뇨 환자 유병률이 크게 증가하고 있다. 중년 이후에 발생하는 비율이 높으며, 식사나 운동요법 등으로 혈당 관리가 필요하다(표 11-1).

(3) 임신성 당뇨병

임신 중에는 생리적으로 여러 가지 호르몬의 변화가 일어난다. 특히 인슐린과는 반대로 혈당을 올라가게 하는 호르몬이 많이 증가하므로 임신부는 인슐린 내성이 증가하여 당뇨병이 발생하게 된다. 전체 임신부의 2~4%가 임신성 당뇨병(gestational diabetes mellitus)을 경험한다. 분만 후 당뇨병은 없어지지만 임신성 당뇨병 환자의 약 40%는 5~15년 후 제2형 당뇨병의 발생 가능성이 있으므로, 분만 후에도 계속적인 관리가 필요하다.

2) 당뇨병의 원인 및 진단

당뇨병은 유전적 요인을 가지고 있는 사람에게 비만, 스트레스, 호르몬 분비 이상, 세균이나 바이러스 감염 및 약물 남용 등의 환경적 인자가 더해질 때 발병된다. 당뇨병은 혈액 글루코스 농도를 측정하여 진단하는데, 공복 시 정상인의 혈당은 70~100mg/dL이고, 126mg/dL 이상은 당뇨병으로 진단한다(표 11-2).

표 11-2 한국인의 당뇨병 진단기준

정상	공복 시 혈당 110mg/dL 이하, 당부하 2시간 후 혈당 140mg/dL 이하
당뇨병 고위험군	75g 포도당 부하 2시간 후 혈당 140~199mg/dL
당뇨병	•공복 시 혈당이 110~125mg/dL 이상 •당부하 2시간 후 혈당 200mg/dL 이상 •당뇨병 증상(다음, 다뇨, 체중 감소)과 임의 혈당 200mg/dL 이상

3) 당뇨병의 증상

(1) 다뇨, 다음, 다식, 체중 감소

당뇨병 환자가 혈당이 높아지면 신장에서 글루코스가 재흡수되지 못하고 소변으로 빠져나가는 당뇨가 나타난다. 소변의 양이 많아지는 '다뇨' 증상을 보이며 잠을 자는 도중에도 여러 번 소변을 보게 된다. 많은 양의 수분이 배설되면 갈증을 느끼게 되고 물을 많이 마시게 되는 '다음' 증상을 나타낸다. 또한 세포 내 에너지 부족과 조직의

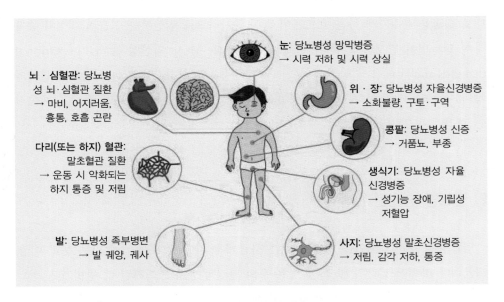

그림 11-1 당뇨병 합병증의 대표적 증상
자료: 질병관리본부, 대한의학회, 레드서클

영양소 부족으로 심한 공복감을 느끼게 되어 많이 먹게 되는 '다식' 증상이 나타나 식사를 많이 하지만 점차 체중이 감소하는 현상이 나타난다.

(2) 혼수, 저혈당

당뇨병 환자는 급성 고혈당으로 인한 당뇨병성 혼수가 나타나고, 과다한 인슐린 투여나 과다한 운동으로 인해 저혈당증이 갑자기 나타나기도 하니 주의해야 한다.

(3) 만성 합병증

만성 합병증으로는 신경병증, 신장 질환, 망막병증, 심혈관 질환 등이 나타난다. 당뇨병성 신경병증으로 손발 저림이나 통증 등이 나타나고, 현기증, 설사, 배뇨 장애 등이 생기면서 방치하면 발이 썩어 들어가는 증상을 일으킨다. 고혈당으로 삼투압이 높아지면서 신장의 혈관이 손상되어 신장 기능이 저하되면서 신부전이 되는 신장 질환이 진행된다. 우리나라에서 시력을 잃는 최대 원인은 당뇨병성 망막병증으로 망막 부 위의 혈관을 손상시켜 시력 저하를 일으키고 결국 실명이 된다. 또한 혈액 지방질 농도가 높아져 동맥경화증, 협심증, 심근경색, 뇌졸중을 유발하는 원인이 된다.

4) 당뇨병의 관리

당뇨병의 치료는 약물, 운동 및 식사 조절을 함께 실시하는 것이 효과적이다. 당뇨병에서 운동은 혈당을 낮추고 체중을 조절함으로써 당뇨병의 합병증을 예방하는 데 도움을 준다. 걷기, 맨손 체조, 자전거 타기, 계단 운동, 수영 등이 당뇨병에 좋은 운동이며, 식후 30~60분이 경과한 후에 하루 40~60분 정도의 운동을 실시한다. 공복 시에는 저혈당의 위험이 있으므로 주의한다.

영양 관리는 건강 체중을 유지하기 위해 에너지 섭취를 조절하고 각 영양소를 균형 있게 섭취하도록 한다. 식사 시간과 간격을 적절하게 분배하며 식사량도 균등하게 나누어 섭취하는 것이 중요하다.

(1) 당뇨병의 예방과 치료를 위한 식사

① 당질

당질은 종류에 따라, 함께 섭취하는 식품의 종류에 따라 혈당 수준에 미치는 영향이 매우 다르게 나타난다. 체내에서 빨리 흡수되고 혈당을 빠르게 상승시킬 수 있는 단순당질은 섭취를 제한하는 것이 좋다. 복합당질은 체내에서 보다 서서히 포도당으로 가수분해되어 이용될 때까지 시간이 많이 걸리므로 당뇨병 환자식에 많이 사용된다. 식이섬유는 혈당이 급격하게 올라가는 것을 억제하고, 혈중 콜레스테롤을 저하시킴과 동시에 인슐린 민감성을 증가시며 당뇨병의 예방 및 치료에 효과적이다.

설탕 대용으로 다양한 감미료가 시판되고 있는데, 음식의 맛을 증진시키기 위해 이들 감미료의 사용이 불가피할 경우 감미료의 특성, 단맛 정도, 안전 양, 혈당 조절에 미치는 영향 등을 고려하여 적절하게 사용하도록 한다.

② 단백질

혈당이 잘 조절되지 않는 당뇨병 환자에서는 단백질 분해가 쉽게 일어나며, 소변으로 많은 양의 질소가 배출된다. 그 결과 근육량의 감소와 면역력의 저하가 나타나므로 질적으로 우수한 단백질을 충분하게 섭취하는 것이 권장된다. 우유와 어육류 등 동물성 단백질을 섭취하는 것이 바람직하다.

③ 지방

당뇨병 환자는 정상인과 비교하여 동맥경화증이 발생하기 쉬우므로 이의 예방과 치료를 위해 $\omega-3$ 지방산이 많이 들어 있는 생선을 자주 섭취하도록 한다. 지방의 열량이 높다고 하여 너무 제한하면 음식의 맛이 나빠지고 공복감이 빨리 오기 때문에 극단적으로 지방을 제한할 필요는 없다.

④ 비타민과 무기질

당뇨병 환자들의 경우에는 합병증 예방을 위해 나트륨 섭취를 제한하도록 권장한다. 비타민 C는 당뇨병 환자의 백내장 및 신경 증상을 예방하는 데 관련된다. 비타민

E는 당뇨병의 주된 합병증인 동맥경화성 플라크 형성을 억제하는 효과가 있다고 알려져 있다.

⑤ 식사 시간과 간격

제1형 당뇨병 환자의 경우 혈당 조절을 위해 인슐린 투여가 반드시 필요하므로 식사요법은 혈당 조절, 특히 저혈당 예방을 위해 규칙적인 식사와 일정한 식사량의 유지가 우선적으로 요구되며, 투여하는 인슐린의 종류에 따라 식사의 배분에도 중점을 두어야 한다. 그 외에도 환자 개개인 작업 시간, 사회적 활동 시간, 운동 시간 등 일상생활의 주기를 고려하여 균형 있게 식사를 배분해야 한다. 식사나 간식의 열량, 당질, 단백질을 일관성 있게 배분함으로써 혈당 변화를 안정시키고 인슐린 투여량에 따라 어떠한 결과가 나타날 것인지 예측할 수 있다.

2. 심장순환계 질환

심장순환계 질환에는 고혈압, 이상지질혈증, 동맥경화증, 심장 질환 및 뇌졸중 등이 있다. 전 세계적으로 고지방, 높은 열량의 식품을 과량으로 섭취함으로써 이러한 질환들의 발현이 늘고 있으며, 이로 인한 사망률도 지속적으로 증가하고 있다.

심장순환계 질환의 위험인자에는 연령, 성별, 유전, 종족, 흡연 여부, 고혈압, 비만, 스트레스 등이 있다. 유전적인 요인은 바꿀 수 없으나, 환경적인 요인 중 식생활은 생활습관 교정, 운동 등과 더불어 심혈관계 질환을 예방할 수 있는 중요한 요인이 될 수 있다.

1) 고혈압

혈관 속에 흐르는 혈액이 혈관벽에 미치는 압력을 혈압이라 하는데, 동맥의 혈압이 정상보다 높은 것이 고혈압(Hypertension)이다(표 11-3).

표 11-3 고혈압 진단기준

분류	수축기 혈압(mmHg)	이완기 혈압(mmHg)
정상	120 미만	80 미만
경계	120~139	80~89
고혈압	140 이상	90 이상

(1) 원인

고혈압 환자의 90% 이상은 원인이 명확하지 않은 본태성 고혈압이며, 그 외에 내분비계 질환, 신장질환, 경구피임약 복용 등으로 인한 이차성 고혈압이 발생한다. 고혈압은 자각증상이 잘 나타나지 않는 것이 특징이며, 일상생활에 큰 지장을 주지 않기 때문에 지나치기 쉬운 질병이다. 고혈압을 일으키는 대표적인 식사 요인은 과다한 소금 섭취이므로 고혈압 예방을 위해서는 소금의 섭취를 줄이는 것이 중요하다.

(2) 증상

대부분 증상이 없으나, 초기에 머리가 무겁고 이명이나 두통을 동반하는 경우가 있다. 아침에 머리가 아프고 어지러우며 걸을 때 숨이 차고 가슴이 뛰는 증상이 있다.

(3) 고혈압의 예방과 치료를 위한 지침

① 소금(나트륨) 조절

우리나라 국민의 식성은 국, 찌개, 김치, 밑반찬을 선호하며, 김치, 찌개, 국, 멸치볶음, 고등어조림, 조개젓 등이 고혈압 환자들이 섭취하는 나트륨 섭취량의 약 50%를 차지한다. 고혈압 환자를 대상으로 한 연구 결과에 의하면 소금을 4g만 적게 먹어도 혈압 5mmHg가 떨어진다고 보고되었다.

그림 11-2 나트륨 섭취를 줄이는 방법

자료: 식품의약품안전처

② 칼륨 섭취 증가

칼륨(K)은 혈압을 저하시키는 작용이 있으므로 나트륨 함량은 적고 칼륨 함량이 높은 식품을 선택한다.

③ 알코올 섭취 제한

알코올 섭취는 고혈압 유병률을 증가시킨다. 불가피하게 술을 마셔야 할 경우 고혈압 환자는 1일 음주량을 하루 30g(맥주 1/2병, 소주 2잔) 이하로 제한하여야 한다.

표 11-4 주요 식품의 K/Na비

식품	K/Na	식품	K/Na	식품	K/Na
곰보빵	0.4	상추	12	두유	1.2
카스텔라	0.1	풋고추	3.7	오렌지주스	25.5
샌드위치	0.1	찐 감자	27	포도과즙	43.3
팥빵	0.3	찐 고구마	27	귤	2.7
햄버거	0.2	삶은 밤	2.9	딸기	31.3
백설기	0.4	땅콩	6.5	바나나	18.2
깻잎	29	옥수수	12.7	사과	10.6

> **고혈압을 예방하는 식사와 생활습관**
>
> • 과도한 에너지 섭취를 제한하여 비만을 예방하며 정상 체중을 유지한다.
> • 포화지방산과 콜레스테롤 섭취를 제한하고 오메가−3 계열의 필수지방산의 섭취는 증가시킨다.
> • 음식을 싱겁게 먹고 인스턴트 식품의 섭취를 줄인다.
> • 음주를 제한하고, 금연한다.
> • 비타민 C, 비타민 E, 베타카로틴이 풍부한 녹색 채소와 과일을 충분히 섭취한다.
> • 펙틴이 풍부한 사과와 귤, 오렌지 같은 수용성 식이섬유소를 풍부하게 섭취한다.
> • 스트레스를 최소화하도록 노력한다.

④ 식이섬유와 수분 섭취

고혈압 환자는 변비와 혈중 콜레스테롤 수치가 높은 경우가 많다. 신선한 채소나 과일, 잡곡, 콩류, 채소류에 풍부한 식이섬유는 혈중 콜레스테롤을 낮추어 고혈압 환자들에게서 나타나는 고지혈증, 고콜레스테롤혈증을 개선하여 심혈관계 질환 예방에 도움이 된다.

고혈압 환자의 경우 수분이 부족하면 혈액의 점도가 증가하여 혈액 순환이 나빠져 혈전이 생길 수 있다. 또한 약제로 이뇨제를 복용하는 경우 수분 섭취에 더욱 유의해야 한다.

⑤ 운동 및 생활습관 개선

적정한 운동은 스트레스 해소에 도움이 되어 혈압 저하에 도움이 된다. 고혈압 환자는 하루에 30~45분 가량 빠르게 걷기 같은 유산소 운동을 하면 혈압을 저하시키는 데 효과적이다.

2) 이상지질혈증

이상지질혈증(Dyslipidemia)이란 혈액 중에 지질 성분의 농도가 높거나 낮은 상태를 말한다. 그 자체로서 임상적 소견을 나타내는 질병 상태는 아니나 고혈압 및 심혈관계 질환 발생의 중요한 위험 요인이 되어 문제가 된다. 혈액 내 중성지방 또는 콜레스테롤이 상승함에 따라 고지혈증이 나타난다(표 11-5).

표 11-5 이상지질혈증의 분류

	원인	판정(공복 시 혈청 수치)
고콜레스테롤혈증	유전, 고지방 식사, 당뇨병, 갑상선 기능 저하	콜레스테롤 농도 240mg/dL 이상
고중성지방혈증	비만, 고지방 식사, 음주, 운동 부족, 당뇨병 등	중성지방 농도 250mg/dL 이상
복합형	유전	• 콜레스테롤 농도 240mg/dL 이상 • 중성지방 농도 250mg/dL 이상

(1) 원인

주요 원인은 유전, 고지방 식사, 고칼로리 식사 등 잘못된 식습관과 운동 부족 등 생활습관에 의한 요인을 들 수 있다. 또한, 당뇨병, 임신, 알코올 과다 섭취, 갑상선 기능 저하, 만성 신부전 등 다른 질병에 의해서도 나타날 수 있다.

(2) 증상

대부분 증상이 없으나 고지혈증 등을 치료하지 않고 방치하면 동맥경화의 원인으로 작용할 수 있다. 심근경색이나 뇌경색 등의 합병증이 나타날 수 있다.

(3) 이상지질혈증의 예방과 치료를 위한 지침

- 적정 체중을 유지한다.
- 총 지방의 섭취를 줄인다. 특히 포화지방산과 콜레스테롤의 섭취를 줄이고, 불포화지방산의 양은 늘린다.
- 탄수화물과 단백질을 적정량 섭취하고 정상 체중을 유지한다.
- 과일, 채소의 섭취를 늘린다.
- 식이섬유소의 섭취를 늘리고 소금의 섭취를 줄인다.

3) 동맥경화증

동맥경화는 동맥 안쪽 벽에 콜레스테롤 등의 지방과 플라크(plaque)가 축적되어 동맥 내벽이 두꺼워지고 굳어져 탄력이 감소하고, 혈관이 좁아지거나 막히는 상태를 말한다. 동맥경화가 지속되면 주요 장기(뇌, 심장, 신장 등)로 혈액이 원활히 공급되지 못하고 동맥이 파열되는 현상이 일어난다. 이것이 동맥경화증(Arteriosclerosis)이다.

(1) 원인

유전적 요인, 연령 등이 관여하며 고혈압, 고지혈증, 흡연, 당뇨병, 비만 등에 의해서도 일어날 수 있다. 이 외에도 과도한 소금 섭취, 과식, 스트레스, 운동 부족, 고호모시스테인혈증 등이 위험인자로 작용한다.

(2) 증상

동맥경화는 주로 심장, 신장, 뇌 등에서 혈액 흐름을 방해하는데, 질환이 발생되는 부위에 따라 증상이 다르게 나타난다. 심장에 산소와 영양을 공급하는 관상동맥에 경화가 생기면 심장 근육이 괴사되어 심근경색증이 발생한다. 동맥경화가 뇌동맥에 발생하면 뇌졸중의 원인이 되며 신장동맥에 발생하면 신부전증을 유발하게 된다. 또, 팔이나 다리의 말초 혈관에 동맥경화가 생기면 혈액의 흐름을 방해하여 손발 끝이 저리는 증상을 보인다. 심하면 막힌 혈관의 아래 부분에 심한 통증과 함께 피부궤양과 근육 괴사 증상이 나타날 수 있다.

(3) 동맥경화증의 예방과 치료를 위한 지침

① 양질의 단백질 섭취

동맥경화의 예방 및 치료를 위해 단백질 식품을 피하고 밥, 국수 등 당질 식품만 섭취 시 혈중 알부민이 떨어지면서 혈관이 약해질 수 있다. 튼튼한 혈관을 가지기 위해서는 양질의 단백질을 충분히 섭취한다.

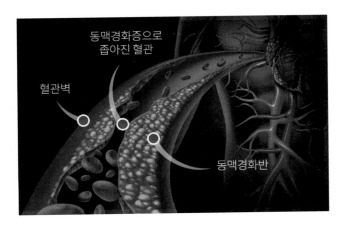

그림 11-3 동맥경화증의 혈관
자료: 한국지질동맥경화학회

② 적정 체중 유지

체중을 줄이면 혈압, 혈중 콜레스테롤, 혈중 중성지방이 감소하는데, 이러한 요인들은 동맥경화 증상을 개선시킬 수 있다.

③ 지방과 포화지방산 제한

식이의 포화지방산과 콜레스테롤을 줄이되 전체적으로 영양의 질이 떨어지지 않도록 한다.

④ 운동과 금연

하루에 30분 정도 걷는 유산소 운동은 심장과 혈관을 강화시키고, 근육을 증가시킨다. 담배의 니코틴은 혈관벽을 손상시켜 손상된 부위에 지방이 축적되며 혈소판이 응집되는 것을 촉진하여 혈전이 쉽게 발생할 수 있다.

3. 암

암(cancer)은 아무런 기능도 없이 비정상적으로 세포가 증식하여 주변 정상세포들의 성장 및 유지를 방해하고 혈관이나 림프선을 통해 다른 장기로 전이되어 온몸으로 퍼지게 된다. 암은 우리나라 사망 원인 순위 1위(2017년 통계청)다. 전 세계적으로도 해마다 1천만 명의 암 환자가 새로 발생하고 있으며, 그 중 600만 명 정도가 사망하며 발생 건수도 계속 증가하고 있는 추세이다. 암에 의한 사망률도 지속적으로 증가하고 있으며 우리나라의 경우 암 사망률이 폐암, 간암, 대장암, 위암, 췌장암 순으로 높다.

그림 11-4 남녀 주요 암 발생 비율(2016년 기준)

자료: 2016년 국민암등록 통계, 보건복지부, 국립암센터

표 11-6 암의 발생 과정 3단계

개시단계	• 발암 자극이 몇몇 세포를 비가역적으로 손상시키는 과정 • 개시된 세포 중 일부가 암세포로 전환하게 됨
촉진단계	• 유전자 손상이 점차 증가되면서 변성된 세포군이 복제, 증식되는 과정 • 여러 가지 암을 촉진하는 인자에 의해 느리게 일어남
전이단계	암세포에 영양분을 공급하기 위해 암세포가 건강한 조직에 침입하거나 퍼지기 시작하는 단계

1) 암의 원인

암을 유발할 수 있는 물질을 발암물질이라 하는데, 내인성 인자(유전적 소인, 노화, 면역능력, 호르몬, 대사 등)와 환경 인자(흡연, 식생활, 대기오염, 바이러스 감염 등) 등이 위험 인자로 추정되고 있다. 환경 인자에 의한 암 발생이 80~90% 정도로 추정되며, 그중 식생활 인자가 1/3 정도를 차지한다. 특히 여러 종류의 암 중에서 식도암, 위암, 결장암, 직장암, 이자암, 폐암, 유방암, 자궁내막암, 난소암, 방광암, 전립선암 등은 식생활 인자와 관련성이 높은 것으로 알려졌다. 따라서 식생활 조절에 의해 암은 어느 정도 예방이 가능하다고 볼 수 있다.

(1) 식사 요인

① 에너지
동물실험 결과 에너지 섭취를 제한하면 종양의 성장과 발생이 억제되는 것으로 알려져 있다. 특히 유방암이나 대장암의 경우 과다한 에너지를 섭취하는 사람에게서 발생률이 높다.

② 지방
고지방 식사는 유방암, 대장암 등의 발생과 관련성이 높고 섭취하는 지방의 종류가 영향을 미칠 수 있다. 동물실험 결과 DHA나 EPA 등이 풍부한 어유를 섭취한 경우 지방을 먹어도 암 발생에 큰 변화가 없거나 오히려 암의 발생이 낮은 것을 확인하였다.

③ 단백질
단백질의 지나친 결핍이나 과다 섭취 모두 암의 발생을 높인다. 단백질이 결핍 시 면역기능이 약화되어 암세포에 대한 공격성이 떨어지며, 고단백 식이를 한 경우에는 암모니아 생성이 많아지고 DNA가 손상되어 암 발생이 높아질 수 있다.

④ 식품 내 발암물질

음식 중에서 태운 고기와 생선류, 동물성 지방의 과다 섭취, 지나치게 짠 음식은 암을 일으키는 요인이 된다. 고기나 생선을 태울 때 생기는 벤조피렌은 대장암과 유방암의 유발을 높이는 것으로 알려져 있고, 짠 음식은 위암의 발생과 관련이 있다. 햄, 소시지, 베이컨 등 훈연식품에 포함되어 있는 아질산염은 가열하면 발암물질인 니트로소아민으로 바뀌어 위암과 식도암 발생의 위험 인자가 되는데, 비타민 C는 이 과정을 방어해 주는 효과가 있는 것으로 알려져 있다.

⑤ 식이섬유

식이섬유는 특히 대장암 예방에 효과적이다. 섬유소가 소화관 내에 존재하는 발암물질의 흡수를 방해하거나 희석시키고, 대장 내의 미생물 분포를 변화시킨다.

(2) 환경 요인

담배 연기에는 벤조피렌 등의 발암물질 및 유해물질이 들어 있어 폐 조직과 여러 조직세포를 손상시켜서 폐암뿐만 아니라 식도암과 후두암의 위험 요인이 된다. 술은 암 발생의 촉발 인자이므로 음주와 흡연이 동시에 이루어지면 암의 발생이 높아진다. 암은 유전되는 병은 아니나 암에 걸리기 쉬운 경향은 유전될 수도 있다. 바이러스를 통해 감염되는 간염은 간암으로 진행되는 경우가 많다. 자궁경부암 발생은 인유두종 바이러스와 관련이 있으며, 위궤양을 일으키는 헬리코박터파일로리는 위암의 발생과 관계가 있다.

2) 암의 증상

암은 허약감, 빈혈, 식욕 부진 등 일반적인 영양 장애를 나타내며, 특정 부위에 암이 생기면 그에 따른 장애 증상이 나타난다. 예를 들어, 식도암의 경우에는 음식물을 삼키는 것이 어려워지고 가슴 통증이 유발된다. 암이 발생하면 암세포가 자라는 과정에서 독소가 생산되어 혈관 속으로 흡수되므로 이로 인해 체중이 감소하고 쇠약해진다.

3) 암의 관리

암의 예방을 위해서는 감염성 질환의 감염을 예방하고 환경오염을 줄이며 흡연, 음주, 음식 및 운동과 관련된 생활습관을 개선하는 것이 중요하다.

(1) 암 예방을 위한 권장사항
- 편식하지 말고 영양소를 골고루, 균형 있게 섭취한다.
- 녹황색 채소와 과일, 곡물 등 섬유질을 많이 섭취한다.
- 우유와 된장의 섭취를 권장한다.
- 비타민 A, B, C, E를 적당히 섭취한다.
- 건강 체중(정상 체중)을 유지하기 위하여 과식하지 말고 지방분을 적게 먹는다.
- 너무 짜고 매운 음식과 뜨거운 음식을 피한다.
- 불에 직접 태우거나 훈제한 생선이나 고기는 피한다.
- 곰팡이가 생기거나 부패한 음식은 피한다.
- 술은 과음하거나 자주 마시지 않는다(절주).
- 담배는 금한다(금연).
- 태양광선, 특히 자외선의 과다한 노출을 피한다.
- 땀이 날 정도의 적당한 운동을 하되 과로는 피한다.
- 스트레스를 피하고 기쁜 마음으로 생활한다.
- 목욕이나 샤워를 자주하며 몸을 청결하게 한다.

자료: 대한암협회

(2) 주요 암 예방 식품
- 녹황색 채소: 식이섬유가 풍부, 항암작용을 하는 비타민 풍부, 여러 종류의 피토케미컬이 항암효과를 보인다.

- 마늘, 양파: 유황화합물이 발암물질의 독성을 억제하며 항산화 작용을 한다.

- 콩, 된장: 피토에스트로겐이 항암작용을 보인다.

- 버섯류: 면역기능을 향상시켜 암 진행을 억제하는 효과가 있다.

- 해조류: 면역체계를 활성화시켜 암 예방에 효과적이다.

- 등푸른 생선: 오메가-3 지방산(EPA, DHA)이 풍부하여 항암효과가 있다.

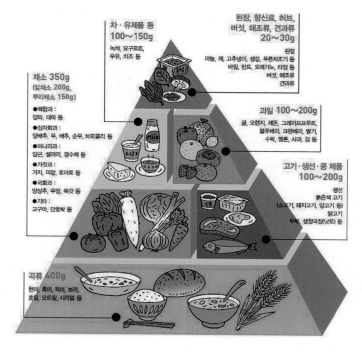

그림 11-5 암 예방 식품 피라미드

4. 골다공증

골다공증(osteoporosis)은 뼈의 질량이 감소하고 뼈가 약해져서 작은 충격에도 쉽게 골절이 발생하는 질환으로, 뼈 속에 구멍이 많아져서 골밀도가 낮아진 상태를 말한다. 연령이 증가하면서, 특히 여성의 경우 폐경으로 인하여 뼈가 급속히 손실되면서 척추뼈, 허리뼈, 엉덩이뼈 등에 쉽게 골절이 나타난다.

1) 골다공증의 원인

뼈의 질량은 유전, 신체 활동량, 영양 상태, 호르몬의 균형, 그리고 환경요인에 의해 결정되는데, 신체적인 활동은 뼈의 질량을 증가시키고 활동량의 감소는 뼈의 질량을 감소시킨다. 뼈의 양과 단단한 정도는 개인차가 크다. 뼈의 질량은 30대 전후에 가장 크며, 60세 이후에 감소되어 노년기에는 골절이 쉽게 나타난다.

특히 남성보다 여성에서 골다공증의 발병률이 높은데, 여성 호르몬인 에스트로겐은 뼈의 칼슘 용해를 감소시켜 뼈 질량을 유지하도록 돕는다. 그러므로 무월경, 난소 절제, 출산 무경험 등으로 여성 호르몬의 분비가 적은 여성에게서 골다공증 발생 빈도가 높다. 운동은 뼈 재생을 촉진하여 뼈를 튼튼하게 하는 효과 이외에도 근육을 강화시키고 신체의 균형 감각을 호전시킴으로써 골절의 예방에 도움이 된다.

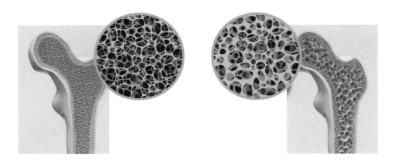

그림 11-6 골다공증의 뼈

골다공증을 유발하는 식사 요인으로는 칼슘 섭취 부족, 카페인, 단백질 및 인의 과다 섭취로 인한 소변으로 칼슘 배설 증가, 비타민 D 결핍 등이 있다.

2) 골다공증의 증상

골다공증의 증상은 골절이 쉽게 발생하는 것이다. 골절은 주로 척추, 팔목, 엉덩이에서 발생하며 회복된다 하더라도 골절 이전의 건강 상태로 회복되기가 매우 힘들다.

3) 골다공증의 관리

(1) 운동요법

골다공증의 예방은 젊었을 때, 특히 30세 이전에 골밀도를 증가시켜 튼튼한 뼈를 만들어 놓는 것이 가장 중요하다. 운동 중에서 중력에 대항하는 운동, 즉 체중이 실린 운동이 골다공증 예방에 좋다. 예를 들어 역기, 달리기(조깅), 줄넘기, 등산과 에어로빅 등을 들 수 있다. 또한, 외출해서 햇볕을 쪼여 뼈의 건강과 관련이 있는 비타민 D가 결핍되지 않도록 한다.

(2) 약물요법

칼슘제제나 비타민 D, 에스트로겐, 칼시토닌 등으로 뼈가 약해지는 것을 억제하고 뼈가 형성되는 것을 돕도록 한다.

(3) 골다공증의 예방과 치료를 위한 식사

① 칼슘이 풍부한 식사

식사로서의 섭취가 불충분하고 흡수율이 낮으므로 하루 1200~1500mg의 칼슘 섭취를 권장한다. 우유와 유제품은 칼슘 섭취에 좋은 급원식품이다. 이외에도 뼈째 먹는 생선, 해조류, 채소류, 두부 등이 주요 칼슘 급원으로 이용되고 있다.

② 대두단백질 섭취

식물성 단백질인 대두단백질 위주로 섭취한다. 대두에 있는 이소플라본은 뼈의 칼슘 용출을 억제하고 골밀도를 향상시킨다. 메티오닌, 시스틴 함량이 높은 동물성 단백질 식품은 칼슘 배설을 증가시키므로 주의한다.

③ 섬유소 섭취

섬유소 섭취는 칼슘의 흡수를 방해하므로 골다공증이 있는 경우 섭취를 줄이도록 한다.

④ 기타

나트륨의 과잉 섭취는 소변을 통해 나트륨 배설 시 칼슘의 배설을 동반할 수 있으므로 칼슘의 결핍을 가져올 수 있다. 인은 부갑상선 호르몬의 분비를 자극하여 소변 내 칼슘 손실을 감소시킬 수 있으나 적당량의 인은 골밀도를 증가시킨다. 그러나 과량의 인 섭취는 칼슘의 흡수율을 감소시키고 배설을 촉진하여 골밀도를 감소시키므로 칼슘과 인의 비율은 1:1이 되도록 섭취한다. 우리나라 식생활은 곡류나 기타 식품을 통해 인의 섭취가 많으므로 과잉되지 않도록 주의한다. 카페인은 칼슘 배설을 촉진하므로 될 수 있으면 섭취하지 않는다. 또한 알코올은 뼈의 생성세포(조골세포)의 활성을 저하시켜 골세포 형성에 나쁜 영향을 주므로 지나친 섭취를 피한다. 흡연은 에스트로겐을 감소시켜 칼슘의 이용률을 저하시킬 수 있다.

부록

1. 국민 공통 식생활 세부 지침별 참고자료

1. 쌀·잡곡, 채소, 과일, 우유·유제품, 육류, 생선, 달걀, 콩류 등 다양한 식품을 섭취하자

- 곡류 섭취의 감소, 육류 섭취의 증가
  - 곡류 1인 1일 섭취량: '05년 314g → '14년 293g
  - 육류 1인 1일 섭취량: '05년 90g → '14년 113g

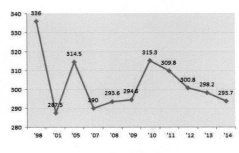

곡류 1일 섭취량(g/일, 1인)

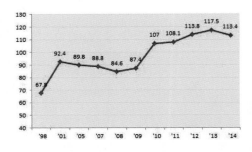

육류 1일 섭취량(g/일, 1인)

- 칼슘 섭취 부족
  - 권장섭취량 대비 섭취 부족 지속: '05년 71.1% → '14년 68.7%
    (남자) '05년 82.7% → '14년 69.3% (여자) '05년 314.4g → '14년 64.4%
  - 12~18세 및 65세 이상에서, 소득 수준이 낮을수록 섭취 부족 심각

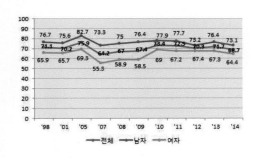

연도별 영양섭취기준 대비 섭취 분율(%)

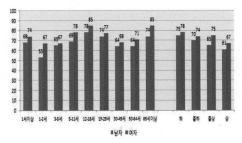

연성, 연령, 소득수준별 평균필요량 미만
섭취자 비율(%)('14년)

자료: 보건복지부·질병관리본부, 2014 국민건강통계

• 채소·과일 섭취 부족

– 채소·과일 1일 500g 이상 섭취자 분율은 38.3%('14년)이며, 20대 이하 연령에서 낮고 소득이 낮을수록 낮음

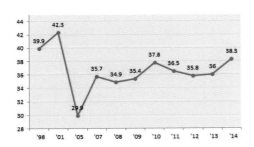

연도별 과일 및 채소 1일 500g 이상
섭취자 분율(%)

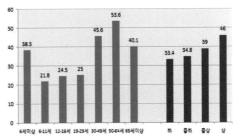

연령별 및 소득수준별 과일 및 채소
1일 500g 이상 섭취자 분율(%)

* 소득수준: 월가구균등화소득(월가구소득/√가구원수)을 성별·연령별(5세 단위) 사분위로 구분, 2005년 추계인구로 연령표준화
자료: 보건복지부·질병관리본부, 2014 국민건강통계

2. 아침밥을 꼭 먹자

• 아침식사 결식률 증가

– 아침식사 결식률이 '05년 19.9%에서 '14년 24.0%로 증가하였고, 20대에서 가장 높음(남자 45.1%, 여자 36.4%)

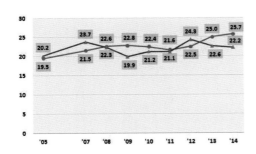

아침식사 결식률(%, 남자▲, 여자●)

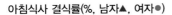

* 아침식사 결식률: 조사 1일전 아침식사를 결식한 분율

연령층별 아침식사 결식률(2014년)

자료: 보건복지부, 질병관리본부, 2014 국민건강통계

3. 과식을 피하고 활동량을 늘리자

• 에너지 섭취량 증가

– 여자의 에너지 섭취량은 최근 10년 간 비슷한 수준이나, 남자는 '05년 2,214kcal 에서 '14년 2,376kcal로 증가

– 지방 섭취량은 꾸준히 증가: '05년 45.2g → '14년 49.7g

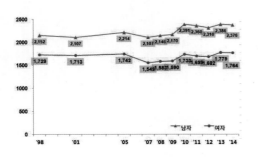

연도별 평균 에너지 섭취량
(kcal/일, 만 1세 이상)

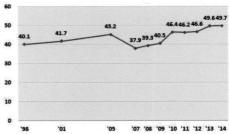

연도별 지방섭취량(g/일, 만 1세 이상)
자료: 보건복지부, 질병관리본부. 2014 국민건강통계

• 신체활동(만 19세 이상, 걷기 실천율) 지속 감소

– '05년 남자 62.4%, 여자 59.0% → '14년 남자 43.1%, 여자 40.3%

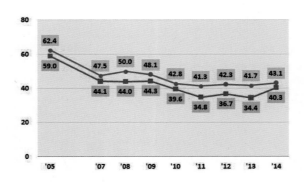

걷기 실천율(%, 만 19세 이상, 남자▲, 여자●)
* 걷기 실천율: 최근 1주일 동안 걷기를 1회 10분 이상, 1일 총 30분 이상 주 5일 이상 실천한 분율
자료: 보건복지부·질병관리본부, 2014 국민건강통계

4. 덜 짜게, 덜 달게, 덜 기름지게 먹자

- (나트륨) 목표섭취량(2,000mg) 대비 남자 2.2배, 여자 1.6배 섭취

  − 5명 중 4명이 목표섭취량 이상 섭취하고 있으며, 연령, 소득수준과 관계없이 과잉 섭취

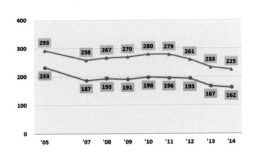

연도별 나트륨 목표섭취량 대비 섭취 비율
(%, 만 9세 이상, 남자▲, 여자●)

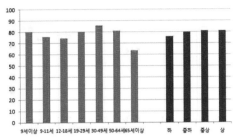

연령별·소득수준별 나트륨 목표섭취량
이상 섭취자 분율(%)

자료: 보건복지부, 질병관리본부. 2014 국민건강영양통계

- (에너지·지방) 과잉섭취자 분율이 '07년 3.7%에서 '14년 9.1%로 증가

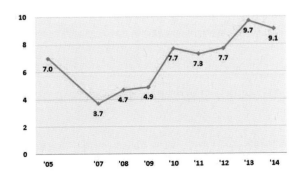

에너지·지방 과잉섭취자 분율

* 에너지·지방 과잉섭취자 분율: 에너지 섭취량이 필요추정량(또는 영양권장량)의 125% 이상이면서 지방 섭취량이 에너지적정비율을 초과한 분율

자료: 보건복지부·질병관리본부, 2014 국민건강통계

- 당류 섭취량 증가

  – 1일 평균 당류 섭취량은 72.1g로, 연 평균 3.5% 증가

    * 당류 섭취량: ('07) 59.6g → ('10) 70.0g → ('13) 72.1g

  – 가공식품을 통한 섭취량은 44.7g로, 연 평균 5.8% 증가

    * 가공식품을 통한 당류 섭취량: ('07)33.1g → ('10)42.1g → ('13)44.7g

자료: 식품의약품안전처, 2016

5. 단음료 대신 물을 충분히 마시자

- 음료류 섭취 급격히 증가: '05년 62g/일 → '14년 177g/일

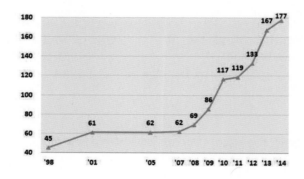

음료류 1일 섭취량(g/일, 1인)

자료: 보건복지부·질병관리본부, 2014 국민건강통계

- 가공식품 중 1~5세는 가공우유 및 발효유를 통해, 6세 이상은 음료류를 통해 당류를 가장 많이 섭취

  – 음료류 중 6~29세는 탄산음료, 30세 이상은 커피를 통해 가장 많이 섭취

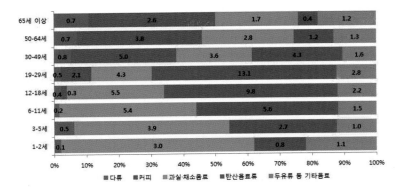

연령층별 음료류로부터의 총당류 섭취량 및 기여비율(2014년)

자료: 식품의약품안전처, 국민 다소비 식품의 당류 DB 확보 및 조사연구, 2015

6. 술자리를 피하자

- 주류 섭취 급격히 증가: '05년 81g/일 → '14년 125g/일
- 고위험음주율이 남녀 전체에서 '05년 11.6 → '14년 13.5로 증가

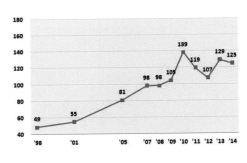

주류 1일 섭취량(g/일, 1인)

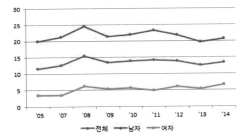

고위험 음주율(%, 만 19세 이상)

* 고위험음주율: 1회 평균 음주량이 7잔(여자 5잔) 이상이며, 주 2회 이상 음주하는 분율(%)

자료: 보건복지부 · 질병관리본부, 2014 국민건강통계

7. 음식은 위생적으로, 필요한 만큼만 마련하자

- 음식물 쓰레기 줄이기 실천율 감소: '11년 62.1% → '14년 60.6%
- 식중독 발생 건수 및 환자 수 증가: '11년 249건/7,105명 → '13년 235건/4,958명 → '15년 330건/5,947명

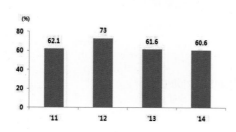

음식물 쓰레기 줄이기 실천율

자료: 농림수산식품부, 국민 식생활실태조사 보고서, 2011~2013, 2014년 국민 식생활 실태조사 결과 및 개선방안, 2015

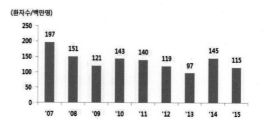

인구 백만 명당 식중독 발생 환자 수

자료: 식품의약품안전처, 식중독통계, 2015

8. 우리 식재료를 활용한 식생활을 즐기자

- 식량 자급률은 50% 미만, 우리 식재료에 대한 관심도 70% 수준

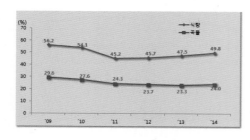

우리나라 곡물 및 식량자급률 추이

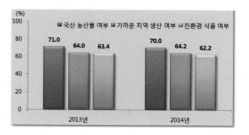

식재료 관심도

자료: 한국농촌경제연구원, 식품소비행태조사 통계분석보고서, 2013~2014

9. 가족과 함께 하는 식사 횟수를 늘리자

• 가족동반식사율 감소 추세

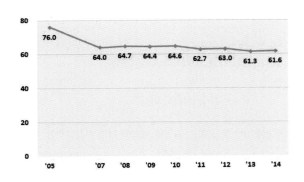

저녁식사 가족동반식사율(%)

* 저녁식사 가족동반식사율: 저녁식사 시 대체로 가족과 함께 식사하는 분율

자료: 보건복지부·질병관리본부, 2014 국민건강통계

　가족들이 한자리에 즐겁고 바람직한 식사시간을 가질 때 가족들의 즐거움은 한층 더 증가될 수 있고 이와 함께 가족간의 사랑과 배려 및 공감이 존재할 때 식사시간은 하루 생활을 즐겁게 만들 수 있는 원동력이 될 수 있고, 더 나아가 혼밥, 혼술 등 사회와 단절되므로 외로움과 우울증이 증가되는 현 사회를 바꿀 수 있는 기초가 될 수 있다.

2. 성인 영양지수(NQ) 체크리스트(19~64세)

Nutrition quotient checklist for adults(19~24 years)

1. How mony vegetable dishes(excluding kimchi) do you toke ot eoch meol? (귀하는 한 번 식사할 때 김치를 제외한 채소류를 몇 가지나 드십니까?)
   ① Never(먹지 않는다)　　　② 1(1가지)　　　③ 2(2가지)
   ④ 3(3가지)　　　⑤ ≥4(4가지 이상)

2. How often do you eat fruits? (귀하는 과일을 얼마나 자주 드십니까?)
   ① ≤once every 2 weeks (2주일에 1번 이하)　② 1~3 times per week (일주일에 1~3번)
   ③ 4~6 times per week (일주일에 4~6번)　　④ Once per day (하루에 1번)
   ⑤ ≥twice per day (하루에 2번 이상)

3. How often do you have milk or milk product? (귀하는 우유 또는 유제품을 얼마나 자주 드십니까?)
   ① ≤once every 2 weeks (2주일에 1번 이하)　② 1~3 times per week (일주일에 1~3번)
   ③ 4~6 times per week (일주일에 4~6번)　　④ Once per day (하루에 1번)
   ⑤ ≥twice per day (하루에 2번 이상)

4. How often do you eat beans or tofu(including soymilk)? (귀하는 콩이나 콩제품을 얼마나 자주 드십니까?)
   ① ≤once every 2 weeks (2주일에 1번 이하)　② 1~3 times per week (일주일에 1~3번)
   ③ 4~6 times per week (일주일에 4~6번)　　④ Once per day (하루에 1번)
   ⑤ ≥twice per day (하루에 2번 이상)

5. How often do you eat eggs? (귀하는 달걀을 얼마나 자주 드십니까?)
   ① ≤once every 2 weeks (2주일에 1번 이하)　② 1~3 times per week(일주일에 1~3번)
   ③ 4~6 times per week (일주일에 4~6번)　　④ Once per day(하루에 1번)
   ⑤ ≥twice per day (하루에 2번 이상)

6. How often do you eat fishes or shellflishes? (귀하는 생선이나 조개류를 얼마나 자주 드십니까?)
   ① ≤once every 2 weeks (2주일에 1번 이하)　② 1~3 times per week(일주일에 1~3번)
   ③ 4~6 times per week (일주일에 4~6번)　　④ Once per day(하루에 1번)
   ⑤ ≥twice per day (하루에 2번 이상)

(계속)

7. How often do you eat nuts? (귀하는 견과류를 얼마나 자주 드십니까?)
   ① Seldom (거의 먹지 않는다)　　　　② Once every 2 weeks (2주일에 1번)
   ③ 1~3 times per week (일주일에 1~3번)　④ 4~6 times per week (일주일에 4~6번)
   ⑤ ≥once per day (하루에 1번 이상)

8. How often do you eat ramyeon? (귀하는 라면류를 얼마나 자주 드십니까?)
   ① Seldom (거의 먹지 않는다)　　　　② Once every 2 weeks (2주일에 1번)
   ③ 1~3 times per week (일주일에 1~3번)　④ 4~6 times per week (일주일에 4~6번)
   ⑤ Once per day (하루에 1번)　　　　⑥ ≥twice per day (하루에 2번 이상)

9. How often do you eat fast food? (귀하는 패스트푸드를 얼마나 자주 드십니까?)
   ① Seldom (거의 먹지 않는다)　　　　② Once every 2 weeks (2주일에 1번)
   ③ 1~3 times per week (일주일에 1~3번)　④ 4~6 times per week (일주일에 4~6번)
   ⑤ Once per day (하루에 1번)　　　　⑥ ≥twice per day (하루에 2번 이상)

10. How often do you eat snacks(including chocolate, candies) or sweet and greasy baked goods(cake, donut, etc)? (귀하는 과자(초콜릿, 사탕 포함) 또는 달거나 기름진 빵(케이크, 도넛, 단팥빵 등)을 얼마나 자주 드십니까?)
   ① ≤once every 2 weeks (2주일에 1번 이하)　② 1~3 times per week (일주일에 1~3번)
   ③ 4~6 times per week (일주일에 4~6번)　④ Once per day (하루에 1번)
   ⑤ ≥twice per day (하루에 2번 이상)

11. How often do you drink sweetened beverages? (귀하는 가당 음료를 얼마나 자주 마십니까?)
   ① ≤once every 2 weeks (2주일에 1번 이하)　② 1~3 times per week (일주일에 1~3번)
   ③ 4~6 times per week (일주일에 4~6번)　④ 1~2 times per day (하루에 1~2번)
   ⑤ ≥3 times per day (하루에 3번 이상)

12. How often do you drink water? (귀하는 하루에 물을 얼마나 자주 마십니까?)
   ① Seldom (거의 마시지 않는다)　　　② 1~2 times per day (하루에 1~2번)
   ③ 3~5 times per day (하루에 3~5번)　④ 6~7 times per day (하루에 6~7번)
   ⑤ ≥8 times per day (하루에 8번 이상)

13. How often do you eat breakfast? (귀하는 아침 식사를 얼마나 자주 하나요?)
   ① ≤once per week (1주일에 1번 미만)　② 1~2 times per week (일주일에 1~2번)
   ③ 3~4 times per week (일주일에 3~4번)　④ 5~6 times per week (일주일에 5~6번)
   ⑤ Everyday (매일)

(계속)

14. How often do you eat eating out or delivery food? (귀하는 외식이나 배달음식을 얼마나 자주 드십니까?)
   ① Seldom (거의 먹지 않는다)　　　　② Once every 2 weeks (2주일에 1번)
   ③ 1~3 times per week (일주일에 1~3번)　④ 4~6 times per week (일주일에 4~6번)
   ⑤ Once per day (하루에 1번)　　　　⑥ ≥2 times per day (하루에 2번 이상)

15. How often do you eat night time snack? (귀하는 저녁식사 후 야식을 얼마나 자주 하십니까?)
   ① Seldom (거의 먹지 않는다)　　　　② Once every month (한 달에 1번)
   ③ Once every 2 week (2주일에 1번)　　④ 1~2 times per week (일주일에 1~2번)
   ⑤ 3~4 times per week (일주일에 3~4번)　⑥ ≥5 times per week (일주일에 5번 이상)

16. Do you refuse certain food? (귀하는 평소에 편식을 얼마나 하십니까?)
   ① Never (전혀 하지 않는다)　　　　② Seldom (하지 않는 편이다)
   ③ So so (보통이다)　　　　　　　④ Many (하는 편이다)
   ⑤ A lot (매우 많이 한다)

17. How much efforts do you make to have healthy eating habits? (귀하는 평소에 건강에 좋은 식생활을 하려고 얼마나 노력하십니까?)
   ① Never (전혀 노력하지 않는다)　　　② Seldom (노력하지 않는 편이다)
   ③ Normal (보통이다)　　　　　　　④ Often (노력하는 편이다)
   ⑤ Always (매우 노력한다)

18. Do you check nutrition fact labelling when you eating out or processed foods? (귀하는 외식 시 또는 가공식품을 구입할 때 영양표시를 얼마나 확인하십니까?
   ① Never (전혀 확인하지 않는다)　　　② Seldom (확인하지 않는 편이다)
   ③ Normal (보통이다)　　　　　　　④ Often (확인하는 편이다)
   ⑤ Always (항상 확인한다)

19. Do you wash hands before meals? (귀하는 음식을 먹기 전에 손을 씻으십니까?)
   ① Never (전혀 씻지 않는다)　　　　② Seldom (씻지 않는 편이다)
   ③ Normal (보통이다)　　　　　　　④ Often (씻는 편이다)
   ⑤ Always (항상 씻는다)

20. How often do you breathless exercise for more than 30 minutes a day? (귀하는 하루 30분 이상 숨이 찰 정도의 운동을 얼마나 자주 하십니까?
   ① Never (거의 하지 않는다)　　　　② 1~2 times per week (일주일에 1~2번)
   ③ 3~4 times per week (일주일에 3~4번)　④ 5~6 times per week (일주일에 5~6번)
   ⑤ Everyday (매일)

(계속)

21. How healthy do you think it is? (귀하는 본인이 얼마나 건강하다고 생각하십니까?)

① Never (전혀 건강하지 않다)　　② Not healthy (건강하지 않은 편이다)

③ So so (보통이다)　　④ Healthy (건강한 편이다)

⑤ Very healthy (매우 건강하다)

3. 식품첨가물의 31개 용도 분류

용도	정의

	용도	정의

참고문헌

국내 문헌

구난숙, 김완수, 이경애, 김미정. 식품위생학. 파워북. 2008

국가암정보센터. 한국인의 주요 암 발생 현황

국립환경과학원. 국민식생활분야 푸드마일리지 산정연구. 2010

금종화, 손규목, 김상영, 권영안, 김청묵, 김종겸, 김창렬, 박상곤, 송승열, 송혁, 이강임, 이상일, 이효순, 조금석. 이해하기 쉬운 식품위생학. 도서출판 효일. 2017

기상청. IPCC, '기후변화와 토지 특별보고서' 채택(보도자료). 2019. 8. 8.

김미현, 김순경, 배운정, 연지영, 최미경. 현대인의 질환과 생애주기에 맞춘 영양과 식사관리. 교문사

김선효, 이경애, 이현숙, 김미현, 김지명, 이옥희. 식생활과 건강. 파워북. 2018

김영섭. 일본의 지산지소 현황과 시사점. CEO Focus 제220호. 2009. 1. 12.

김철규. 한국 로컬푸드 운동의 현황과 과제: 농민장터와 CSA를 중심으로. 한국사회 12(1): 111-133. 2011

김태곤, 박문호, 허주녕. 도시농업의 비전과 과제. 한국농촌경제연구원. 2010

김현. 청양군 로컬푸드 유통시스템 연구. 2013

김혜영. 푸드코디네이션개론. 도서출판 효일

김화영, 김미경, 왕수경, 장남수, 신동순, 정혜경, 장문정, 권오란, 김양하, 김혜영, 양은주, 김우경, 이현숙, 박윤정. 영양 그리고 건강 4판. 교문사. 2016

농림축산식품부. 공고 제2017-18307호

농림축산식품부. 농식품 연구개발 정책 및 투자방향. 2015

농림축산식품부. 농업인·발전사간 온실가스 감축추진. 2017

농림축산식품부. 로컬푸드 확산을 위한 3개년 추진계획(안). 2019. 6

농림축산식품부. 식생활교육전문인력양성과정 교재. 2018

농림축산식품부. 제3차 식생활교육 기본계획(2020~2024). 2020

농림축산식품부. 지속가능과 식생활. 2018

농촌진흥청 국립농업과학원. 국가표준식품성분표 제9개정판. 2017

농촌진흥청. 농축산물 소득자료. 2010

대한당뇨병학회. 당뇨병 식품교환표 활용지침 제3판. 2010

대한비만학회. 비만 진료 지침. 2018

디자인하우스. 홍쌍리 매실 아지매 어디서 그리 힘이 나능교. 2003

박태선, 김은경. 현대인의 생활영양 개정판. 교문사. 2011

백희영, 이심열, 안윤진, 심재은, 정자용, 송윤주, 김현주, 김지혜, 박은미, 김동우. 건강을 위한 식생활
과 영양. 파워북. 2016

보건복지부. 2015 한국인 영양소 섭취기준

보건복지부, 농림축산식품부. 식품의약품안전처 제정 2016 '국민 공통 식생활지침' (보도자료)

보건복지부, 한국영양학회. 2015 한국인 영양소 섭취기준. 2015

서울시·한국보건산업진흥원. 서울시 먹거리 보장 구현을 위한 사회·경제적 취약계층 먹거리 실태 연
구. 2018

식품의약품안전청. 식중독 예방을 위한 위생수칙. 2007

신말식, 서정숙, 권순자, 우미경, 이경애, 송미영. 100세 시대를 위한 건강한 식생활. 교문사. 2018

신말식, 최은옥. 김정인, 이경애, 현태선, 권종숙. 이해하기 쉬운 식품과 영양. 파워북. 2016

오상룡, 강우원. 제2판 식품재료학. 보문각. 2017

윤정현. 영국의 도시농업과 시사점. 세계농업정보. 한국농촌경제연구원

이미숙, 김완수, 이선영, 현태선, 조진아. 리빙 토픽 건강한 식생활. 교문사. 2017

이영호. 행동치료를 통한 식습관 고치기. 제11회 춘계비만학회 연수강좌. 2005

이용수 외. 로컬푸드 직매장의 효율적 운영방안. 정책연구. 2017. 12

이철호. 글로벌 식량위기와 식량안보정책. 2012

장동석, 신동화, 정덕화, 우건조, 이인선. 자세히 쓴 식품위생학. 정문각, 2008

전국여성농민회총연합. 언니네텃밭 녹색식생활교육 심포지움. 2012

정은미. 지역경제 활성화를 위한 로컬푸드시스템 구축 방안. 한국농촌경제연구원 2011

지역농업네트워크협동조합. 국가 푸드시스템 구축을 위한 추진방안 연구. 2017

질병관리본부. 2018 만성질환 현황과 이슈

최혜미, 김정희, 이주희, 김초일, 송경희, 장경자, 민혜선, 임경숙, 변기원, 송은승, 여의주, 이홍미, 김경

원, 김희선, 김창임, 윤은영, 김현아. 21세기 영양학 원리 제4판. 교문사. 2011

최혜미, 김정희, 이주희, 김초일, 송경희, 장경자, 민혜선, 임경숙, 이홍미, 김경원, 김희선, 윤은영, 한영신. 교양인을 위한 21세기 영양과 건강 이야기 제4판. 라이프사이언스. 2016

통계청. 사망원인통계연보. 2018

한국건강증진재단. 저위험 음주 가이드라인. 2013

허남혁, 선진국의 도시 먹거리 계획: 캐나다 토론토 사례를 중심으로. 세계와 도시 3: p.31

홍진숙, 박혜원, 박란숙, 명춘옥, 신미혜, 최은정, 정혜정, 최은희. 3판 식품재료학. 교문사. 2019

환경부. 올 추석, 그릇은 비우고 정은 채우세요(보도자료). 2019. 9. 11.

황영모 외. 푸드 플랜 시대 지역단위 푸드 플랜의 방향과 전략. 전북연구원 144. 이슈브리핑

국외 문헌

Australian Institute of Health and Welfare(AIHW). Australia's health 2006

Carter BD, Abnet CC, Feskanich D, Freedman ND, Hartge P, Lewis CE et al. Smoking and Mortality-Beyond Establish Causes. N Engl J Med. 2117; 372: 631-40.

Choi SH, Kim DJ, Lee KE, Kim YM, Song YD, Kim HD, Ahn CW, et al. Cut-off value of waist circumference for metabolic syndrome patients in Korean adult population. J Korean Soc Study Obes. 2004; 13: 53-60

Dillard CJ, German JB. Phytochemicals: nutraceuticals and human health. J Sci Food Agric. 80: 1744-1756, 2000

Gropper Sareen S., Smith Jack L., Carr Timothy P. Advanced Nutrition and Human Metabolism. Seventh edition. Wadsworth Publishing Company. 2016

Heckman MA, Weil J, De Mejla EG. Caffeine(1, 3, 7-trimethylxanthine) in foods: a comprehensive review on consumption, functionality, safety, and regulatory matters. J. of Food Science. 75: R77-R87

Kennedy DO, Wightman EL. Herbal extracts and phytochemicals: plant secondary metabolites and the enhancement of human brain function. Adv. Nutr. 2: 32-50. 2011

Kivett J, Tamplin M. The food safety book: What you dont' know could kill you. Constant Rose Publishing. 2016

Kumar N, Goel N. Phenolic acids: natural versatile molecules with promising therapeutic applications. Biotecnology Reports 24: 1-10. 2019

Lee JS et al. 2018. J Nutr Health. 8; 51(4): 340-356. https://doi.org/10.4163/jnh.2018.51.4.340

McSwane D, Rue NR, Linton R. Essentials of food safety and sanitation, 4th. Pearson Prentice Hall. 2004

Nestle M. Safe food: Bacteria, biotechnology, and bioterrorism. University of California Press. 2003

Rai VR, Bai JA. Food safety and protection. CRC press. 2017

Surh YJ. Cancer chemopreventive effects of dietary phytochemicals. J of Korean Association of Cancer Prevention. 9: 68-83. 2004

The association of body image distortion with weight control behaviors, diet behaviors, physical activity, sadness, and suicidal ideation among Korean high school students: a cross-sectional study. Jounghee Lee and Youngmin Lee, BMC Public Health (2016) 16: 39

Yoon YY, Kim KJ. A Qualitative study on consumers' perception of food safety risk factors. J Korean Home Management Association 2013; 31(4): 15-31

Zhang YJ, Gan RY, Li S, Zhou Y, Li AN, Xu DP, Li HB. Antioxidant phytochemicals for the prevention and threatment of chronic diseases. Molecules. 20: 21138-21156. 2015

웹사이트

Academy of Nutrition and Dietetics. http://www.eatright.org

American Heart Association. http://www.heart.org

e-나라지표. 식중독 신고건수 및 환자수. http://www.index.go.kr/potal/main/EachDtlPageDetail.do?idx_cd=2761

FEDERAL TRADE COMMISSION. http://www.consumer.ftc.gov

HIA Appraoch. https://www.who.int/hia/en/

https://appzzang.me/bbs/board.php?bo_table=humor&wr_id=31785

NIDDK. http://www.niddk.nih.gov

농축유통신문. 농업·농촌의 교육적 가치실현, 어떻게 해야 하나. http://www.amnews.co.kr/news/articleView.html?idxno=33469에서 2018년 7월 20일 인출.

세종의 소리. 최첨단 스마트 로컬푸드로 세종시에 정착 절실. http://www.sjsori.com.

수원시 홈페이지. https://www.suwon.go.kr

식품안전나라. 제철 재료 정보. https://www.foodsafetykorea.go.kr

엑티브 NS. 바이오 가스. https://activens.wordpress.com/about/benefit_biogas

우리밀 살리기 운동본부. http://www.woorimil.or.kr

위키백과 푸드마일리지. https://ko.wikipedia.org/wiki/%ED%91%B8%EB%93%9C_%EB%A7%88%EC%9D%BC%EB%A6%AC%EC%A7%80

이심전심 N TALK-마음에서 마음으로 전하는 농심 블로그. [푸드칼럼] 기후변화와 우리의 식생활. https://blog.nongshim.com/1358

이코노미 인텔리전스 유닛(EIU). http://www.eiu.com

한국에너지공단. 탄소중립프로그램. https://www.energy.or.k

환경일보. 음식물 쓰레기 처리로 연간 8000억 낭비. http://www.hkbs.co.kr/news/articleView.html?idxno=530572에서 2019년 9월 10일 인출.

찾아보기

저 자 소 개

김혜영(B)

캔자스주립대학교 대학원 식품학전공(이학박사)
용인대학교 식품영양학과 교수

김주현

이화여자대학교 대학원 영양학전공(이학박사)
동서울대학교 호텔외식조리과 교수

최일숙

경희대학교 대학원 식품영양학전공(이학박사)
원광대학교 식품영양학과 교수

이영민

서울대학교 대학원 식품영양학전공(생활과학박사)
서울여자대학교 식품영양학전공 조교수

오윤신

서울대학교 의과대학 대학원 생화학전공(이학박사)
을지대학교 식품영양학과 교수

두미애

이화여자대학교 대학원 영양학전공(이학박사)
군산대학교 식품영양학전공 교수

새로 쓰는 **식생활과 건강**

2020년 4월 6일 초판 1쇄 발행 | 2022년 2월 28일 초판 2쇄 발행

지은이 김혜영(B) 외 | **펴낸이** 류원식 | **펴낸곳 교문사**

편집팀장 김경수 | **책임진행** 권혜지 | **표지 디자인** 황옥성 | **본문편집** 벽호미디어

주소 (10881) 경기도 파주시 문발로 116 | **전화** 031-955-6111 | **팩스** 031-955-0955
홈페이지 www.gyomoon.com | **E-mail** genie@gyomoon.com
등록 1968. 10. 28. 제406-2006-000035호
ISBN 978-89-363-1917-5(93590) | 값 22,000원